CHASSAGNY & CARRÉ

PRÉCIS

de PHYSIQUE

CLASSE DE SECONDE C et D

PROGRAMME 1912

Librairie HACHETTE & Cie

3 fr.

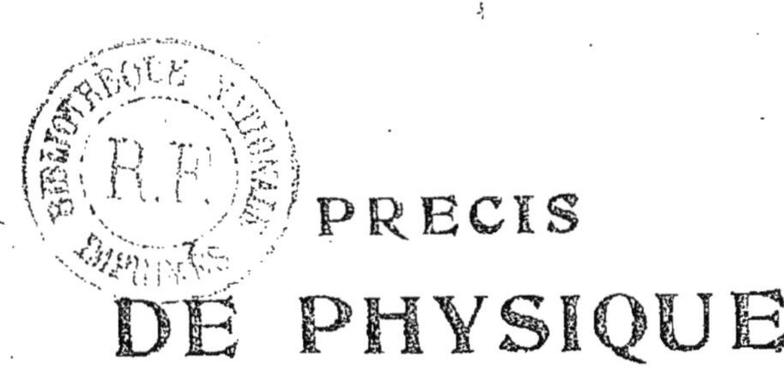

PRECIS DE PHYSIQUE

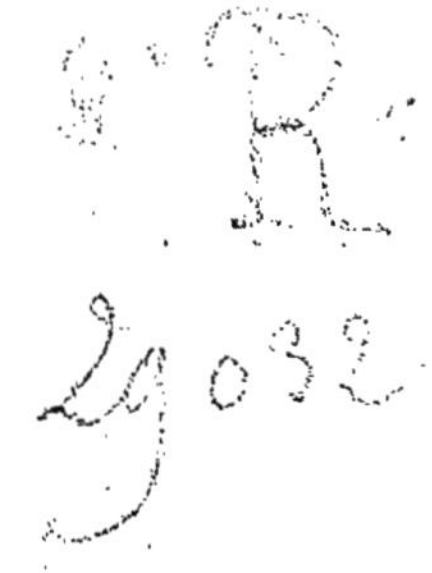

A LA MÊME LIBRAIRIE

Chassagny et **Carré** : *Premiers éléments de Physique*, nouvelle édition refondue conformément aux programmes officiels du 4 mai 1912, à l'usage du Premier Cycle de l'Enseignement secondaire. Deux vol. in-16, avec fig., cart.

Classe de Quatrième B. Un vol. . . . . 2 fr. »
Classe de Troisième B. Un vol. . . . . 2 fr. »

— *Précis de Physique*, nouvelle édition refondue conformément aux programmes officiels du 4 mai 1912, à l'usage du Second Cycle de l'Enseignement secondaire. Deux vol. in-16, avec fig., cart.

Classes de Seconde C et D. Un vol. . . . . 3 fr. »
Classes de Première C et D. Un vol . . . . 4 fr. »

— *Leçons élémentaires de Physique*, nouvelle édition refondue conformément aux programmes officiels du 4 mai 1912, à l'usage des élèves des classes de Philosophie A et B. Un vol. in-16, avec fig., cart. . . . . 6 fr. »

Chassagny (M.) : *Cours élémentaire de Physique*, rédigé conformément aux programmes officiels, à l'usage des candidats aux Baccalauréats et aux Écoles du Gouvernement, avec une préface par M. Appell, membre de l'Institut, professeur à la Sorbonne et à l'Ecole Centrale. Septième édition refondue. Un vol. in-16, avec 808 figures. Broché . . . . 9 fr. »
Cartonnage toile. . . . . 10 fr. »

— *Manuel théorique et pratique d'Électricité*, contenant les matières qui figurent au nouveau programme d'admission à l'Ecole Polytechnique, 4e édition revue. Un vol. in-16, avec 176 figures, cart. toile. 4 fr. »

M. CHASSAGNY
Inspecteur Général
de l'Instruction Publique.

F. CARRÉ
Professeur de Physique
au lycée Janson-de-Sailly.

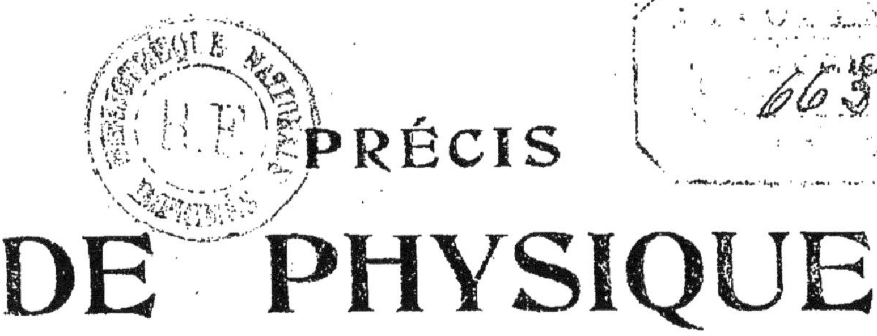

PRÉCIS DE PHYSIQUE

CLASSES DE SECONDE C et D

QUATRIÈME ÉDITION

conforme aux programmes officiels du 4 mai 1912

LIBRAIRIE HACHETTE ET Cie
79, BOULEVARD SAINT-GERMAIN, PARIS

1918

AVANT-PROPOS

L'arrêté ministériel du 4 mai 1912 a notablement allégé le programme des sciences physiques dans les classes des lycées et collèges de garçons.

Cette nouvelle édition, réduite et simplifiée, est entièrement conforme aux prescriptions officielles.

Dans cet ouvrage, complètement refondu, on s'est, à nouveau, proposé :

De ne décrire que des expériences décisives, toutes faciles à réaliser ;

De les illustrer par des figures claires, tirées de la réalité et rigoureusement adaptées au texte ;

De donner à la rédaction la plus grande simplicité, aux définitions et aux énoncés la plus grande précision possible ;

De mettre en valeur, par des caractères typographiques spéciaux, les notions et les lois importantes sur lesquelles l'élève doit fixer son attention.

Nous serions heureux si, par nos efforts, nous avions réussi à faire comprendre et aimer la Physique.

EXTRAIT DES PROGRAMMES OFFICIELS

ARRÊTÉ DU 4 MAI 1912

CLASSES DE SECONDE C ET D

PHYSIQUE

Divers états de la matière. — Exemples familiers de solides, de liquides et de gaz.

Notion expérimentale de la force, du travail et de la puissance : exemples familiers et données numériques. Unités usuelles de force, de travail et de puissance. — Conservation du travail : poulie, levier, plan incliné, treuil.

Énoncé, sans démonstration, des règles de composition des forces concourantes et parallèles.

Pesanteur.

Poids. — Direction commune aux poids de tous les corps en un lieu donné. — Centre de gravité. — Dynamomètre. — Balance.

Poids spécifiques des solides et des liquides (méthode du flacon).

Équilibre des liquides et des gaz.

Force exercée sur une portion de paroi; pression[1]; unité usuelle de pression.

Principe de Pascal et variation de la pression avec la profondeur : applications et exemples.

Pression atmosphérique; baromètre[2] normal et baromètre métallique

Manomètre à air libre; manomètre métallique; instruments enregistreurs.

Principe d'Archimède; application à la mesure des poids spécifiques. — Corps flottants : aréomètres à poids constant. — Aérostats.

Notions sommaires sur les pompes à gaz et à liquides[3].

---

1. On admettra comme fait d'expérience que la pression est normale à la paroi et que sa grandeur est indépendante de l'orientation de la paroi.

2. On donnera le principe des appareils sans entrer dans les détails de construction.

3. On ne décrira pas les appareils qui n'ont qu'un intérêt historique.

Chaleur.

Température. — Thermomètre à mercure; détermination des points fixes.

Notion de la quantité de chaleur; mesure des quantités de chaleur d'origine quelconque : méthode des mélanges. — Chaleurs spécifiques[1].

Dilatation linéaire : principe de la méthode du comparateur.

Dilatation des liquides; dilatation absolue du mercure[2]. — Existence du maximum de densité de l'eau. — Courbes de dilatation, usage des coefficients de dilatation; correction barométrique.

Compressibilité des gaz; la loi de Mariotte donnée comme une première approximation. — Mélange des gaz.

Dilatation des gaz à pression constante et variation de pression à volume courant. — Relation $\frac{pv}{1+\alpha t} = \text{Constante}$.

Densité des gaz (simple définition).

Fusion : point de fusion; chaleur de fusion.

Notions élémentaires sur la vaporisation et sur la liquéfaction des gaz : existence d'une température critique[3].

Pression maximum des vapeurs, variation avec la température. — Ébullition. — Distillation. — Chaleur de vaporisation (simple définition).

Vapeur d'eau dans l'atmosphère; point de rosée; sa détermination nuages et brouillards, pluie, neige.

1. On n'étudiera pas la chaleur spécifique des corps gazeux.
2. On ne fera pas une description détaillée des appareils.
3. Les développements sur la continuité de l'état gazeux et de l'état liquide trouveront leur place dans la classe de Mathématiques.

PRÉCIS
DE PHYSIQUE

PREMIÈRE PARTIE
PESANTEUR ET HYDROSTATIQUE

CHAPITRE I
LES DIVERS ÉTATS DE LA MATIÈRE

1. **Les Solides.** — On a coutume de dire que la matière existe sous trois états : l'*état solide*, l'*état liquide*, l'*état gazeux*.

Pour caractériser nettement chacun de ces trois états, nous choisirons trois exemples bien tranchés : l'acier, comme *solide*, l'eau comme *liquide*, et l'air comme *gaz*.

Les corps solides, en général (une barre d'acier, en particulier), opposent une *grande résistance à la rupture*. L'action des forces extérieures ne produit, sur eux, le plus souvent, que des *déformations peu sensibles*. Dans le cas où ces déformations seraient rigoureusement nulles, on dirait qu'il s'agit d'un *solide parfait*.

Soit une barre d'acier de 1 mètre de longueur et de 1 centimètre carré de section. Serrons-la dans un étau à la partie supérieure. Accrochons des poids à la partie inférieure. Il faudrait suspendre 200 kilogrammes pour produire un allongement de 1 dixième de millimètre. Un cube d'acier de 1 décimètre de côté pourra supporter une charge de plusieurs tonnes sans subir une variation sensible de la longueur des arêtes.

Nous dirons que l'acier est pratiquement ***incompressible***.

Au contraire, la barre que nous avons déjà employée pourra être facilement ***fléchie***. Il suffit, en général, de quelques kilogrammes, pour produire une flexion appréciable.

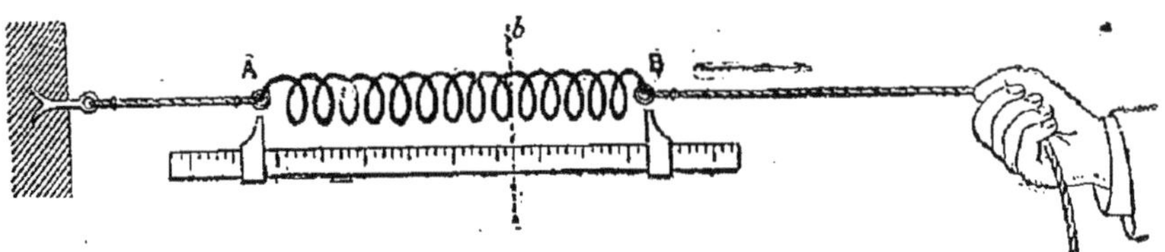

FIG. 1. — ÉLASTICITÉ DES SOLIDES.
Un ressort s'allonge sous l'influence d'une traction extérieure.

Une barre de fer, longue et mince, qu'un ouvrier porte sur son épaule par son milieu, vient presque toucher terre par chacune de ses deux extrémités.

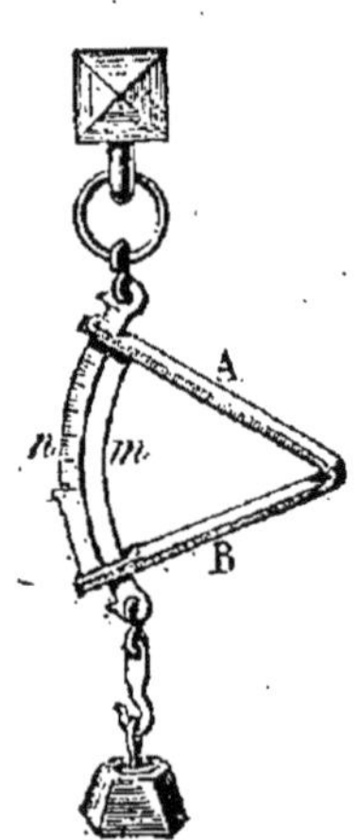

FIG. 2.
DYNAMOMÈTRE.
L'élasticité des solides peut être employée à la mesure des forces.

Mais, si l'on supprime le poids qui produisait la flexion, ou si l'ouvrier pose à terre la barre qu'il portait sur l'épaule, la flexion disparaît, la barre redevient rectiligne.

On dit que l'acier est ***élastique***.

L'élasticité est la propriété qu'ont certains corps de perdre leurs déformations, quand disparaissent les efforts qui les ont produites.

Les ressorts (fig. 1), les dynamomètres (fig. 2), sont des applications de l'élasticité des solides (§ 15).

Remarques. — 1° ***La résistance des solides à la rupture n'est pas indéfinie.***

Un fil métallique finit toujours par se rompre, quand on cherche à lui faire supporter des charges de plus en plus fortes. Toutes choses égales, la charge qui provoque la rupture d'un fil métallique est proportionnelle à la section du fil. C'est elle qui sert à définir la ***ténacité*** de la substance considérée (fig. 3).

2° De même aussi, l'***élasticité des corps solides est limitée*** Si l'effort exercé est trop grand, la barre d'acier peut conserver une ***déformation permanente***; un fil de cuivre, une plaque de fer blanc resteront tordus, même sous l'action d'un effort très minime. C'est en vertu de cette élasticité limitée que la plupart des métaux peuvent être étirés en fils (on dit alors qu'ils sont *ductiles*), ou réduits en lames minces (on dit alors qu'ils sont *malléables*).

La réduction en lames minces se fait le plus souvent à l'aide de *laminoirs* (fig. 4), appareils disposés pour exercer

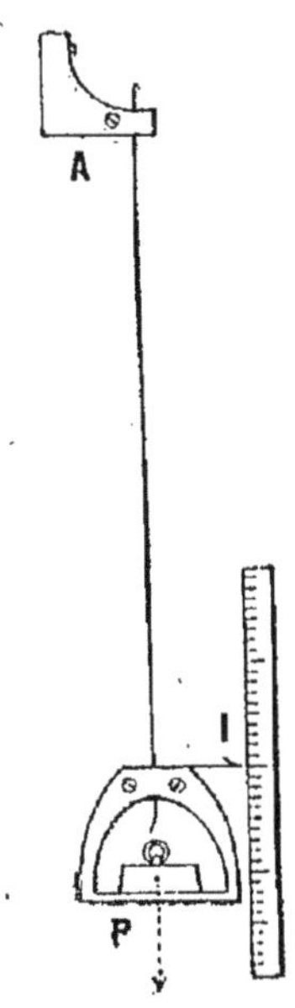

FIG. 3.
MESURE DE LA TÉNACITÉ.
La ténacité se repère par la charge en kilogrammes sous laquelle se rompt un fil de 1 millimètre carré de section.

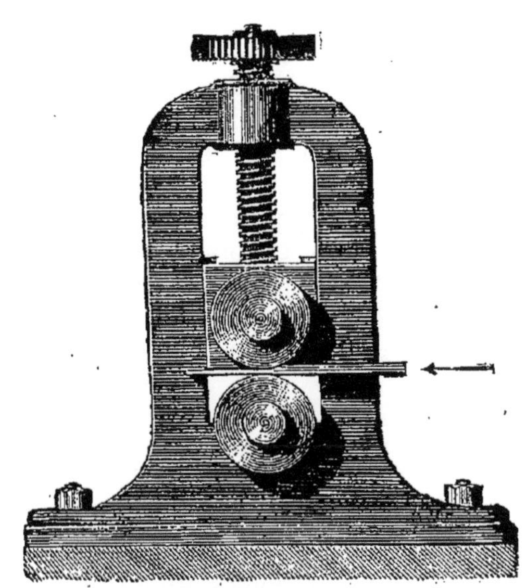

FIG. 4.
LAMINOIR.
Un laminoir se compose de deux cylindres en acier, tournant en sens inverse, entre lesquels on engage le bord des lames qu'il s'agit d'amincir.

une pression considérable sur les deux faces de la lame que l'on veut amincir.

En résumé, ***les corps solides opposent donc une grande résistance à la rupture, ils sont incompressibles, ils sont élastiques, mais leur élasticité est limitée.***

2. **Les Liquides.** — Les liquides, tels que l'eau, l'alcool, le mercure, n'ont pas de forme qui leur soit propre. Ils se moulent sur le vase qui les renferme.

Les différentes parties du liquide sont donc ***parfaitement mobiles*** les unes par rapport aux autres.

En outre, ***les liquides sont très peu compressibles.***

Voici comment l'expérience permettrait de le démontrer.

Mettons de l'eau dans un cylindre à parois résistantes, fermé par un bout, et emprisonnons cette eau à l'aide d'un piston que nous chargerons de poids. On peut éviter aisément toute fuite du liquide en plaçant à la partie inférieure du piston une sorte de calotte en cuir un peu plus large que le piston lui-même, et dont les bords sont repliés vers le bas. Quand on presse alors sur celui-ci, l'eau applique exactement le bord de la calotte sur les parois du cylindre et s'interdit ainsi tout orifice de sortie (fig. 5).

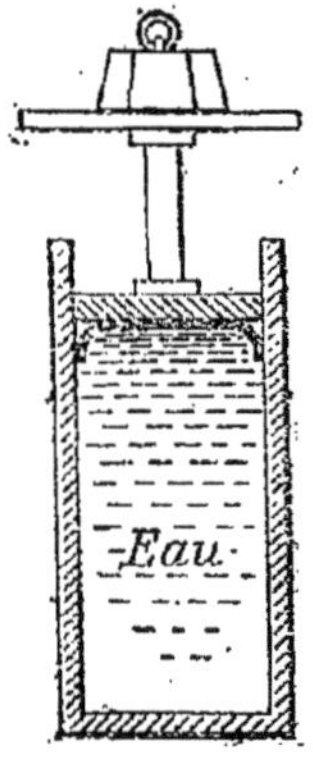

FIG. 5.
INCOMPRESSIBILITÉ DES LIQUIDES.
Le volume d'un liquide reste sensiblement invariable, même sous l'action de puissants efforts.

Si le cylindre a 1 mètre de haut et 1 décimètre carré de section, l'expérience montre qu'il faudrait charger le piston de 100 kilogrammes environ pour diminuer de 1 dixième de millimètre la hauteur du liquide. On voit donc que ***l'eau est beaucoup plus compressible que l'acier; mais elle l'est cependant extrêmement peu;*** il faut encore la soumettre à des efforts relativement considérables pour observer une variation appréciable de son volume. Dans la pratique, nous ne commettrons donc qu'une erreur insignifiante en regardant l'eau et, d'une façon générale, tous les liquides, comme ***incompressibles.***

Ajoutons enfin que, quels que soient les poids primitivement placés sur le piston, le volume du liquide reprend rigoureusement sa valeur primitive quand on vient à les enlever. ***Les liquides sont,*** en ce sens, des corps ***parfaitement élastiques.***

En résumé, les liquides se déforment sous l'action des moindres forces extérieures, quand celles-ci ne tendent pas à modifier leur volume.

La compressibilité des liquides est très faible.

Les liquides sont parfaitement élastiques.

5. **Les Gaz.** — Les gaz, comme les liquides, se déforment sous l'action des moindres forces extérieures. A l'opposé des liquides, ils peuvent, sous l'action des forces extérieures, occuper des volumes très différents.

Abandonnés à eux-mêmes dans un récipient quelconque, ils occupent complètement l'espace qui leur est offert, quelque grand que soit celui-ci. Ils sont ***expansibles.***

Soumis à une force extérieure (fig. 6), leur volume est cilement réduit à la moitié ou au tiers du volume primitif; s sont *compressibles.*

D'ailleurs, le volume reprend rigoureusement sa valeur rimitive, quand on cesse d'agir ur le piston de la figure 6. es gaz sont *parfaitement élastiques.*

En résumé, les gaz, comme es liquides, sont *fluides* et *parfaitement élastiques.*

A l'opposé des liquides, les gaz sont *expansibles et très compressibles.*

4. **La distinction entre les trois états de la matière n'a pas une valeur absolue.** — Il importe de bien remarquer qu'il n'y a pas toujours entre les trois états : solide, liquide, et gazeux, une démarcation aussi nette que le laisseraient supposer les exemples choisis : acier, eau et air.

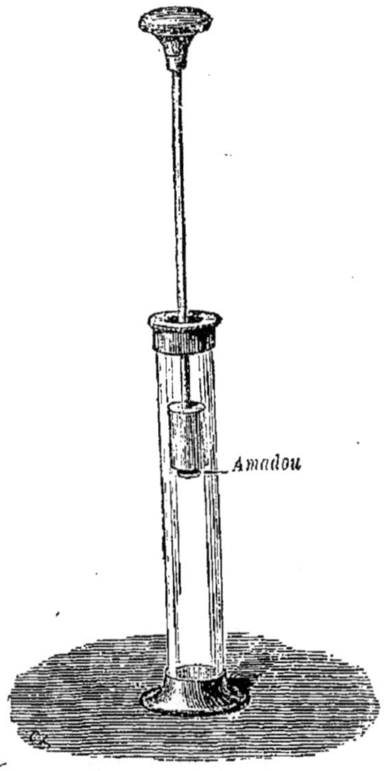

FIG. 6.
COMPRESSIBILITÉ DES GAZ.
En appuyant sur le piston, on peut réduire considérablement le volume du gaz enfermé dans le tube de verre épais où se meut le piston.

En réalité, tous les intermédiaires peuvent se présenter. Le goudron, l'asphalte, le beurre, le verre fondu dans le creuset du verrier, le fer porté au rouge et que le forgeron travaille sur l'enclume, ne rentrent rigoureusement dans aucune des catégories précédentes.

Il faudra donc retenir que cette distinction de trois états de la matière n'a, par elle-même, aucune valeur absolue. Nous la conserverons cependant parce qu'elle est commode et nous permettra de mettre un peu plus d'ordre dans nos études.

5. **Un même corps peut prendre les trois états.** — Plaçons un morceau de glace dans un ballon et chauffons doucement. Nous voyons la glace *fondre* et se transformer bientôt entièrement en eau liquide.

Continuons à chauffer; nous provoquons l'ébullition de l'eau, nous observons alors que le volume du liquide diminue peu à peu : c'est qu'il se transforme à son tour en un gaz transparent, que l'on nomme *vapeur*, et qui se répand dans l'air extérieur.

Inversement cette vapeur repasse à l'état liquide ou, comme on dit, *se condense*, au contact des corps froids, et l'eau elle-même, refroidie plus énergiquement, *se congèle* et devient glace.

Sur les hautes montagnes et dans les régions polaires, où le froid est très vif, l'eau existe surtout à l'état de glace. Dans nos climats, l'air est mélangé de vapeur d'eau en quantité notable; et c'est à la condensation de cette vapeur, sous l'influence du refroidissement, que sont dues la pluie et la neige.

On voit donc que, dans les conditions ordinaires, l'état physique de l'eau dépend de la température à laquelle elle se trouve exposée.

Il importe de remarquer que le fait est d'ordre tout à fait général.

A première vue cependant, il semble en être autrement. Du sucre chauffé noircit d'abord, donne du caramel et des goudrons et laisse dégager ensuite des fumées épaisses. Finalement, il abandonne du charbon de sucre. On dit que *le sucre s'est décomposé.*

Mais, si l'on s'adresse à des corps indécomposables (ces corps sont désignés en Chimie sous le nom de *corps simples*), ou, si le corps étant composé, on parvient à empêcher sa décomposition, toujours on constate qu'*un corps solide suffisamment chauffé prend successivement les états liquide et gazeux.*

La plupart des corps solides ont pu être fondus et volatilisés.

Tous les gaz, même l'air et l'hydrogène, soumis à des refroidissements très intenses, ont pu d'abord être amenés à l'état liquide, et finalement être solidifiés.

CHAPITRE II

NOTIONS GÉNÉRALES SUR LES FORCES

1. — CARACTÈRES DE LA FORCE

6. **Première idée de la force : Effort musculaire.** — Un livre placé sur une table, une voiture dont le cheval a été dételé, un bateau amarré au bord d'un canal peuvent rester indéfiniment en place dans les conditions où ils se trouvent. D'eux-mêmes ces corps ne se déplaceront jamais.

Mais le livre se déplacera si nous le poussons ou si nous le soulevons ; la voiture se mettra en mouvement sous les efforts de l'animal de trait ; le bateau glissera sur l'eau si nous le tirons par une corde de halage.

Il faut donc, pour que le livre, le bateau, la voiture quittent l'état de repos, qu'ils subissent une action extérieure.

L'action extérieure qui détermine le mouvement se nomme *une force*.

C'est une force que nous exerçons sur le livre quand nous le poussons ou quand nous le soulevons. C'est une force que nous exerçons sur le bateau quand nous tirons sur la corde de halage. C'est encore une force que le cheval, attelé à la voiture, exerce sur les traits de l'attelage.

Il n'est pas nécessaire que la force soit exercée par un être vivant, ni qu'elle se manifeste par cette tension musculaire que nous connaissons si bien, quand c'est nous-mêmes qui la produisons.

Le vent qui brise les arbres, abat les cheminées, soulève les toitures ; l'eau qui fait tourner les moulins, ou qui, dans les inondations, entraîne au loin des masses pesantes ; la poudre enflammée qui pousse le projectile en dehors de l'arme à feu ; autant d'exemples de forces exercées par des êtres inanimés.

7. **La force produit des changements de mouvement.** — Si un corps au repos ne peut de lui-même se mettre en mouvement, un corps en mouvement ne peut pas davantage

se mettre de lui-même au repos : il faut, dans ce cas encore, faire agir sur lui une *force*.

Le bateau, que l'on veut amarrer au quai de débarquement, ne s'arrête complètement que grâce aux efforts énergiques exercés sur des câbles pour le retenir auprès du rivage.

Un train lancé sur une voie ferrée ne s'arrête pas instantanément, malgré les efforts du mécanicien pour bloquer les freins sur les roues des wagons. Dans ce cas, la force retardatrice est due au *frottement* des freins.

Qu'il s'agisse de provoquer ou d'accélérer le mouvement d'un corps, de l'éteindre ou simplement de le retarder, il faut donc toujours que le corps soit soumis à une action extérieure, à laquelle on donne le nom de *force*.

8. **Principe de l'inertie.** — Nous dirons donc :

Rien ne se produit sans cause; ni le mouvement, ni la cessation de mouvement. Un corps ne passe pas de lui-même du repos au mouvement, ni du mouvement au repos.

C'est là ce qu'on appelle le ***principe de l'inertie.***

Toutes les causes qui produisent ces passages du repos au mouvement ou du mouvement au repos sont appelées ***forces.***

9. **Autres effets des forces.** — Mais une force peut encore se manifester autrement. Le même effort que je mets à soulever un fardeau peut être employé à tendre un ressort (fig. 1), à fléchir une barre élastique (§ 1). Le vent courbe les branches d'arbre avant que la force qu'il exerce soit suffisante pour les briser. ***Une force peut donc produire des déformations*** des objets sur lesquels elle s'exerce.

FIG. 7. — DIRECTION D'UNE FORCE. *On repère la direction d'une force en exerçant celle-ci par l'intermédiaire d'une corde flexible.*

10. **Caractères de la force.** — Dans l'étude de chaque force, nous aurons à distinguer trois caractères principaux :

La direction de la force;

Le point d'application de la force;

L'intensité de la force.

11. **Direction de la force.** — Au point A d'un corps, est attachée une corde AM, sur laquelle nous exerçons une traction (fig. 7). La corde se tend en ligne droite entre la main et le point A; nous convenons de dire que le corps est sollicité ***par une force dirigée, suivant la corde flexible, du point*** A ***vers la main.***

12. **Point d'application de la force.** — Il est tout naturel d'appeler ***point d'application*** de la force considérée le point M où la main tient la corde. Mais, rien n'empêche non plus de supposer que la force est appliquée au point A, où la corde est attachée au corps qu'elle met en mouvement.

On peut même ***transporter le point d'application d'une force en un point quelconque de sa direction.*** Par exemple, lorsque plusieurs chevaux sont attelés en flèche à un fardier,

FIG. 8. — DÉPLACEMENT DU POINT D'APPLICATION D'UNE FORCE.
La traction produite par plusieurs chevaux attelés en flèche à un fardier est la même que s'ils tiraient tous directement sur le fardier.

leurs tractions s'exercent exactement comme si les chevaux tiraient tous directement sur le fardier (fig. 8).

2. — MESURE DES FORCES

13. **Intensité de la force.** — Supposons que, par l'intermédiaire d'une corde souple et légère, on exerce sur un corps une certaine force ***F***. Coupons la corde et intercalons sur celle-ci un ressort d'acier AB dont les deux extrémités seront respectivement attachées aux bouts de la corde, de part et d'autre de la coupure (fig. 1).

Sous l'action de la force ***F***, notre ressort se tendra et sa longueur nous permettra de ***repérer*** l'intensité de la force ***F*** elle-même.

Nous dirons alors que toute force qui produit la même déformation est ***égale*** à ***F***. Nous dirons ensuite qu'une force ***F'*** est ***double*** ou ***triple*** de ***F***, si, à elle seule, elle produit sur le ressort la même déformation que deux ou trois forces égales à *F*, agissant simultanément sur le ressort et dans la même direction.

La force est donc une grandeur mesurable.

Le ressort, une fois gradué, prendra le nom de ***dynamomètre.***

La figure 9 représente l'application du même principe, dans le cas où les forces à comparer sont les poids de différents corps.

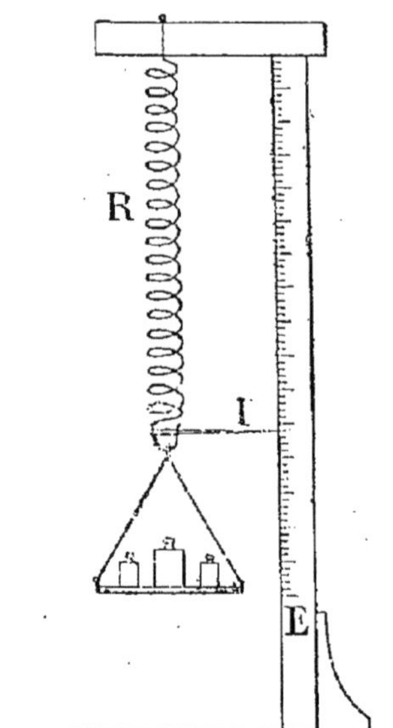

FIG. 9. — MESURE STATIQUE DES FORCES.
Deux forces égales sont deux forces qui fléchissent également le même ressort.

14. Choix de l'unité de force. — ***En principe***, le choix d'une unité est tout à fait arbitraire.

En pratique, le choix est déterminé par certaines considérations : l'unité doit être bien définie, facile à reproduire et d'un emploi commode.

Nous verrons par la suite (§ 70) que le choix du ***gramme*** ou du ***kilogramme*** comme unité de force satisfait à ces conditions.

15. Mesure statique des forces. — Il suffira désormais, pour repérer exactement une force, de la faire agir sur un ***dynamomètre*** (§ 13) et de noter à quel multiple de l'unité choisie correspond la déformation observée.

Pour préciser cette manière d'opérer, entrons dans quelques détails sur le fonctionnement des dynamomètres.

Les dynamomètres peuvent avoir des formes très diverses suivant les usages auxquels on les destine. Celui que représente la figure 2 et que l'on nomme aussi ***peson à ressort***, est une lame d'acier trempé, courbée en forme de V. L'extrémité de chacune des branches est fixée à un arc de cercle, qui passe librement dans une ouverture ménagée au bout de l'autre. L'un de ces arcs de cercle se termine par un anneau, l'autre par un crochet.

Pour graduer cet appareil, on le fixe par l'anneau à un support résistant et on suspend successivement au crochet 1, 2, 3... kilogrammes; la lame fléchit de plus en plus, et, en regard des points où s'arrête l'extrémité de l'une des branches sur l'arc de cercle n fixé à l'autre, on marque respectivement les divisions 1, 2, 3.....

Pour mesurer une force, il suffit tout simplement d'exercer celle-ci par l'intermédiaire du dynamomètre et d'observer la division jusqu'à laquelle s'infléchit alors la branche indicatrice.

La figure 10 représente le ***dynamomètre de Poncelet*** que l'industrie emploie à la mesure de puissants efforts. Il se compose essentiellement de deux ressorts d'acier dont les extrémités sont articulées à celles de deux lames courtes et rigides. Au repos, les ressorts sont parallèles; mais ils s'incurvent en sens contraire, si l'on fixe l'un d'eux tandis qu'on tire sur l'autre : leur écartement repère alors la traction exercée.

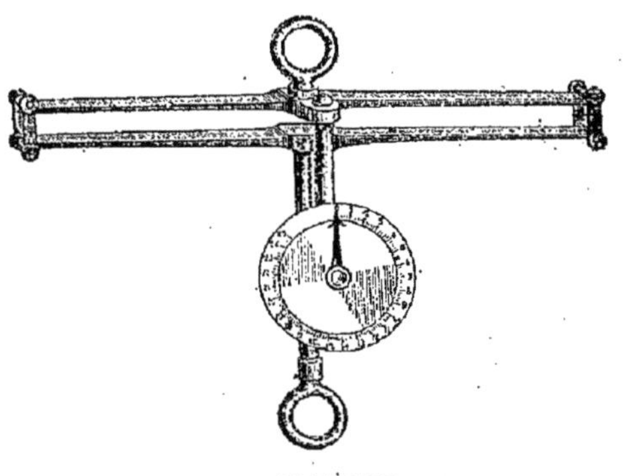

FIG. 10. — DYNAMOMÈTRE DE PONCELET. *L'écartement des deux lames-ressorts mesure la force que l'on exerce sur l'appareil.*

L'un des ressorts porte une crémaillère qui engrène avec un pignon denté monté sur l'autre; l'écart se traduit ainsi par une rotation du pignon qui entraîne lui-même une aiguille sur un cadran divisé.

En employant des ressorts très délicats, on peut construire, sous une forme ou sous une autre, des dynamomètres excessivement sensibles. En vue de certaines recherches de physique, on en a établi qui accusaient des forces de moins d'un millième de milligramme. Mais, qu'ils soient destinés à la mesure des tractions les plus faibles ou des efforts les plus puissants, ces appareils ne donnent jamais une précision relative considérable : c'est tout au plus s'ils permettent de mesurer une force à $\frac{1}{100}$ près de sa valeur. Les meilleurs pesons à ressort que l'on trouve dans les cabinets de physique ne peuvent peser 1 kilogramme qu'à 5 grammes près, en plus ou en moins.

16. **Mesure dynamique des forces**. — La mesure d'une

force par le dynamomètre repose sur l'observation d'un état d'équilibre; c'est une ***mesure statique***.

On peut aussi comparer des forces par les effets qu'elles produisent sur le mouvement d'un système convenablement choisi. La mesure sera alors ***dynamique***.

Le cas se présente souvent en Électricité et en Magnétisme.

Une expérience simple en donnera, pour le moment, une idée suffisante.

Fixons une roue de bicyclette (fig. 11), de manière que son axe soit horizontal; à l'aide de petites bandes de plomb convenablement placées, équilibrons cette roue de manière qu'elle se tienne en équilibre dans toutes les positions possibles. Ceci fait, en un point A_0 de la jante, attachons l'un des bouts d'une corde longue et fine que nous ferons passer sur une poulie de renvoi R; à l'autre bout de la corde nous suspendrons un poids P de 100 grammes. Dans ces conditions, notre roue prendra une position d'équilibre bien déterminée.

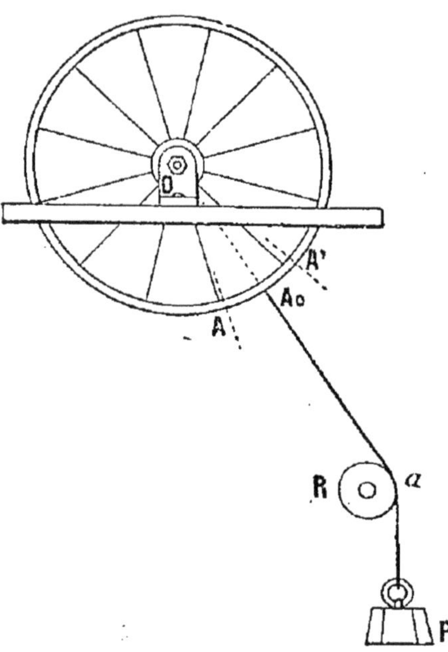

FIG. 11.
COMPARAISON DYNAMIQUE DES FORCES.
Les durées d'oscillations de la roue varient en raison inverse de la racine carrée des poids tenseurs.

Écartons maintenant légèrement la roue de cette position d'équilibre et abandonnons-la à elle-même. Nous la verrons alors ***osciller*** longtemps de part et d'autre de sa position initiale. Le poids P restera ***sensiblement*** immobile.

L'observation de ce mouvement oscillatoire va nous conduire à deux conclusions très importantes.

I. A l'aide d'une montre à secondes, déterminons la durée de 20 oscillations consécutives : nous trouvons, par exemple, 16 secondes. Attendons quelque temps; les frottements inévitables vont notablement diminuer l'amplitude des oscillations; répétons alors la même observation : nous trouvons encore que 20 oscillations consécutives durent 16 secondes. Nous en déduisons que ***les oscillations de faible amplitude ont toutes la même durée.***

II. Remplaçons maintenant le poids P par un poids de 400 grammes et observons encore la durée de 20 petites oscillations consécutives : nous trouvons exactement 8 secondes. Ainsi, quand le poids tenseur a quadruplé, la durée d'une oscillation est devenue 2 fois moindre. Nous en déduisons que ***les poids tenseurs sont en raison inverse des carrés des durées d'oscillations qu'ils impriment à la roue.***

Tout le principe de la méthode dynamique pour la comparaison des forces réside dans cet énoncé.

On utilisera la force proposée à produire le mouvement oscillatoire d'un système mobile autour d'un axe fixe. La comparaison des nombres d'oscillations obtenues pendant le même temps dans deux expériences différentes pourra nous permettre la comparaison des forces agissantes.

FIG. 12. — REPRÉSENTATION GRAPHIQUE D'UNE FORCE.
Une force est représentée par un segment dirigé AF.

17. Représentation d'une force. — On représentera une force par un ***segment*** de droite, dont une des extrémités sera le ***point d'application*** de la force et dont l'autre extrémité sera dirigée dans le sens même où agit la force. Cette autre extrémité sera terminée par une pointe de flèche.

Ainsi la flèche AF (fig. 12) représente une force dont le

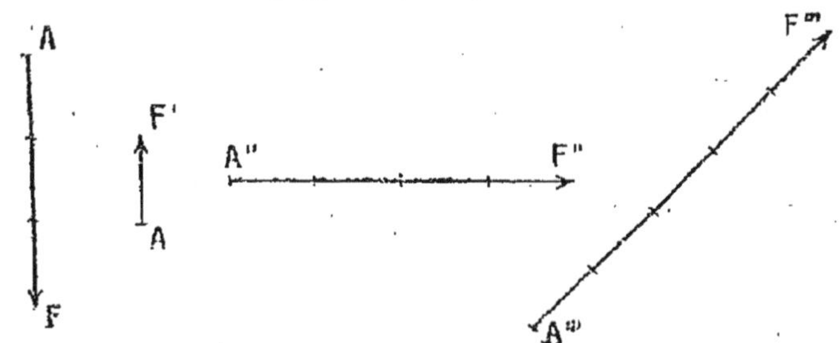

FIG. 13. — REPRÉSENTATION GRAPHIQUE DE FORCES DIFFÉRENTES.
Les forces AF, AF', AF'', A'''F''' diffèrent en grandeur, direction et sens.

point d'application est en A et dont la ***direction*** va de A vers F.

En outre, la longueur de la droite AF sera prise proportionnelle à ***l'intensité*** de la force.

Par exemple, si l'on convient (fig. 13) qu'une longueur de 32 millimètres correspond à une force de 5 kilogrammes, le segment AF (fig. 13) représentera une force de 3 kilogrammes, verticale vers le bas; le segment AF', une force de 1 kilogramme, verticale vers le haut; le segment A''F'', une force horizontale de 4 kilogrammes; le segment A'''F''', une force oblique de 5 kilogrammes.

Corps solides. — L'étude des effets des forces est surtout facile quand les forces s'appliquent à des corps qui n'éprouvent que des déformations peu sensibles (voir § 1).

Nous supposerons donc d'abord qu'il s'agisse de corps *solides*. Ces corps seraient des *solides parfaits*, si leurs déformations étaient rigoureusement nulles.

18. **Deux forces égales et opposées, appliquées à un même corps solide, n'ont sur lui aucun effet.** — Cet énoncé résulte de ce que le corps solide est indéformable et que, dans le cas actuel, il n'y a pas de raison pour qu'il se déplace d'un côté plutôt que de l'autre.

Rappelons en outre, comme nous l'avons vu plus haut (§ 12), que lorsqu'une force agit sur un corps solide, on peut, sans changer l'effet de cette force, transporter son point d'application en un point quelconque pris dans le corps solide sur la direction de la force.

3. — ÉGALITÉ DE L'ACTION ET DE LA RÉACTION

19. **Principe de l'égalité de l'action et de la réaction.** — Supposons deux observateurs tenant chacun l'un des bouts d'une corde et tirant chacun la corde de son côté. Si la corde reste en repos, si chacun des deux observateurs conserve sa position, on dira qu'ils exercent, chacun de son côté, *deux forces égales et de sens contraires*. S'il en était autrement, celui qui exercerait la force la plus grande entraînerait l'autre de son côté.

Si maintenant nous coupons la corde et, si, comme dans la figure 1, nous intercalons sur la coupure un ressort d'acier AB, et si les deux mêmes personnes recommencent la même expérience, il n'y aura évidemment rien de changé, si ce n'est que la réglette placée à côté du ressort indiquera la valeur des forces exercées de part et d'autre par les deux opérateurs; soit par exemple une force de 20 kilogrammes.

Si enfin l'un des observateurs quitte la partie et attache solidement à un mur l'extrémité qu'il tenait à la main, et si l'autre personne continue à tirer de son côté comme précédemment, la réglette indiquera toujours une force de 20 kilogrammes. Tout se passe comme dans la première expérience : la force exercée par l'observateur qui a quitté la corde est simplement remplacée par la *résistance* du mur. Le mur exerce donc une résistance de 20 kilogrammes; c'est *une force* qui annule celle qui est exercée à l'autre bout de la corde.

A tout instant, le ressort, de quelque manière qu'il soit tendu, est soumis, s'il reste en repos, à deux forces égales et de sens contraires.

Toutes les fois qu'on exerce une force sur un corps maintenu au repos, celui-ci réagit par une force égale et de sens contraire.

C'est là ce qu'on appelle le ***principe de l'égalité de l'action et de la réaction.***

Exemples. — Quand un corps est suspendu par un fil, celui-ci subit une traction égale au poids du corps; mais d'autre part, le fil réagit sur le corps lui-même avec une force égale et opposée au poids du corps.

Lorsqu'un corps repose sur une table, il presse de son poids sur la table; mais la table réagit sur le corps avec une force égale et opposée à la précédente.

CHAPITRE III

LE TRAVAIL

I. — PRINCIPE DE LA CONSERVATION DU TRAVAIL

20. **Qu'est-ce que le travail?** — Dans toute opération mécanique, il y a deux choses à considérer : la force à exercer et le chemin à effectuer.

Des ouvriers maçons qui doivent monter des pierres, seront payés : 1° en raison du nombre de kilogrammes de pierre qu'ils auront à élever; et 2° en raison du nombre de mètres de hauteur où ils doivent les faire monter. Une compagnie de transport fera payer ses services : 1° en raison du nombre de tonnes à transporter, et 2° en raison du nombre de kilomètres à leur faire parcourir.

On résume ces deux idées dans un seul mot : le mot *travail*.

On dit que le travail à effectuer est d'autant plus grand qu'il s'agit d'un effort plus grand à vaincre et d'un déplacement plus grand à effectuer.

Un corps pesant, placé sur une table, presse de son poids sur la table; il exerce une force. Mais cette force ne travaille pas, puisque le déplacement de son point d'application est nul.

21. **Unité de travail : le Kilogrammètre.** — *Le travail qui correspond à l'élévation d'un kilogramme* (voir § 14) *à un mètre de hauteur s'appelle le kilogrammètre.*

Le kilogrammètre est donc l'*unité de travail*.

Soulever un poids de 50 kilogrammes à 10 mètres de hauteur, c'est donc effectuer un travail de $50 \times 10 = 500$ kilogrammètres. — Ce travail est le même que pour monter 500 fois un kilogramme à un mètre de hauteur, ou pour monter un kilogramme à 500 mètres.

22. **Exemple d'une machine simple : la Poulie mobile.** — Étudions d'abord le travail mis en jeu dans un cas très simple. Supposons un fardeau pesant 50 kilogrammes. Un

homme, pour le soutenir à l'aide d'une corde, devra exercer une force *F* de 50 kilogrammes. Un ressort intercalé, comme celui de la figure 9, entre la corde et le fardeau, indiquera donc 50 kilogrammes (fig. 14, I).

Si, maintenant, ce même fardeau est attaché à deux cordes verticales, soutenues chacune par un homme à sa partie supérieure, chacun de ces derniers exercera seulement un effort de 25 kilogrammes. Si chaque corde est munie d'un dynamomètre, chacun d'eux indiquera 25 kilogrammes (fig. 14, II).

Attachons maintenant l'une des deux extrémités A de la corde à un point fixe. Faisons passer la corde sur une poulie C, à laquelle sera attaché le fardeau. Tirons sur l'autre bout de la corde. Il suffira d'exercer un effort de 25 kilogrammes pour soulever un fardeau de 50 kilogrammes.

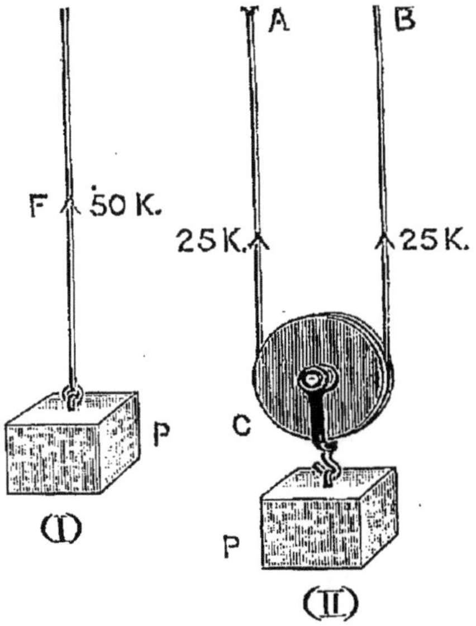

FIG. 14.
EFFICACITÉ DE LA POULIE MOBILE.
Elle exige une force deux fois moindre, mais elle réduit le chemin utile de moitié.

Ce dispositif nous fait donc gagner en force. Mais, quand nous aurons tiré à nous 2 mètres de corde en B, la poulie et le fardeau n'auront monté que de 1 mètre.

Ce dispositif nous fait perdre au point de vue du chemin parcouru.

On peut donc dire :

Ce qu'on gagne en force se perd en chemin parcouru.

Tout dispositif analogue à celui que nous venons de décrire s'appelle ***une machine.***

La machine que nous venons d'étudier s'appelle une ***poulie mobile.***

25. **Principe de la conservation du travail.** — Traduisons, dans le langage du travail, les résultats que nous venons d'obtenir pour la poulie mobile.

Supposons que l'on veuille monter de 10 mètres le fardeau

de 50 kilogrammes. Opérons d'abord directement, sans machine, en soulevant le fardeau à l'aide d'une corde. Le travail que l'on doit fournir est alors, comme nous l'avons vu, de 500 kilogrammètres.

Servons-nous maintenant de la poulie mobile. La force, que nous devons exercer pour tirer la corde et le fardeau, est de 25 kilogrammes seulement; mais, pour faire monter le fardeau de 10 mètres, nous aurons dû faire monter 20 mètres de corde. Le travail sera donc celui d'une force de 25 kilogrammes, pour un déplacement de 20 mètres; c'est-à-dire de

$$25 \times 20 = 500 \text{ kilogrammètres.}$$

Le travail n'a pas changé.

C'est là une conclusion très importante, et qui n'est pas particulière à la machine que nous venons de considérer.

Au contraire, nous retrouverons ce résultat pour toutes les machines.

Pour obtenir un effet déterminé, il faut toujours dépenser le même travail, soit que l'on opère sans machine, soit que l'on opère avec l'intermédiaire d'une machine; et quelle que soit cette machine.

C'est ce qu'on appelle *le principe de la conservation du travail.*

On peut dire encore :

Jamais une machine ne peut fournir plus de travail utile que celui que l'on dépense pour la faire fonctionner.

Si la machine était parfaite, elle rendrait exactement, en travail utile, le travail que l'on aurait dépensé à la faire fonctionner.

Admettons ce principe et appliquons-le à plusieurs cas simples, qui permettront mieux d'en faire comprendre toute la portée.

2. — APPLICATIONS DU PRINCIPE DE LA CONSERVATION DU TRAVAIL

24. **Qu'est-ce qu'une machine?** — La poulie simple que nous venons d'étudier est *une machine*.

On donne le même nom de *machine* à tout appareil qui permet de donner aux *deux facteurs du travail (intensité de la force et déplacement de son point d'application)* de nouvelles valeurs, plus commodes dans les diverses applications pratiques que l'on se propose.

Souvent, la machine a pour effet de diminuer la force que l'on doit exercer; ***elle nous fait gagner en force.*** C'est là un avantage précieux. Mais le déplacement utile obtenu est alors plus petit que celui que l'on doit faire exécuter à la partie de la machine que l'on met directement en mouvement; ***la machine nous fait perdre en chemin parcouru.***

C'est là un inconvénient inévitable.

L'avantage et l'inconvénient dont on vient de parler se compensent exactement. ***Ce qu'on gagne en force est perdu en chemin parcouru.***

Une machine permet de modifier chacun des deux facteurs du travail. Elle ne permet pas de faire varier la valeur du produit de ces deux facteurs (voir § 23). ***Le travail reste invariable.***

25. **Le Plan incliné.** — Je veux soulever de la hauteur CB, égale à 20 mètres, un poids de 100 kilogrammes. La force nécessaire est trop grande; elle excède ce que je puis demander à mes muscles.

Au lieu de faire monter le corps directement suivant la verticale CB (fig. 15), supposons-le d'abord transporté au pied d'un *plan incliné* AB, dont la *longueur* AB soit égale à 100 mètres, c'est-à-dire 5 fois plus grande que la *hauteur* BC.

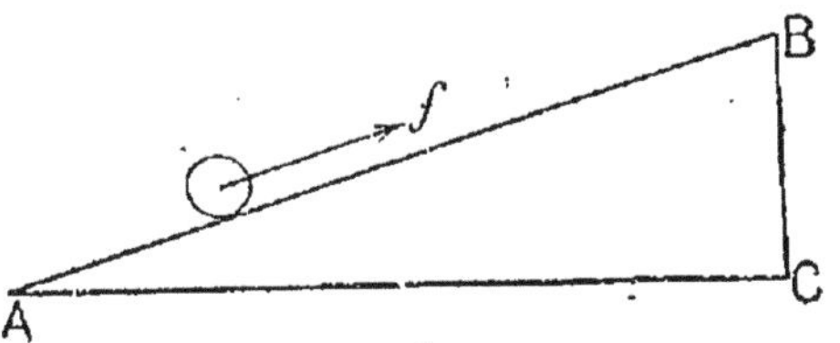

FIG. 15. — LE PLAN INCLINÉ.
Une force de 20 kilogrammes est suffisante pour remorquer un poids de 100 kilogrammes; la force agira sur un trajet 5 fois plus long.

Le chemin que j'aurai à faire parcourir au corps le long de AB sera 5 fois plus long que celui que je lui aurais fait parcourir le long de BC. — La force constante *f* qu'il faudra exercer le long du plan incliné AB sera dès lors 5 fois plus petite que dans le premier cas; elle ne sera donc plus que de 20 kilogrammes.

Si donc je puis exercer une force de 20 kilogrammes (tandis qu'il m'était impossible d'en exercer une de 100 kilogrammes), le ***plan incliné*** me permettra d'effectuer une opération que je n'aurais pu réaliser sans son concours. — ***C'est une machine très utile.*** — Mais, une fois l'opération effectuée, j'aurai dû cependant dépenser exactement le même travail que si j'avais pu soulever directement le corps à la même hauteur suivant la verticale. — ***La machine n'a pas augmenté le travail produit.***

Supposons, par exemple, que le poids de 100 kilogrammes ait pu être fractionné en 5 parties, égales chacune à 20 kilogrammes. Il eût été indifférent, d'élever 5 fois chacune de ces parties suivant la verticale BC, ou de monter le tout en une seule fois le long du plan incliné.

Dans le premier cas, je monte, à chaque fois, 20 kilogrammes de 20 mètres; et puisque je recommence 5 fois l'opération, c'est comme si je soulevais 20 kilogrammes de 5 fois 20 mètres, c'est-à-dire de 100 mètres.

Dans le second cas, c'est précisément une force de 20 kilogrammes que j'exerce sur un déplacement total de 100 mètres, égal à la longueur AB du plan incliné.

Les routes bien construites sont des plans inclinés sur lesquels, avec des efforts modérés, on pourra déplacer des charges considérables. Un cheval, sans exercer un effort supérieur à une centaine de kilogrammes, pourra, sur une pente moyenne, tirer une charge de 3 à 4 tonnes.

L'expérience confirme très exactement les prévisions précédentes.

26. **Étude expérimentale du plan incliné.** — Le plan incliné dont nous nous servirons se compose d'une planche en bois bien dressée AB (fig. 16), ayant un mètre de long.

En A, cette planche peut tourner autour d'une charnière horizontale. Elle repose sur une deuxième planche horizontale AC, bien dressée. Une tige de fer K terminée en pointe à ses deux bouts servira à maintenir le plan AB sous telle inclinaison que l'on voudra.

En B, est attachée l'extrémité d'un mètre-ruban tendu verticalement par un poids. Comme la longueur de AB est 1 mètre, le rapport entre la hauteur et la longueur du plan, $\frac{BC}{AB}$, est égal au centième du nombre marqué sur le mètre-ruban en regard du point C.

En B est fixée, d'autre part, une poulie de renvoi R, sur la gorge de laquelle passe une corde légère, *a*. Cette corde s'attache, d'un côté aux extrémités de l'axe d'un moyeu de bicyclette M, très mobile; elle supporte, de l'autre, un plateau D destiné à recevoir des poids.

La cordelette *a* est rigoureusement parallèle au plan AB.

Voici maintenant l'étude que nous allons faire de cet appa

reil : on pèse, une fois pour toutes, le moyeu M et le plateau D. Nous donnons au plan AB une certaine inclinaison et nous cherchons expérimentalement quel poids il faut ajouter dans le plateau pour que la traction de la corde *a* maintienne le moyeu M en repos.

Supposons, par exemple, que le moyeu pèse 480 grammes, que le plateau en pèse 50 et que le rapport $\frac{BC}{AB}$ soit égal à 1/3 :

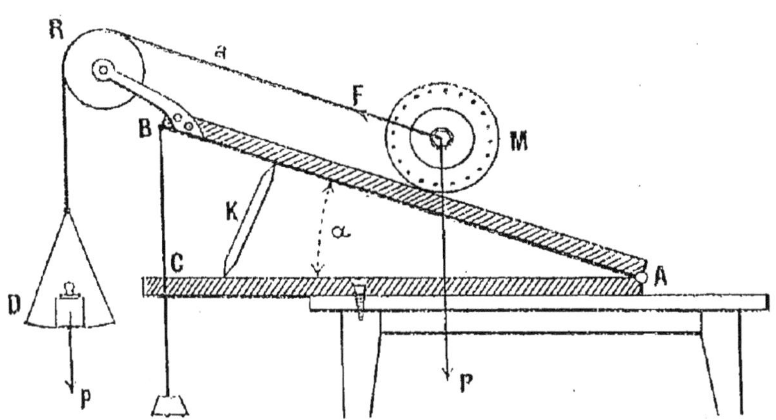

FIG. 16. — ÉTUDE EXPÉRIMENTALE DU PLAN INCLINÉ.
Elle consiste à déterminer quelle est la traction F qui, pour chaque inclinaison du plan AB, maintient le moyeu M en équilibre sur ce plan.

l'expérience nous indique qu'il faut ajouter 110 grammes dans le plateau pour maintenir le moyeu en équilibre.

La tension de la corde *a* est alors de 50 + 110 ou 160 grammes. Or, 160 grammes est le tiers de 480 grammes, poids du moyeu. Nous en concluons que l'on peut paralyser l'action de la pesanteur sur le moyeu M, en appliquant à celui-ci la force *F*, parallèle au plan incliné, dirigée vers le haut et égale au tiers du poids *P* du moyeu lui-même.

Ainsi que nous l'avait fait prévoir le principe de la conservation du travail : ***la force, parallèle à un plan, nécessaire pour maintenir un corps pesant en équilibre sur ce plan, est égale au poids du corps, réduit dans le rapport de la hauteur à la longueur du plan incliné.***

27. **Le coin.** — Imaginons qu'il s'agisse de soulever une tige verticale pesante T (fig. 17) guidée par des glissières HH et munie à son extrémité inférieure d'un galet G. Introduisons sous cette tige le biseau d'un plan rigide incliné

sous un angle très aigu. Ce plan roule, lui aussi, sur des galets G_1, G_2. Il constitue ce qu'on appelle un *coin*.

Poussons horizontalement ce coin avec une force *F*.

Admettons provisoirement que, grâce aux galets employés, le coin puisse restituer un travail égal à celui qu'on lui fournit.

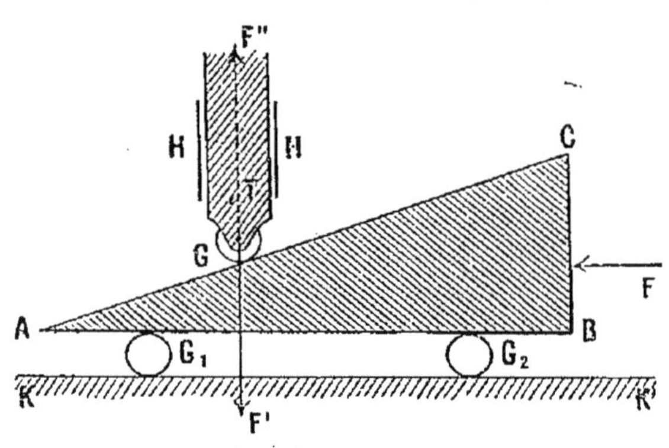

FIG. 17. — LE COIN.
La force F' transmise par le coin est à la force motrice F comme la longueur AB du coin est à son épaisseur BC.

Quand le coin aura progressé d'une longueur égale à BA, la tige T, qui le presse verticalement avec une force *F'*, se sera élevée d'une hauteur égale à BC. ***Le travail fourni*** sera donc $F \times BA$; ***le travail rendu*** sera $F' \times BC$ et l'on aura

$$F' \times BC = F \times BA;$$

d'où :

$$F = F' \times \frac{BC}{BA}.$$

Si, par exemple, la longueur du coin AB est 20 fois plus grande que l'épaisseur BC, une poussée de 30 kilogrammes suffira à soulever une charge de 600 kilogrammes.

On voit donc que, lorsque le biseau du coin est très aigu, c'est-à-dire lorsque l'angle A est très petit, on peut, avec une force *F* relativement faible équilibrer une force *F'* beaucoup plus grande.

Nous avons supposé les parties mobiles munies de galets, afin de rendre les ***frottements*** négligeables. Dans la pratique, il n'en est pas habituellement ainsi. Nous reviendrons, un peu plus loin, sur cette importante question du frottement (§ 32 et suivants).

28. **Le treuil.** — Un treuil est une machine qui se compose d'un cylindre de petit rayon traversé suivant son axe par une forte barre de fer, que l'on appelle l'***arbre du treuil***

et qui repose aux deux bouts sur des supports fixes appelés *coussinets* (fig. 18).

L'arbre du treuil est d'ordinaire horizontal. A l'une de ses extrémités a est fixé un long **bras de manivelle** ab.

Supposons que sur le cylindre s'enroule une corde, dont une des extrémités est attachée au treuil lui-même, et dont l'autre supporte un fardeau, de 50 kilogrammes, par exemple.

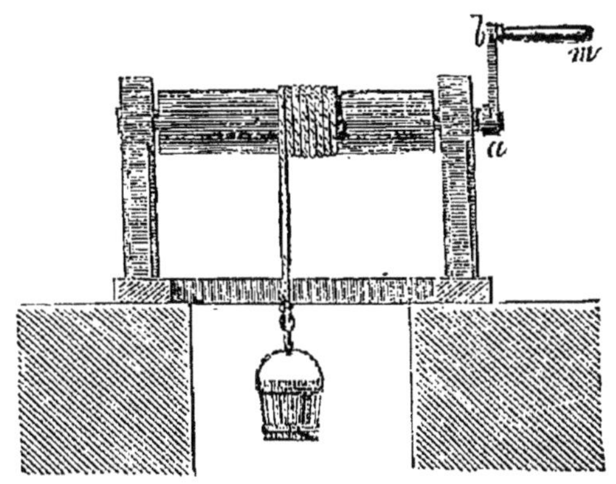

FIG. 18. — THÉORIE DU TREUIL.
Le treuil multiplie l'effort; mais ce que l'on gagne en force est perdu en chemin parcouru.

En agissant sur la manivelle m, on devra, pour faire monter le poids, exercer un effort inférieur à 50 kilogrammes.

Si, par exemple, le cylindre sur lequel s'enroule la corde a un rayon de 10 centimètres, et si la manivelle est à 50 centimètres de l'axe, on ne devra exercer qu'un effort 5 fois plus petit, c'est-à-dire de 10 kilogrammes seulement.

Les forces qui s'équilibrent sur le treuil sont donc d'autant moindres qu'elles agissent plus loin de l'axe. — **Nous dirons qu'elles sont en raison inverse des rayons.**

Ici encore, ce qu'on gagne en force, on le perd en chemin parcouru. — Pour soulever le fardeau d'une hauteur de 20 mètres, il faudra enrouler 20 mètres de corde sur le cylindre; mais, la poignée mise en mouvement par la main aura fait un chemin 5 fois plus grand, c'est-à-dire égal à 100 mètres. — Soulever directement un poids de 50 kilogrammes à 20 mètres de hauteur, c'est fournir un travail de

$$50 \times 20 = 1000 \text{ kilogrammètres.}$$

La main qui a fait tourner la machine exerçait un effort de 10 kilogrammes; mais elle a fait parcourir un chemin de 100 mètres à la poignée; elle a fourni un travail de

$$10 \times 100 = 1000 \text{ kilogrammètres.}$$

Le treuil a fourni un travail égal à celui que l'on a dépensé pour le faire fonctionner.

29. Le levier. — Considérons une barre rigide susceptible de tourner autour d'un point fixe C qui partage la barre en segments inégaux CA, CB (fig. 19). Supposons que, par son extrémité B, cette barre, que nous appellerons maintenant *levier*, s'appuie contre un corps P. Si l'on exerce à la main une certaine force *F* à l'extrémité A, le levier transmettra au corps P une autre force *F'*. On démontrerait, comme précédemment, au cas où les forces *F* et *F'* son supposées parallèles entre elles, que la force transmise *F'* est égale à la force exercée *F* multipliée par le rapport des segments AC et BC :

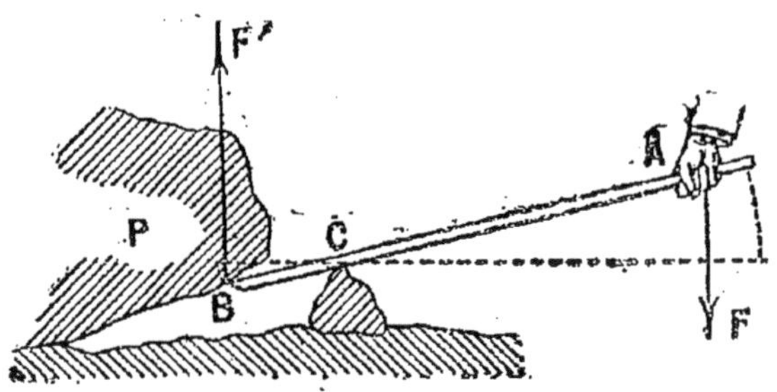

FIG. 19. — THÉORIE DU LEVIER.
Le levier multiplie l'effort, mais ne restitue que le travail qu'on lui fournit.

$$F' = F \frac{AC}{BC}.$$

Si donc, le ***bras de levier*** AC est dix fois plus grand que le bras de levier CB, la force transmise *F'* sera dix fois plus grande que la force *F* exercée par la main.

Dans l'exemple que nous avons choisi, le corps sur lequel agit le levier se déplace dix fois moins que la main qui produit l'effort. En d'autres termes, pour le levier comme pour le treuil, ce que l'on gagne au point de vue de la force, est perdu au point de vue du chemin parcouru.

On retrouve le principe du levier dans un grand nombre d'outils : la ***pince*** des maçons, les ***tenailles***, les ***ciseaux***, le ***casse-noisettes***, la ***brouette***, etc., etc.

30. La vis. — La vis est une des machines simples les plus puissantes et les plus employées.

Elle est constituée par un cylindre de métal à la surface duquel a été creusée une rainure régulière et profonde, contournée en hélice. Ce cylindre peut tourner dans un ***écrou***, qui présente en creux la même forme que la vis présente en relief. Toutes les fois que la vis fait un tour dans son écrou elle progresse par rapport à celui-ci d'une longueur égale au pas de la vis, c'est-à-dire à la distance qui sépare, sur une même génératrice, deux spires consécutives de la rainure.

Le *vérin*, dont on se sert fréquemment pour soulever de lourds fardeaux, se compose d'une grosse vis dont l'écrou est fixe. Cet écrou est porté par un pied qui s'appuie sur le sol et la tête de la vis bute elle-même contre le corps à soulever (fig. 20). Pour faire tourner la vis, on agit à l'extrémité d'un bras latéral, ordinairement muni d'un *rochet*, et monté à la partie supérieure de la vis. Il est facile de se rendre compte des efforts que l'on peut développer avec cet instrument. Supposons, en effet, que le pas de vis soit de 1 centimètre et que la barre de fer ait 40 centimètres de long. Quand la vis fait un tour, elle progresse de 1 centimètre, tandis que la main décrit une circonférence de 40 centimètres de rayon. Le déplacement de la main est donc de

FIG. 20. — VÉRIN.
Quand on engage cet appareil sous un lourd fardeau, on soulève facilement celui-ci en faisant tourner la vis dans son écrou.

$$2 \times 3{,}14 \times 40$$

ou 251 centimètres et, puisque l'on gagne en force ce que l'on perd en chemin parcouru, il faut nécessairement que la force transmise par la vis au corps, contre lequel elle bute, soit 251 fois plus grande que la force exercée par la main : une poussée de 30 kilogrammes à l'extrémité de la barre de fer permettrait ainsi de soulever une masse de plus de 7500 kilogrammes.

31. **Autres exemples de machines. Machines composées.** — On pourrait, à l'aide des machines simples précédentes, combiner un grand nombre d'autres machines, qui seront des *machines composées*.

Un *casse-noisettes* (fig. 21), une *paire de ciseaux* (fig. 22) constituent une combinaison de deux *leviers*.

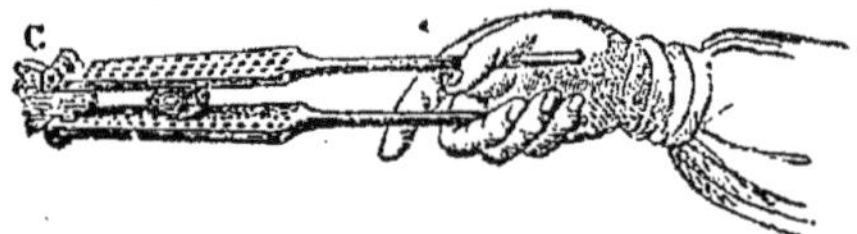

FIG 21. — CASSE-NOISETTES.
C'est une combinaison de deux leviers.

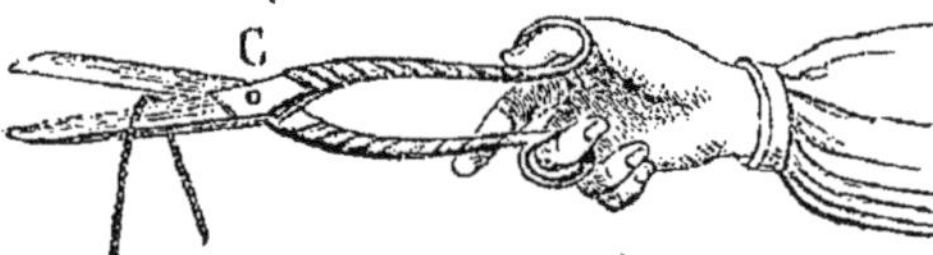

FIG. 22. — PAIRE DE CISEAUX.
La paire de ciseaux est une combinaison de deux leviers.

Un *assemblage de poulies*, disposées dans une même monture ou dans deux montures différentes, est aussi une machine composée.

Plus il y aura de brins de corde interposés entre la main qui tire et l'autre extrémité de la corde, plus le fardeau montera lentement. Par conséquent aussi, puisque le travail se conserve dans les machines, moins l'effort à exercer sera considérable. On a là ce qu'on appelle un *moufle*. La figure 23 montre une barque soutenue par une paire de moufles.

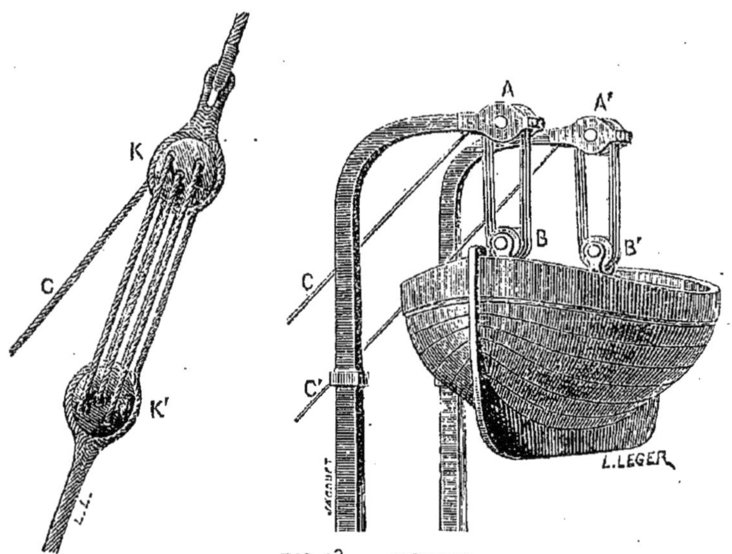

FIG 23. — MOUFLE.
Le moufle est une combinaison de poulies.

Un moufle est une machine composée.

Telle est encore la voiture des tonneliers, ou *haquet* (fig. 24).

FIG. 24. — HAQUET.
C'est une combinaison du treuil et du plan incliné.

A l'aide d'un *treuil*, on tire sur une corde qui fait glisser le tonneau sur un plan *incliné*. Le haquet est donc une combinaison du *treuil* et du *plan incliné*.

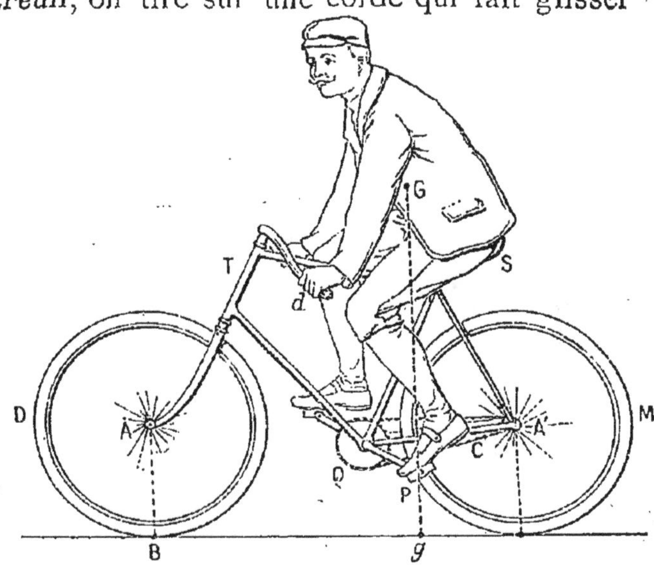

FIG. 25. — BICYCLETTE.
Les engrenages de la bicyclette constituent une combinaison de treuils.

Tel est encore le cas des ***engrenages***. On agit, par exemple, sur la circonférence d'une roue de grand rayon. L'axe de celle-ci porte une roue de plus petit rayon; cette dernière agit directement par des dents sur la circonférence d'une autre roue dentée de grand rayon; et ainsi de suite. — L'axe denté de petit rayon s'appelle un *pignon*. Il est évident que l'on a là une combinaison de ***treuils***. Ce dispositif est souvent employé, dans la ***bicyclette***, par exemple (fig. 25), ainsi que dans les machines élévatoires appelées ***grues***.

Il ne sera pas nécessaire de multiplier les exemples pour que l'on comprenne que toute machine, plus ou moins compliquée, pourrait ainsi se décomposer en un nombre plus ou moins considérable d'organes partiels qui, chacun pris isolément, se comporteraient comme les machines simples que nous avons étudiées.

3. — DU FROTTEMENT DANS LES MACHINES

32. — **Exemples de frottement.** — Nous pouvons donc considérer le principe de la conservation du travail comme absolument général.

Il est cependant essentiel de remarquer que ce principe ne convient en toute rigueur qu'à des machines où n'interviendraient pas d'autres forces que celles que nous avons considérées : la force qui met la machine en mouvement et la force opposée par le corps que l'on veut déplacer.

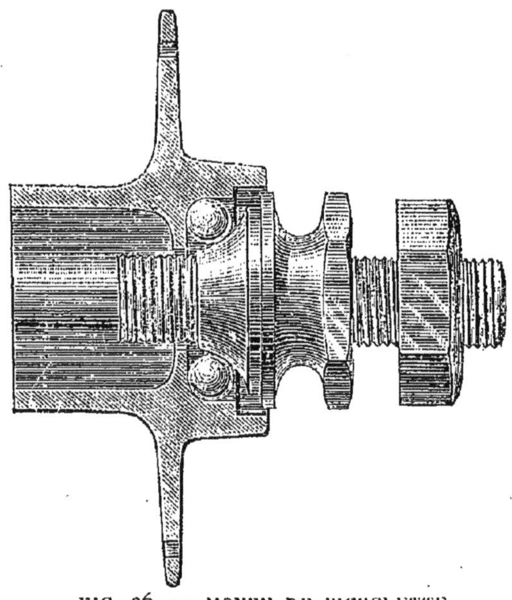

FIG. 26. — MOYEU DE BICYCLETTE.
L'axe de la roue est supporté par deux couronnes de petites billes en acier, logées aux extrémités du moyeu.

Il n'en est pas ainsi en général.

L'expérience nous apprend que, pour faire glisser un solide qui repose sur le sol ou sur une table horizontale, il faut exercer une certaine force. Pour produire un certain déplacement, il a donc fallu dépenser un certain travail. Et cependant le corps n'ayant pas été élevé, on n'a effectué aucun travail utile contre le poids du corps. On dit alors que le solide ***frotte***. Le frottement oppose une résistance au mouvement.

33. **Manières de remédier au frottement.** — Les frottements des divers organes d'une machine les uns contre les autres consomment donc du travail en pure perte ; on cherche, en général, à les atténuer autant que possible. On emploie pour cela divers procédés :

1° On huile ou l'on graisse incessamment les parties de la machine susceptibles d'absorber du travail par le frottement.

2° Ou bien, comme dans les moyeux de bicyclette (fig. 26), on substitue à un frottement de glissement un frottement de roulement qui absorbe moins de travail.

3° Ou bien encore, comme dans les balances de précision, on limite le frottement à celui d'une arête vive d'un couteau

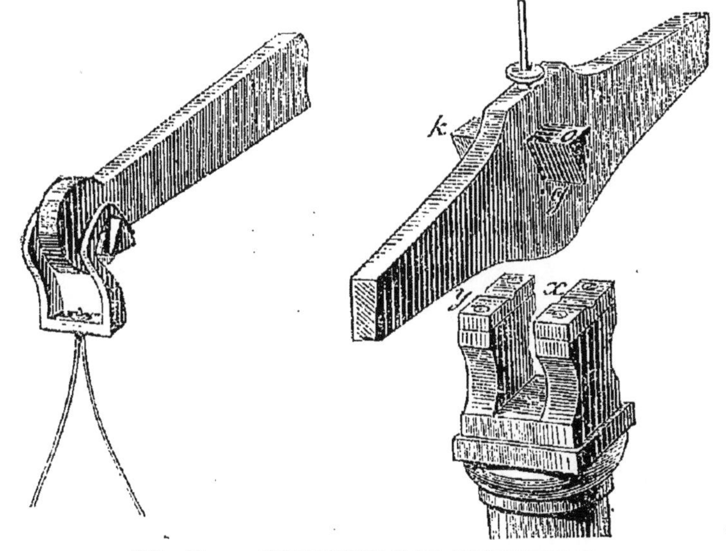

FIG. 27. — SUSPENSION SANS FROTTEMENT.
Le fléau d'une balance repose, par l'arête d'un prisme en acier trempé, sur un plan d'agate ou d'acier.

d'acier (fig. 27) très dur contre un plan d'agate que l'acier ne peut entamer.

34. **Applications du frottement.** — Les frottements ne sont utilisés que pour modérer l'allure d'une machine ; les freins des véhicules les plus divers : voitures, wagons, bicyclettes, en sont une application trop connue pour qu'il y ait lieu d'insister.

Il nous suffira d'avoir signalé, en thèse générale, l'importance du frottement dans les machines. Le travail employé à faire mouvoir la machine se retrouve en totalité sous deux formes : le travail utile exécuté par la machine ; et le travail absorbé par les frottements.

Une machine parfaite serait donc celle pour laquelle le travail des forces de frottement serait rigoureusement nul.

4. — COMPOSITION DES FORCES

35. **Définition générale du travail.** — Dans les cas que nous avons précédemment considérés, nous avons toujours supposé que le déplacement du point d'application se faisait dans la direction même de la force.

Il en est souvent autrement.

Imaginons un mobile M, susceptible de se déplacer sans frottement appréciable, entre deux glissières parallèles AB, A'B' (fig. 28).

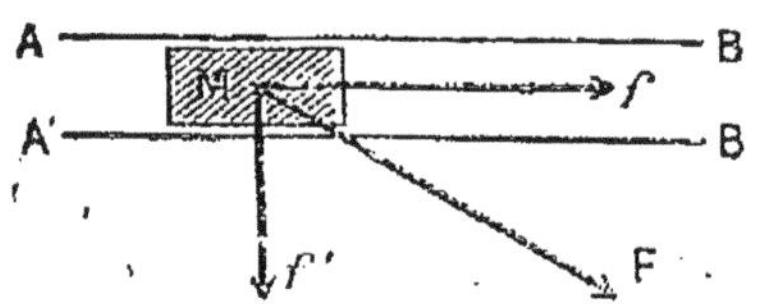

FIG. 28. — DÉFINITION DU TRAVAIL DANS LE CAS GÉNÉRAL.
Par définition, une force perpendiculaire à la direction du mouvement ne travaille pas.

Soumettons-le à une force *F*, inclinée sur la direction des glissières.

Imaginons que nous remplacions la force *F* par deux autres : l'une *f*, dirigée dans le sens du mouvement : l'autre *f'*, perpendiculaire aux deux glissières. Imaginons, en outre, que ces deux forces aient été choisies de façon à satisfaire aux deux conditions suivantes :

1° La force *f*, agissant seule, imprimerait au mobile le même mouvement que quand il est soumis à la force *F*.

2° La force *f'*, agissant seule, appuierait le mobile contre la glissière A'B', aussi fortement que quand il est soumis à l'action de la force *F*.

Nous admettons que les effets de ces forces resteront les mêmes, soit qu'elles agissent séparément, soit qu'elles agissent simultanément.

Agissant simultanément, elles produisent les mêmes effets que la force *F*. On dit que ces deux forces *f* et *f'* sont les ***composantes*** de la force *F*. La force *F* est désignée sous le nom de **résultante** des forces *f* et *f'*.

Par définition, nous conviendrons de dire :

1° *Que la force f', perpendiculaire au déplacement, ne produit pas de travail;*

2° Que le travail de la force *f* représentera précisément le travail même que nous voulions définir, comme étant le travail de la force *F*. Ainsi, par définition :

Le travail d'une force F, inclinée sur la direction du mouvement, est égal au travail de la force f, qui, parallèle à cette direction, serait capable d'imprimer le même mouvement au mobile.

56. **Propriétés du plan incliné et composition des forces.** — Revenons au plan incliné et à l'exemple numérique que nous avions précédemment choisi (§ 25).

Le corps est soumis à une force verticale MF, qui n'est autre que son poids, et qui, par conséquent, est égale à 100 kilogs.

Le principe de la conservation du travail nous a montré que nous pouvions soulever le corps le long du plan incliné, en lui appliquant une force parallèle au plan, dirigée vers le haut, et cinq fois plus petite que la précédente, c'est-à-dire égale à 20 kilogs.

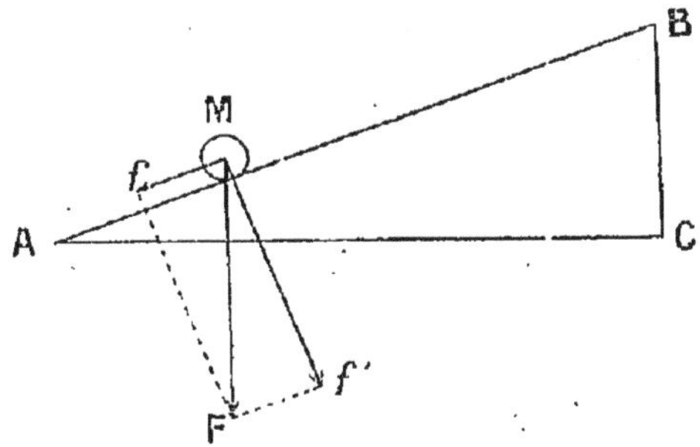

FIG. 29. — COMPOSITION DES FORCES.
La composante du poids d'un corps, suivant la direction d'un plan incliné, est égale à la projection de ce poids sur le plan incliné.

La force MF peut donc être considérée comme la résultante de deux forces, dont l'une Mf est parallèle au plan incliné, dirigée vers le bas, et égale à 20 kilogs.

Représentons par deux droites MF et Mf (fig. 29) les deux forces de 100 et de 20 kilogs. Joignons les points F et f. Le triangle MFf est semblable au triangle ABC. Leurs angles en M et en B sont en effet égaux : et les côtés adjacents sont proportionnels entre eux, puisque

$$\frac{AB}{BC}=5 \quad \text{et} \quad \frac{MF}{Mf}=5.$$

L'angle FfM est donc égal à l'angle en C ; il est droit. Nous concluons :

La composante* f, *parallèle au plan incliné est la projection de la résultante* F *sur la direction même du plan incliné.

Le raisonnement précédent pourrait facilement se généraliser. Nous admettrons que, pour la composante *f'*, les choses se passent de même que pour la composante *f*.

Une force *F* quelconque pourra donc être décomposée en deux composantes *f* et *f'*, choisies de telle façon que *f* et *f'* soient les côtés d'un rectangle dont la diagonale représenterait la force *F*.

Inversement, deux forces rectangulaires données *f* et *f'* appliquées en un même point O, pourront toujours être remplacées par une force unique OF, dont la direction et la grandeur seraient déterminées par la construction précédente.

Remarque. — La règle précédente satisfait évidemment au principe de la conservation du travail, d'après l'extension même de la notion de travail que nous avons donnée au § 35.

57. **Composition de deux forces concourantes quelconques.** — Nous n'insisterons pas sur des considérations de ce genre : il serait facile de montrer que le résultat précédemment obtenu peut se généraliser, sans qu'il soit nécessaire que les forces *f* et *f'* fassent entre elles un angle de 90°.

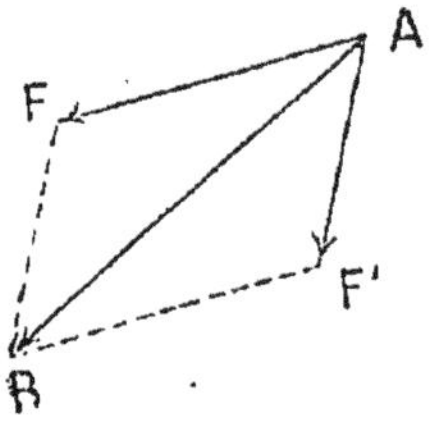

FIG. 30.
COMPOSITION DE DEUX FORCES CONCOURANTES.
La résultante de deux forces concourantes est donnée par la règle du parallélogramme.

Le principe général de la composition des forces concourantes s'énonce alors de la façon suivante :

L'effet de deux forces* F *et* F'** (fig. 30), ***agissant simultanément au point* A, *est toujours le même que celui d'une force unique* R, *représentée par la diagonale du parallélogramme construit sur les droites qui représentent les deux forces.

Cela tient à ce que, pour tout déplacement du point d'application, le travail de la résultante R est égal à la somme des travaux des deux forces *F* et *F'*.

Nous allons d'ailleurs établir un dispositif simple qui nous permettra de vérifier expérimentalement le principe précédent, dans tous les cas qui peuvent se présenter.

Une tablette verticale de bois porte, en ses coins supérieurs, deux poulies dont les axes sont fixés en A et B, et qui sont parfaitement mobiles autour de ces axes. Une corde très légère (fig. 31) passe sur les gorges de ces deux poulies.

Elle porte des poids **P** et **Q**, suspendus à chacune de ses extrémités. Vers son milieu O est suspendu, par une corde souple et légère, un troisième poids **R**, inférieur à la somme **P** + **Q** des deux premiers.

On attend que le système ait pris sa position d'équilibre. Une feuille de papier fixée sur la planchette permet de relever, avec la pointe d'un crayon, les directions des trois brins de corde, aboutissant au point O. On détache la feuille. On porte sur les trois directions indiquées des longueurs O*p*, O*q*, O*r*, proportionnelles aux trois poids connus **P**, **Q**, **R**. On construit un parallélogramme sur deux de ces longueurs, soit, par exemple le parallélogramme O*p mq*.

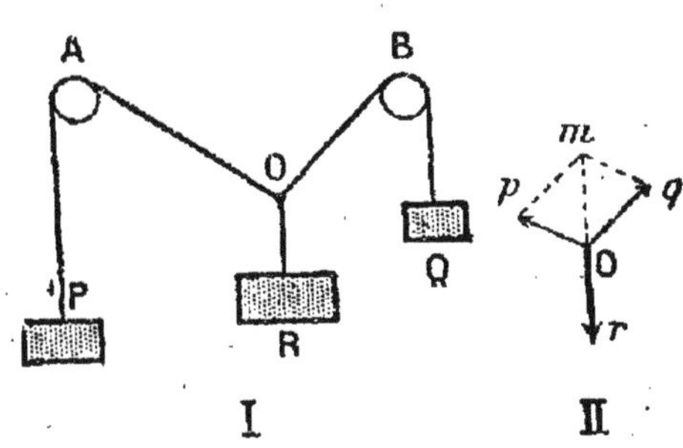

FIG. 31. — VÉRIFICATION EXPÉRIMENTALE DE LA RÈGLE DU PARALLÉLOGRAMME DES FORCES. *Un graphique permet de représenter chacune des deux forces concourantes, en grandeur et en direction; de même, pour leur résultante. La vérification du principe est immédiate.*

Si le principe énoncé plus haut (§ 37) est exact, la diagonale O*m* de ce parallélogramme doit représenter en grandeur et en direction la force susceptible de remplacer les deux forces **P** et **Q**, appliquées au point O. Elle doit d'autre part être équilibrée par la force O*r*. La vérification consiste donc à s'assurer que le ***segment de droite* Om *est égal et directement opposé au segment* Or.**

38. **Composition d'un nombre quelconque de forces concourantes.** — Un nombre quelconque de forces concourantes, c'est-à-dire appliquées en un même point, admettront de même une résultante, que l'on obtiendra en composant d'abord la résultante de deux des forces données avec une troisième; puis, en procédant de la même façon, de proche en proche.

La même règle permettrait de décomposer une force en deux autres, ou même en un nombre quelconque d'autres, appliquées au même point.

39. **Exercices numériques.** — Les principes précédents sont d'une application continuelle en Mécanique et en Physique. Nous donnerons deux exercices numériques, à titre d'exemples.

1° ***Deux forces F, F', égales chacune à 1 kilog, sont appliquées en un même point O. Leurs directions font entre elles un angle de 120°. Trouver leur résultante.*** Ici, le parallélogramme OFRF' (fig. 32) est un losange. L'angle ROF de la diagonale et du côté OF est égal à 60°. Le triangle OFR est donc équilatéral.

La résultante OR est donc égale à 1 kilog, comme chacune des deux forces composantes.

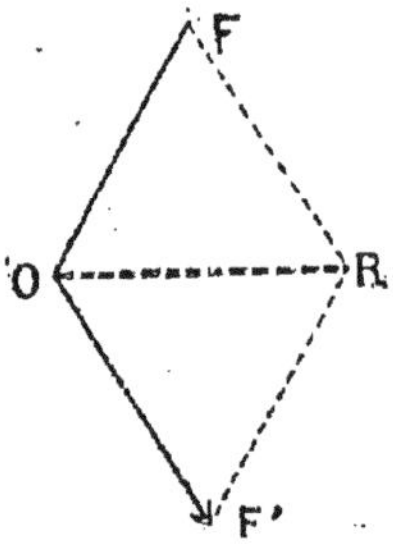

FIG. 32. EXERCICE SUR LES FORCES CONCOURANTES. *Application de la règle du parallélogramme.*

2° ***Un point O est soumis à trois forces rectangulaires entre elles. Les deux premières OF, OF' sont dans un plan horizontal; la troisième est verticale. Leurs valeurs respectives sont égales à 2, 3, 6 kilogrammes. On demande l'intensité de la résultante.***

Les deux premières forces *OF*, *OF'* (fig. 33) admettent une résultante représentée par la diagonale *OX* du rectangle construit sur *OF* et *OF'* comme côtés. On a donc :

$$\overline{OX}^2 = 2^2 + 3^2.$$

La résultante cherchée *OR* est représentée par la diagonale *OR* du rectangle OXRF''. Donc :

$$\overline{OR}^2 = \overline{OX}^2 + 6^2;$$

c'est-à-dire (en remplaçant $\overline{OX}^2$ par sa valeur) :

$$\overline{OR}^2 = (2^2 + 3^2) + 6^2 = 49,$$

d'où :

$$OR = 7.$$

La résultante cherchée *OR* a donc une intensité de 7 kilogs.

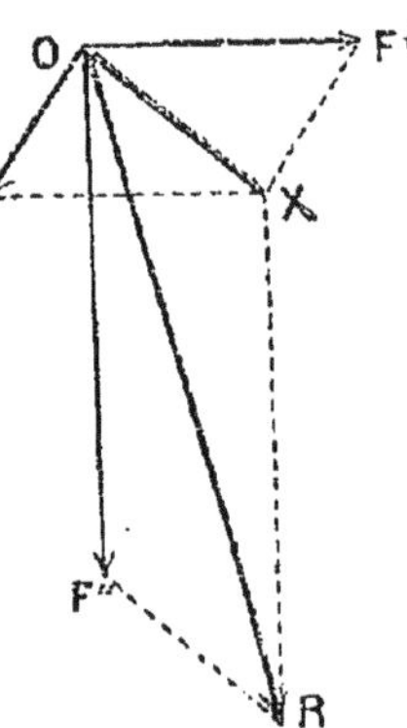

FIG. 33. — EXERCICE SUR LA COMPOSITION DE PLUSIEURS FORCES CONCOURANTES. *Application répétée de la règle du parallélogramme.*

40. **Composition de deux forces parallèles de même sens.** — Imaginons deux forces parallèles de même sens : *AF* = 2 kilogs et *BF'* = 1 kilog, appliquées en deux points A et B d'un corps solide (fig. 34).

Peut-on remplacer ces deux forces par une seule force *R*, susceptible, à elle seule, de produire les mêmes effets?

Pour qu'il en soit ainsi, il faut que cette force R soit sus-

ceptible de produire, à elle seule, les mêmes travaux que produiraient simultanément les deux forces F et F', pour tous les déplacements dont le corps solide est susceptible.

On voit de suite que, si cette force existe, elle ne peut être que parallèle à la direction commune des forces F et F'.

Imaginons successivement deux déplacements de natures différentes.

1° Supposons que le corps mobile soit guidé par deux glissières qui ne lui laissent d'autre déplacement possible que dans la direction commune aux deux forces données. Pour un déplacement de 1 mètre dans cette direction, la somme des travaux des deux forces est égale à 4 kilogrammètres. La force cherchée R devra produire le même travail pour le même déplacement. Son intensité est donc de 4 kilogs.

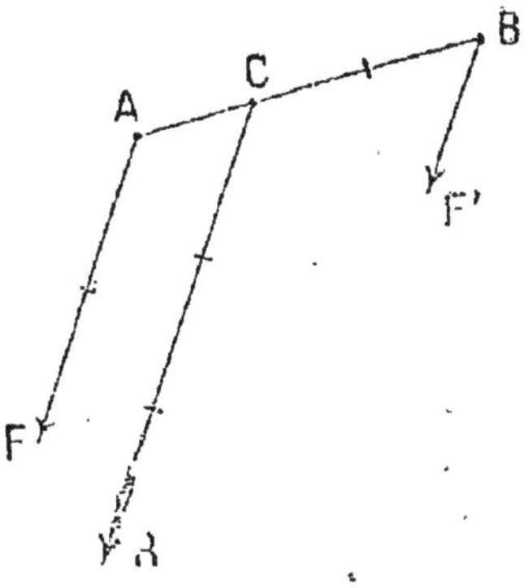

FIG. 34. — COMPOSITION DE DEUX FORCES PARALLÈLES DE MÊME SENS.
La simple considération de la conservation du travail conduit à l'énoncé cherché.

D'une façon générale, on aura donc :

$$R = F + F'.$$

2° Imaginons que le corps soit libre de pivoter autour d'un point C, situé entre A et B. Supposons la distance AB égale à 15 centimètres. Peut-on choisir le point C de manière que le corps reste en repos sous l'effet des deux forces F et F'? Nous savons, d'après la théorie du levier (§ 29), qu'il en sera ainsi, si l'on fait $CB = 2CA$.

Soit donc $CA = 5$ cm.

Dans ces conditions, le corps, étant libre de se mouvoir autour du point C, resterait en repos sous l'action des forces F et F' quelle que soit la direction de la droite AB. Le travail total de ces forces serait nul. Le travail de la résultante cherchée doit donc aussi être nul, dans le cas où le point C serait fixe. Or, la résultante, si elle existe, ne peut être que de 4 kilogs. Son travail ne peut être nul que si elle imprime un déplacement nul au corps mobile. Il n'en peut être ainsi que si elle passe par le point fixe C.

Le principe de la conservation du travail nous conduirait ainsi, dans chaque cas particulier, aux énoncés suivants :

1° *Il est toujours possible de remplacer deux forces parallèles de même sens, appliquées en deux points A et B d'un corps solide, par une force unique R, produisant les mêmes effets ;*

2° *La direction de cette résultante est parallèle à celle des deux forces données. Elle est dirigée dans le même sens que chacune d'elles;*

3° *Elle est égale à leur somme;*

4° *La direction de la résultante rencontre la droite AB en un point C, qui la divise intérieurement en deux segments l et l', inversement proportionnels aux forces agissantes :*

$$\frac{l}{l'}=\frac{F'}{F}.$$

L'expérience confirme les résultats précédents. Deux forces parallèles, de même sens, admettent toujours une résultante. Cette résultante satisfait aux conditions que nous venons de demontrer être nécessaires.

Remarque. — La position du point C ne changera évidemment pas, si l'on vient à faire varier les directions des deux forces parallèles F et F', ou si l'on modifie chacune d'elles, en les laissant entre elles dans le même rapport.

41. **Moment d'une force.** — Reprenons les deux forces F et F', parallèles et de même sens, et dont la résultante R passe au point C. *Supposons les forces F et F' perpendiculaires à la direction AB.*

F est deux fois plus grand que F'; mais, son bras de levier CA est deux fois plus petit que le bras de levier CB de la force F'.

Les produits $F \times \mathrm{CA}$ et $F' \times \mathrm{CB}$ sont donc égaux.

Dans le cas particulier, où la droite AB est perpendiculaire à la direction commune des forces F et F', on désigne les produits ($F \times \mathrm{CA}$) et ($F' \times \mathrm{CB}$) sous le nom de *moments* des forces par rapport au point C.

Les forces F et F' tendent à faire tourner séparément le corps mobile autour du point C en deux sens opposés. On dira que leurs deux moments sont de signes contraires.

Ainsi donc, nous tirons de ce qui précède une définition et un théorème très importants.

Définition. — ***On appelle moment d'une force F, par rapport à un point C, le produit obtenu en multipliant le nombre qui mesure l'intensité de la force par le nombre qui mesure la distance de la force F au point C.*** Le produit sera affecté du signe + pour les forces qui tendent, par exemple, à faire tourner le corps dans le sens des aiguilles d'une montre; et du signe — pour celles qui tendraient à le faire tourner dans le sens opposé.

Théorème. — ***Le point d'application C de la résultante R de deux forces parallèles est situé de telle façon que la somme algébrique des moments des deux forces par rapport à ce point est nulle.***

Nota. — Ce théorème reste vrai, quel que soit le nombre de forces parallèles considérées.

42. **Composition de deux forces parallèles, de sens contraires.** — Passons maintenant au cas de deux forces, parallèles et de sens contraires.

Soient deux forces ***AF*** et ***BF'*** respectivement égales à 2 et 3 kilogrammes ; elles sont appliquées aux points A et B (fig. 35).

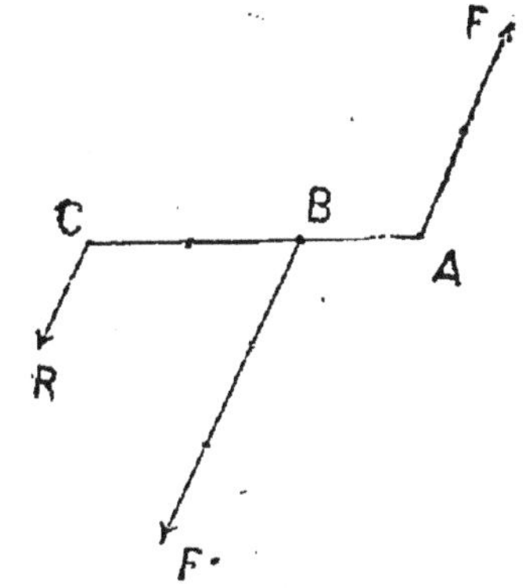

FIG. 35. — COMPOSITION DE DEUX FORCES PARALLÈLES, DE SENS CONTRAIRES.
L'étude de ce cas se ramène facilement à celui de deux forces parallèles de même sens.

Soit AB = 1 mètre.

Prolongeons extérieurement la droite AB de 2 mètres, du côté du point B.

Soit donc :

BC = 2 mètres.

On a, par suite :

AC = 3 mètres,
avec ***AF*** = 2 kilogrammes;

ainsi que :

BC = 2 mètres, avec ***BF'*** = 3 kilogrammes.

Le point C a donc été choisi de telle sorte que les moments des deux forces par rapport à ce point

$$AC \times AF = 6,$$
$$BC \times BF' = 6,$$

aient la même valeur absolue.

Il sera toujours facile d'opérer de même, pour chaque cas particulier qui se présentera dans la pratique.

Ceci posé, appliquons en ce point C deux forces *f* et *f'* de chacune 1 kilogramme, égales et de sens contraire, et dans la direction commune des deux forces données *F* et *F'* (fig. 36).

Ces deux nouvelles forces, qui se détruisent mutuellement, n'ont évidemment rien changé au système proposé.

Or, *F* et *f* admettent (§ 40) une résultante Φ, qui leur est parallèle, et de même sens que chacune d'elles, qui, en outre, est égale à leur somme, c'est-à-dire à 3 kilogrammes, et dont le point d'application est en B. Cette force Φ est donc égale et directement opposée à la force donnée *F'*. Le système des deux forces *f* et *F* est donc annulé par cette force *F'*. Sur les quatre forces *F*, *F'*, *f*, *f'* nous pouvons donc supprimer les trois forces *f*, *F*, *F'* qui s'annulent mutuellement. Il reste la force *f'*.

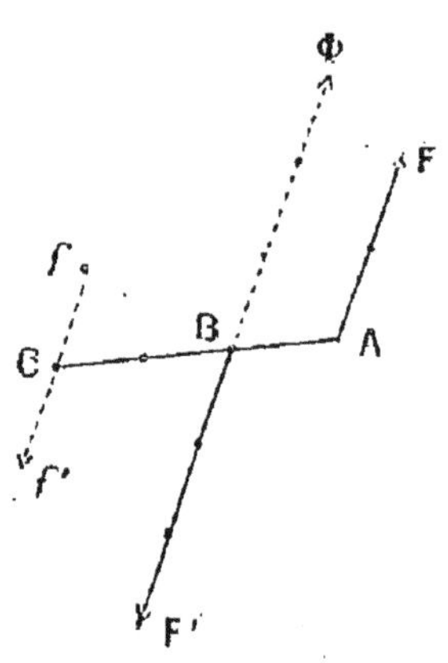

FIG. 36. — ÉTUDE THÉORIQUE DE LA COMPOSITION DE DEUX FORCES PARALLÈLES DE SENS CONTRAIRES.
Les forces F et f peuvent être remplacées par Φ. Cette dernière force annule F'. La seule force restante sur la figure, f', représente la résultante cherchée.

f' est donc la résultante cherchée des deux forces *F* et *F'*.

C'est elle que nous avons représentée en CR, sur la figure 35.

Le raisonnement peut facilement se reprendre dans chaque cas particulier..

Nous sommes ainsi conduits à l'énoncé général suivant :

Le point d'application C de la résultante de deux forces parallèles et de sens contraires est tel que les deux forces données F et F' aient, par rapport à ce point, des moments égaux et de sens contraires.

La résultante des deux forces est parallèle aux deux forces données; elle est dirigée dans le sens de la plus grande; son intensité est égale à la différence des intensités des deux forces données.

43. **Forces parallèles en nombre quelconque.** — La méthode indiquée s'applique évidemment à un nombre quelconque de forces parallèles dans les deux sens.

On composera d'abord entre elles toutes les forces parallèles dirigées dans un certain sens; et on obtiendra leur résultante.

On fera de même pour les forces de l'autre groupe. On sera donc ramené au cas de deux forces parallèles, de sens contraires.

En général, ces deux dernières forces seront inégales. Elles admettront donc une résultante que l'on saura déterminer, d'après le paragraphe précédent.

5. — LE COUPLE

44. Définition du couple de forces. — Toutefois, il peut se présenter un cas particulier très important, sur lequel nous devons insister.

Il peut arriver que les deux seules forces parallèles qui nous restent à composer entre elles, soient égales et de sens contraires, sans que leurs directions soient dans le prolongement l'une de l'autre.

On dit alors que les deux forces forment un *couple*. Or, si l'on veut appliquer aux deux forces de ce couple les résultats précédemment obtenus, on s'aperçoit que ceux-ci sont alors complètement illusoires. En effet :

1° Au lieu de faire brusquement $F' = F$, faisons d'abord $F' = F + \varepsilon$, et faisons tendre ε vers zéro. La position du point d'application C de la résultante nous est donnée par la condition d'égalité des moments des forces F et F' par rapport à ce point C. On a donc (fig. 35)

$$F \times AC = (F + \varepsilon)(AC - AB)$$

c'est-à-dire

$$AC \times \varepsilon = (F + \varepsilon) \times AB ;$$

ce qui donne :

$$AC = \frac{F + \varepsilon}{\varepsilon} \times AB.$$

Quand ε tend vers zéro, AC devient donc infiniment grand. Le point d'application de la résultante s'éloigne indéfiniment, quand les deux forces F et F' se rapprochent de plus en plus d'être égales.

2° La résultante aurait pour valeur $F' - F = \varepsilon$. Son intensité tendrait donc vers zéro. Ces deux résultats n'ont évidemment aucun sens réel.

D'ailleurs, il est manifeste que *le système des deux forces du couple n'est pas en équilibre*; car si, par exemple, nous fixons un point quelconque du corps solide, choisi entre les points A et B, et si nous laissons le solide libre de pivoter autour de ce point fixe, il est bien évident que le système va se mettre à tourner, puisque les deux forces tendent séparément à le faire tourner dans le même sens.

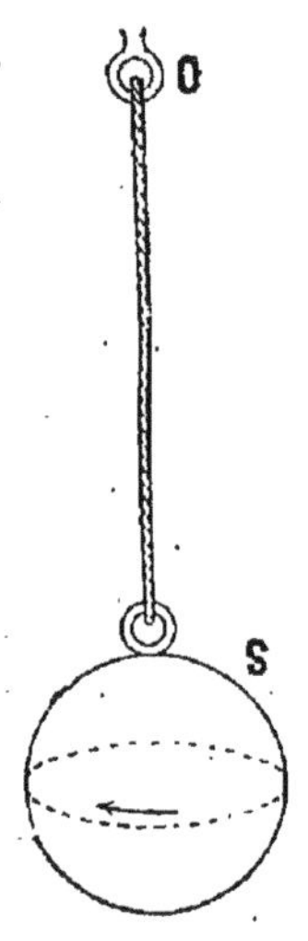

FIG. 37. EXEMPLE D'UN COUPLE. COUPLE DE TORSION.
Si on tord le fil sur lui-même, et qu'on le lâche ensuite, la sphère S se met à tourner autour de son diamètre vertical.

D'où, cette double conclusion :

1° ***Un couple de forces constitue un système de forces qui n'est pas en équilibre;***

2° ***Un couple de force ne peut être remplacé par un système plus simple de forces.***

Les procédés habituels de la composition des forces sont inapplicables dans le cas actuel.

45. Importance du couple dans la pratique. — La notion de couple présente en mécanique une importance de premier ordre, comparable à celle de la force proprement dite. En effet :

Une force tend toujours à imprimer à un corps entièrement libre un mouvement de translation.

Un couple tend toujours à imprimer à un système entièrement libre un mouvement de rotation. La direction autour de laquelle le corps tend à tourner s'appelle la direction de l'***axe du couple.***

46. Exemples de couples. — Considérons, par exemple, une ***lourde sphère*** de métal suspendue par un fil métallique élastique (fig. 37). Au repos, celui-ci se placera suivant la verticale. Faisons tourner la sphère autour de son diamètre vertical de manière à tordre le fil métallique, puis abandonnons le système à lui-même : nous verrons la sphère tourner sur elle-même en sens inverse et revenir vers sa position initiale.

La sphère se trouve, par suite de la torsion du fil, soumise à un couple, qu'on appelle le ***couple de torsion*** du fil.

L'ouvrier qui manœuvre un vilebrequin (fig. 38) exerce un couple sur le manche de l'outil.

Plaçons un petit aimant sur un bouchon de liège flottant à la surface d'une cuve à eau (fig. 39) : nous verrons le bouchon tourner sur lui-même, sans quitter la place où il se trouve; et finalement ne s'arrêter que quand l'aimant a pris une certaine direction, toujours la même : nous en concluons que, lorsque l'aimant est écarté de cette direction particulière, il se trouve sollicité par un couple, dont nous pouvons ignorer la cause, mais dont nous constatons l'effet.

FIG. 38. — EMPLOI D'UN COUPLE.
L'ouvrier qui manœuvre une tarière exerce un couple sur le manche de celle-ci.

Remarque. — Lorsqu'un corps est gêné dans ses déplacements, au lieu d'être complètement libre, il se peut fort bien que l'action d'une seule force suffise à lui imprimer un mouvement de rotation. Ainsi, quand un corps solide est monté sur un axe fixe, comme une roue sur son essieu (fig. 40), il ne peut prendre qu'un mouvement de rotation; il suffit alors, pour provoquer ce genre de mouvement, d'appliquer au corps une force qui ne rencontre pas l'axe.

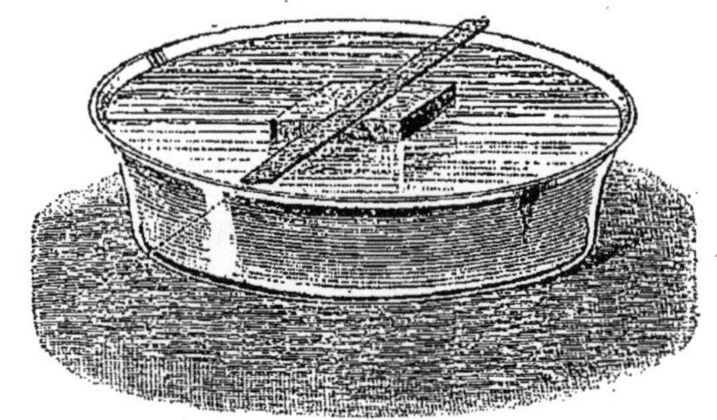

FIG. 39. — ACTION DIRECTRICE DE LA TERRE SUR UN AIMANT.
Celle action se réduit à un couple parce qu'elle imprime à l'aimant une rotation sur place sans lui donner aucun mouvement de translation.

On voit donc que, sur un corps gêné, il peut se faire que l'effet d'une force soit le même que celui d'un couple. Nous allons étudier un de ces cas dans le paragraphe suivant.

47. Exemple simple. — *La poulie fixe.* — Nous nous contenterons d'appliquer les notions précédentes à un cas très simple : celui de la ***poulie fixe*** (fig. 41).

FIG. 40. — EFFET DE ROTATION PRODUIT PAR UNE FORCE.
La résistance du sol, appliquée à la roue d'une brouette que l'on pousse, provoque la rotation de la roue. L'effet produit est le même que si la roue libre était soumise à un couple.

Une poulie, bien centrée, est suspendue en son centre de gravité O, par lequel passe son axe de rotation. On exerce une traction verticale F sur un brin de corde, passant sur la gorge de la poulie.

Les forces agissantes sont :

1° Le poids Q de la poulie ; il est appliqué au point O.

2° La force verticale F, dirigée vers le bas et appliquée au point A.

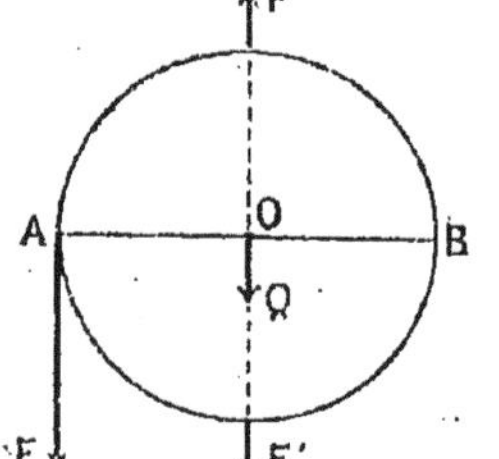

FIG. 41.
POULIE SIMPLE.
Une force appliquée tangentiellement à la gorge de la poulie fixe provoque son mouvement de rotation.

3° La réaction (§ 19) du support de la poulie ; c'est elle qui empêche tout déplacement du point O.

Introduisons, au point O, deux forces F' et F'', verticales, dirigées l'une vers le haut, l'autre vers le bas, toutes les deux égales à la force F.

Ceci ne changera rien à l'état du système précédent.

La poulie peut alors être considérée comme soumise aux deux systèmes de forces suivants :

1° Une force résultante $F' + Q$, appliquée au centre de gravité O de la poulie et dirigée vers le bas. Cette force n'a d'autre effet que d'appuyer l'axe de la poulie sur son support.

2° Un couple, formé par les deux forces F et F'', appliuées aux deux extrémités du bras de levier AO. (On appelle *ras de levier* du couple la distance qui sépare l'une de 'autre les deux forces du couple.)

La force F'' peut être remplacée par deux forces verticales, irigées vers le haut et égales à $\frac{F}{2}$, appliquées, l'une en A, 'autre en B.

Il reste : en A, une force $F - \frac{F}{2} = \frac{F}{2}$, dirigée vers le bas; ›t, en B, une force $\frac{F}{2}$, dirigée vers le haut. D'où cette conséuence :

La poulie, fixée en son centre O, est soumise à une force erticale donnée F; elle se meut, cependant, comme si elle 'tait soumise à un couple de forces, dont chacune serait vericale, égale à la moitié de la force exercée F, et appliquée n l'une des extrémités du diamètre horizontal de la poulie.

48. **Moment d'un couple.** — Nous venons de rencontrer un exemple de deux couples équivalents de forces.

Le couple de forces F et F'', de bras de levier OA, a été remplacé par un couple de forces égales à $\frac{F}{2}$, et dont le bras de levier AB était deux fois plus long que OA.

Cette remarque peut se généraliser.

Un couple peut être remplacé par un autre, à la condition que le produit de l'intensité des forces du couple par le bras de levier reste constant :

$$F \times L = F' \times L' = C.$$

Cette quantité constante C est ce qu'on appelle le *moment du couple.*

Nous dirons donc :

On peut remplacer un couple par un autre, pourvu que son moment reste invariable, [illegible]i que la direction de l'axe du couple et le sens de la rot[illegible].

49. **Travail d'un coupl[illegible].** — Supposons que les deux extrémités d'un diamètre d'une roue soient sollicitées tangentiellement par deux forces égales à F, de sens contraire l'une à l'autre. Soit R le rayon de la roue (fig. 42). Si la roue tourne d'un angle θ, le point d'application de l'une des forces se

déplace de $R.\theta$. Le travail correspondant a pour valeur $F.R.\theta$. Le travail total des deux forces est égal à $2F.R.\theta$.

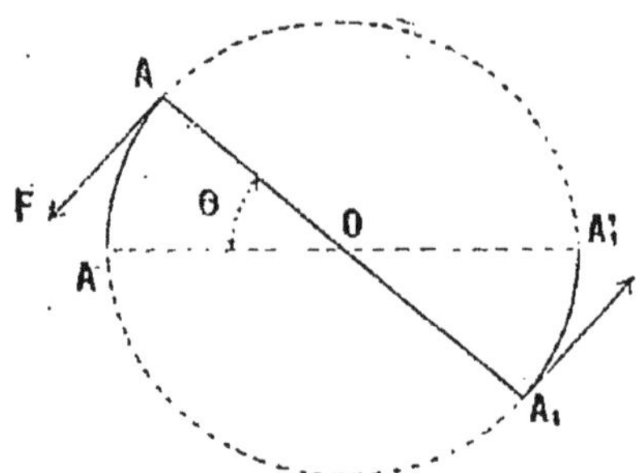

FIG. 42. — TRAVAIL D'UN COUPLE.
Ce travail est, pour l'unité d'angle de rotation, mesuré par le moment du couple.

Or, $2FR$ est le moment du couple C. Le travail, effectué par un couple, a donc pour expression : $T = C.\theta$.

6. — DE L'ÉNERGIE

50. **Puissance d'une machine.** — Mais le travail qu'on peut obtenir en faisant fonctionner une machine n'est pas seul à considérer ; ce travail est obtenu plus ou moins rapidement. Il est bien évident que, pourvu que l'on y mette un temps suffisant, on pourra toujours faire donner à une machine quelconque un travail aussi grand que l'on voudra. — On doit donc s'occuper de rechercher ***quel est le travail qu'une machine peut fournir en un temps donné***, par exemple pendant une seconde. C'est là ce qu'on appelle ***la puissance de la machine***.

Ainsi, ***la puissance d'une machine mesure le travail que cette machine peut fournir en une seconde.*** — La puissance d'une chute d'eau mesure de même le travail que cette chute d'eau, parfaitement utilisée, peut faire rendre à une machine pendant une seconde.

L'***unité de puissance employée*** dans l'industrie pour les machines à vapeur s'appelle ***cheval-vapeur***. C'est la puissance d'une machine qui, pendant une seconde, peut fournir 75 kilogrammètres, c'est-à-dire qui, pendant une seconde, peut élever de 1 mètre un poids de 75 kilogrammes, ou élever de 75 mètres un poids de 1 kilogramme.

51. Application au cas d'une chute d'eau. — Tout le monde sait qu'un ruisseau qui, en un point de sa course, subit une chute brusque est susceptible d'être utilisé à la production d'un travail régulier. Le moyen le plus anciennement employé pour recueillir ce travail consistait à faire couler le ruisseau dans des augets placés sur le pourtour d'une roue montée sur un arbre horizontal et ayant à peu près un diamètre égal à la hauteur de la chute (fig. 43). Cette roue se trouvait ains incessamment alourdie d'un même côté et se mettait à tourner en entraînant les divers mécanismes reliés à l'arbre. Au lieu de roues à augets, on se sert presque toujours aujourd'hui de dispositifs un peu différents nommés ***turbines***, mais le résultat est le même : on recueille, à l'aide de ces appareils, la plus grande partie du travail développé par l'eau en tombant.

FIG. 43. — ROUE A AUBES.
L'eau en tombant alourdit la roue d'un côté et l'oblige à tourner en entraînant les mécanismes commandés par un engrenage latéral.

Soit, par exemple, une chute d'eau, tombant de 6 mètres, dont le débit soit de 3 mètres cubes par minute. Pendant chaque seconde, il tombe $\frac{3000}{60} = 50$ kilogrammes d'eau. — Si la chute était de 1 mètre, le travail effectué par le poids de cette eau en tombant serait de 50 kilogrammètres ; en réalité, il sera donc 6 fois plus grand, c'est-à-dire de $50 \times 6 = 300$ kilogrammètres. Le travail fourni par la chute d'eau est donc de 300 kilogrammètres par seconde. Nous dirons que sa puissance mécanique est égale à $\frac{300}{75} = 4$ chevaux-vapeur.

La chute en question pourra donc facilement alimenter une machine dont la puissance devrait être de 3 chevaux; et même, si l'aménagement des appareils est bien fait, si l'on tire le meilleur parti possible de la chute, il ne devra pas être difficile d'utiliser la chute pour entretenir le mouvement d'une machine de 3 chevaux et demi; mais, elle ne pourra certainement pas animer une machine de 5 chevaux.

52. **Idée de l'énergie.** — Dans l'exemple précédent, nous avons vu que la chute d'eau possède la propriété d'effectuer un certain travail pendant un certain temps, mais que ce travail ne peut pas dépasser une certaine valeur. — Une autre chute sera caractérisée par une autre valeur de sa puissance mécanique disponible.

Avant que l'eau n'ait franchi la chute, il est possible de la faire travailler utilement, si on la reçoit sur une roue à aubes ou sur une turbine. Mais, après que la chute a été franchie, l'eau qui vient de tomber ne peut plus effectuer de travail utile, à moins qu'il ne se présente plus loin une nouvelle chute.

Nous dirons que l'eau qui n'est pas encore tombée, et que l'on peut faire travailler, possède de l'*énergie disponible* et que celle qui est déjà tombée ne possède plus cette énergie; *de l'énergie a été dépensée pendant la chute.* — L'énergie totale de la chute d'eau est mesurée par le travail total qu'on pourrait lui faire exécuter; dans l'exemple précédent, l'énergie totale de la chute était de 4 chevaux-vapeur.

Ainsi, *un corps qui tombe dépense de l'énergie; un corps pesant que l'on remonte accumule de l'énergie.* Un corps pesant que l'on fait monter exige que l'on dépense du travail pour le soulever; le travail que l'on a dépensé est égal à l'énergie qu'il a accumulée.

Semblablement, on fournit du travail à un ressort quand on le tend; le travail que l'on a dépensé a servi à accumuler de l'énergie dans le ressort; cette énergie sera dépensée à son tour, au moment où le ressort se détendra.

En résumé, *l'énergie d'un corps augmente ou diminue, selon qu'il reçoit ou qu'il fournit du travail. — S'il reçoit du travail, l'énergie augmente de tout le travail qu'on lui a fourni. — S'il dépense du travail, l'énergie décroît de tout le travail qu'il a dépensé.*

Ainsi, quand on a effectué un travail pour monter un poids de 2 kilogrammes à une certaine *hauteur*, 20 mètres, par exemple, ce travail n'a pas été fait en pure perte. Avec ce travail de 40 kilogrammètres, on a mis en réserve une quantité égale *d'énergie*, qui pourra servir, plus tard, soit à élever un poids de 40 kilogrammes à 1 mètre avec une poulie, ou avec n'importe quelle autre machine, soit à faire fonctionner une machine quelconque, jusqu'à ce qu'elle ait fourni un travail équivalent à 40 kilogrammètres.

Quand on remonte une horloge ou une montre, on accumule, en réalité, soit dans les poids de l'horloge, soit dans le ressort de la montre une certaine quantité d'énergie qui se dépensera peu à peu dans la suite à vaincre les frottements des rouages.

CHAPITRE IV

UNITÉS MÉCANIQUES USUELLES

53. **Rappel de définitions précédentes.** — Résumons rapidement les définitions des grandeurs mécaniques que nous venons d'étudier :

Force. — La force appliquée à un solide entièrement libre, tend à lui imprimer un mouvement de translation. Une force est caractérisée par son point d'application, sa direction et son intensité.

Couple. — Le couple, appliqué à un solide entièrement libre, tend à lui imprimer un mouvement de rotation. Un couple est caractérisé par la direction de son axe, son sens et son moment (§ 48).

Travail. — 1° Lorsqu'une force entraîne *dans sa direction* le corps auquel elle est appliquée, on dit qu'elle produit un *travail* qui est numériquement égal au produit de l'*intensité* de la force par le déplacement *linéaire* qu'éprouve ce corps.

2° Lorsqu'un *couple* fait tourner *autour de son axe* même le corps auquel il est appliqué, on dit qu'il produit un travail qui est numériquement égal au produit du *moment* du couple par le déplacement *angulaire* qu'éprouve le corps.

Puissance. — La puissance d'un moteur est une grandeur spéciale qui exprime le travail que ce moteur fournit dans l'unité de temps.

54. **Unités fondamentales C. G. S.** — En vue des recherches scientifiques, les physiciens ont adopté un système d'unités, qu'on désigne sous le nom de système C. G. S.

Dans ce système, les différentes unités se rattachent très simplement à trois d'entre elles, qu'on appelle les *unités principales*.

Ces unités principales ont reçu les noms de :

Centimètre (C),

Gramme (G),

Seconde (S).

Le centimètre est la 100e partie de l'étalon international du mètre, tel qu'il est conservé au Bureau International des Poids et Mesures. La figure 44 montre quelle forme lui a été donnée.

55. **Unités dérivées.** — Les unités, autres que les trois précédentes, portent le nom d'*unités dérivées*.

Nous n'avons point à expliquer ici les raisons qui ont conduit les physiciens à établir le système d'unités C. G. S. — Ces raisons seront exposées dans les cours supérieurs.

Nous nous contenterons de donner les définitions des autres unités usuelles que nous aurons l'occasion de rencontrer dans la suite de cet ouvrage.

1° L'unité C. G. S. de force s'appelle la *dyne*. Elle vaut à Paris la 981e partie du poids du gramme.

2° L'unité C. G. S. de travail s'appelle l'*erg*. C'est le travail d'une *dyne* pour un centimètre de déplacement de son point d'application. Une force de 1 kilogramme valant 981 000 dynes, et 1 mètre valant 100 centimètres, un travail de 1 kilogrammètre vaut donc

$$981\,000 \times 100 = 98\,100\,000,$$

soit un peu plus de 98 millions d'*ergs*.

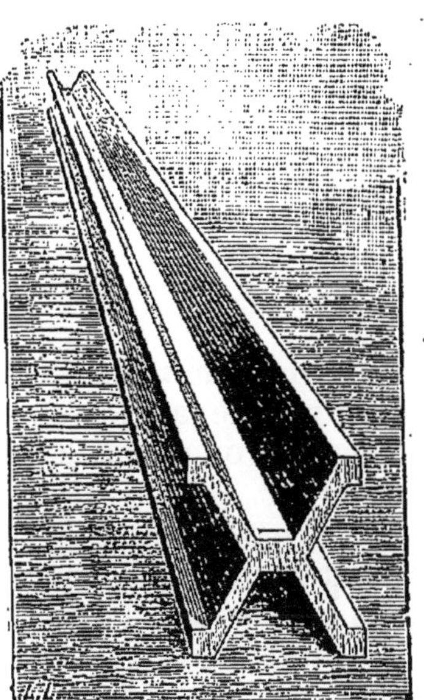

FIG. 44.
LE MÈTRE INTERNATIONAL.
Le mètre est défini par la longueur qui sépare, à 0°, deux traits tracés vers les extrémités de la rainure médiane.

On désigne sous le nom de *joule* le travail correspondant à 10 millions d'ergs.

Un *kilogrammètre* vaut donc aussi *9,81 joules*.

3° L'unité C. G. S. de puissance motrice serait la puissance d'une machine qui fournirait un travail d'un erg par seconde.

Dans la pratique, on emploie le *watt*, qui est la puissance d'une machine fournissant par seconde un travail de 1 joule.

D'autre part, un *cheval-vapeur* (§ 50) fournit, par définition, un travail de 75 kilogrammètres par seconde, c'est-à-dire de $(75 \times 9,81) = 736$ joules par seconde. Un cheval-vapeur vaut donc 736 watts, ou encore 0 kilowatt, 736.

Inversement, 1 kilowatt vaut 1 cheval-vapeur, 36.

CHAPITRE V

ÉTUDE PARTICULIÈRE DE LA PESANTEUR

1. — DIRECTION DE LA PESANTEUR

56. **Direction de la pesanteur.** — ***Verticale.*** — Nous allons maintenant faire une application particulière des notions générales, que nous avons sur les forces, au cas simple de la Pesanteur.

Quand, par exemple, nous soulevons une pierre, nous avons parfaitement conscience de l'***effort*** qu'il nous faut développer : nous disons que la pierre est ***pesante.***

Si, après avoir soulevé cette pierre, nous l'abandonnons à elle-même, ***elle tombe*** tout aussitôt vers le sol.

On exprime ces faits, en disant que la pierre est toujours soumise à une certaine force, dirigée vers le bas. C'est cette force qu'il nous faut vaincre quand nous voulons soulever la pierre; c'est elle, encore, qui entraîne la pierre quand nous l'abandonnons à elle-même à une certaine distance du sol.

Cette force nous l'appellerons le ***poids*** de la pierre. ***Tous les corps sont pesants;*** ils le sont plus ou moins, mais ils le sont tous.

La cause commune, qui fait que tous les corps sont pesants, porte le nom de Pesanteur.

C'est la Pesanteur que nous nous proposons d'étudier.

Prenons une bille de pierre, une bille de métal et une bille de bois et laissons-les tomber successivement du même point : nous n'aurons pas de peine à constater qu'elle viennent toutes frapper le sol au même endroit, et que la ligne qu'elles suivent en tombant est une ligne droite. Comme un corps abandonné à lui-même doit nécessairement se déplacer dans le sens de la force qui le sollicite, il faut en conclure que, ***quel que soit le corps sur lequel elle agisse, la pesanteur conserve en un même lieu une direction invariable, que l'on nomme la verticale du lieu.***

Fil à plomb. — Pour repérer commodément la verticale, il suffit ***du fil à plomb au repos*** (fig. 45); la ligne droite suivant laquelle se dispose le fil flexible indique la direction même de la pesanteur, c'est-à-dire ***la verticale.***

FIG. 45.
FIL A PLOMB
Le fil à plomb repère la direction de la verticale en un lieu.

57. **Plan horizontal.** — On appelle ***plan horizontal*** tout plan perpendiculaire à la verticale et ***ligne horizontale*** toute ligne située dans un de ces plans, et par suite, normale elle-même au fil à plomb.

Nous démontrerons plus tard que la surface des liquides tranquilles est un plan horizontal; on peut d'ailleurs s'en assurer grossièrement avec une équerre. On peut aussi le constater de la façon suivante :

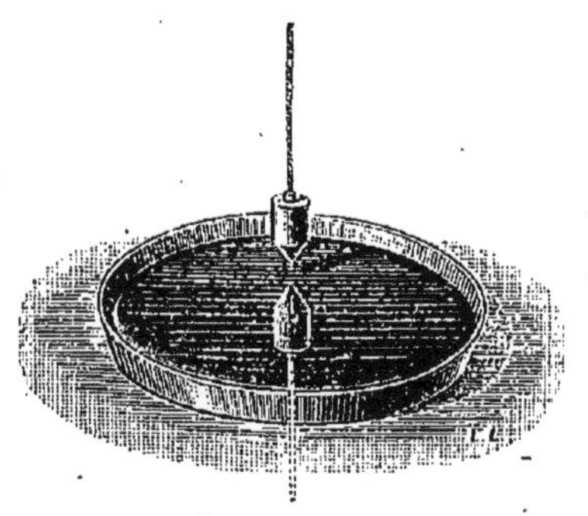

FIG. 46.
VÉRIFICATION DE L'HORIZONTALITÉ DE LA SURFACE LIBRE D'UN LIQUIDE.
La surface d'un bain de mercure fait office d'un miroir plan et horizontal pour un fil à plomb suspendu au-dessus du liquide.

Au-dessus d'une large surface de mercure au repos, on dispose un fil à plomb et l'on constate que l'image du fil est dans le prolongement de ce dernier. Il n'en peut être ainsi que parce que la surface réfléchissante est elle-même un plan perpendiculaire à la direction du fil à plomb (fig. 46).

58. **Niveau des maçons.** — Le fil à plomb est constamment employé en maçonnerie pour vérifier si un mur est vertical. Si l'on veut s'assurer qu'une assise de pierres ou de briques est horizontale, on utilise le ***niveau des maçons***. Cet appareil est une sorte de triangle isocèle en bois (fig. 47). Au milieu de la base AB, une encoche a été creusée dans le sens

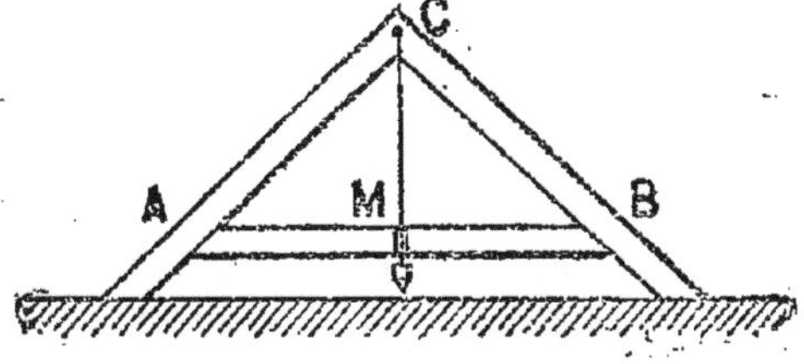

FIG. 47. — NIVEAU DES MAÇONS.
Quand la base du triangle est horizontale, le fil à plomb passe dans l'encoche M.

de la hauteur; au sommet C du triangle, est fixée l'extrémité d'un fil à plomb. Lorsque la base du niveau repose sur un plan, le fil à plomb vient passer dans l'encoche ou en dehors, suivant que le plan est horizontal ou incliné.

59. Angle des verticales en deux points éloignés. — On sait que la Terre a, d'une manière très approchée, la forme d'une sphère; la verticale, en chaque point de la Terre, a la direction d'un rayon de cette sphère : *chaque verticale doit donc passer par le centre de la Terre.*

Les verticales en deux lieux différents ne sont donc pas parallèles, puisqu'elles vont concourir au centre de la Terre; seulement, si les deux points sont très voisins, ces verticales font entre elles un angle tellement petit que, pratiquement, elles peuvent être regardées comme parallèles. Un calcul numérique simple nous le fera immédiatement comprendre.

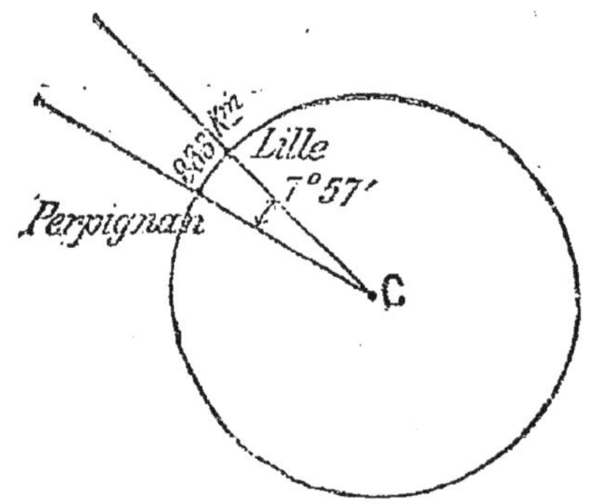

FIG. 48. — ANGLE DES VERTICALES EN DEUX POINTS ÉLOIGNÉS.
Cet angle est d'autant plus grand que les points sont plus distants l'un de l'autre.

On évalue ordinairement les angles en *degrés, minutes* et *secondes*; on sait que le degré est la 360e partie de la circonférence, qu'il renferme 60 minutes et qu'une minute vaut 60 secondes. Les angles se mesurent à l'aide de cercles divisés.

Les plus grands cercles divisés que l'on emploie dans les laboratoires ont 15 centimètres de rayon; sur ces cercles, on pourra apprécier tout au plus un angle de un quart de minute. Cet angle correspond en effet à un centième de millimètre dans la division du cercle considéré.

Demandons-nous alors quelle distance doit séparer deux points pris à la surface de la Terre, pour que leurs verticales fassent entre elles un angle moindre que 1 quart de minute, et par conséquent, inappréciable avec le meilleur appareil de mesures angulaires.

Le Pôle et l'Équateur sont distants de 10 000 000 de mètres et leurs verticales font entre elles un angle de 90° ou de 5400 minutes. La distance correspondant à un quart de minute sera donc de $\frac{10\,000\,000}{4 \times 5400}$ ou 463 mètres. Ainsi, nous pouvons regarder comme parallèles, par cela même qu'il nous est impossible d'apprécier l'angle qu'elles forment entre elles, les verticales de deux points situés à 400 mètres l'un de l'autre.

On calculerait aisément que, la distance de Lille à Perpignan étant, à vol d'oiseau, de 883 kilomètres, les verticales de ces deux villes font entre elles un angle de $7^{0}\,57'$ (fig. 48).

2. — CENTRE DE GRAVITÉ

60. **Notion du centre de gravité.** — Prenons une feuille de zinc; découpons-y une figure quelconque; marquons différents points sur le contour de celle-ci et suspendons-la successivement à un fil flexible par chacun de ces points (fig. 49). Nous pourrons alors faire une double constatation.

1° Quel que soit le point par lequel nous suspendions la feuille de zinc, le fil flexible se place toujours suivant la verticale : il suffit, pour s'en assurer, de tendre dans le voisinage un fil à plomb.

2° Si on trace chaque fois sur la feuille de zinc le prolongement du fil vertical qui la soutient, on observe que toutes les lignes ainsi obtenues passent par un même point G.

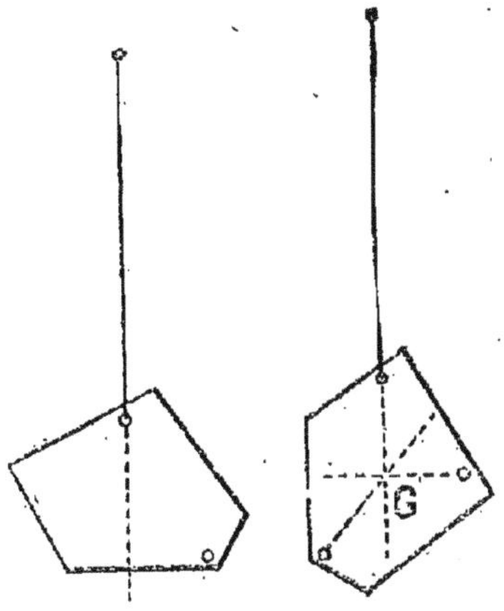

FIG. 49.
DÉMONSTRATION DE L'EXISTENCE DU CENTRE DE GRAVITÉ.
Quand on suspend un corps à l'extrémité d'un fil, la direction de celui-ci passe toujours par un même point du corps.

Il résulte des deux faits que nous venons d'observer que les poids de toutes les particules de la feuille de zinc 1° se réduisent à une force verticale unique, et 2° que cette force unique passe par un point fixe G.

Ce point, nous l'appellerons le *centre de gravité* de la feuille de zinc.

Ces conclusions sont générales et nous conduisent à l'énoncé suivant :

L'action de la pesanteur sur un corps solide quelconque se réduit à une force verticale unique qui, quelle que soit

l'orientation du corps, passe constamment par un point fixe de celui-ci, point que l'on nomme le centre de gravité du *corps.*

61. **Détermination expérimentale du centre de gravité d'un corps solide.** — Le procédé même par lequel nous venons de démontrer expérimentalement l'existence du centre de gravité s'applique immédiatement à sa détermination dans le cas le plus général : on suspend le corps par un point de sa surface à l'aide d'un fil flexible et suffisamment résistant. Quand l'équilibre est atteint, on repère le prolongement du fil à travers le corps. On suspend ensuite le corps par un autre point et on répète la même opération : le centre de gravité du corps se trouve au point de croisement des deux lignes ainsi repérées.

Cas particuliers. — Quand le corps est *homogène* (c'est-à-dire formé en entier d'une même matière) et qu'il a par surcroît une *forme simple*, la détermination de son centre de gravité peut se faire par des considérations purement géométriques.

Nous nous bornerons à faire à ce sujet la remarque suivante :

Le centre de gravité de tout corps homogène qui possède un plan ou un axe de symétrie se trouve dans ce plan ou sur cet axe de symétrie.

On comprendra mieux le sens de cet énoncé, sur les exemples suivants.

Le centre de gravité est placé :

Pour une sphère homogène, en son centre ;

Pour un cylindre à base circulaire, au milieu de la droite qui joint les centres des deux bases ;

Pour une feuille triangulaire et d'épaisseur uniforme, au point de rencontre des médianes du triangle ;

Pour une lame rectangulaire (une règle à dessin, par exemple), au point de rencontre des diagonales.

Le centre de gravité ne fait pas nécessairement partie du corps : ainsi le centre de gravité d'une sphère creuse ou d'un anneau se trouve en leur centre. Il est commode, pour tous les cas semblables, d'imaginer que le centre de gravité est invariablement relié au corps lui-même.

62. **Explication théorique des propriétés du centre de gravité.** — Les propriétés du centre de gravité se comprennent facilement. Il suffit de considérer le corps solide

(fig. 50) comme composé d'une multitude de particules, m_1, m_2, m_3, ..., toutes extrêmement petites et juxtaposées Chacune de ces particules est pesante; elle est donc soumise à une force verticale p_1, p_2, p_3, ... On a donc affaire à un ensemble de forces verticales, toutes de même sens. Leur résultante, qui est le poids du corps, est égale à leur somme, et appliquée en un certain point G invariable, dont la position ne dépend que de la distribution des particules constituantes.

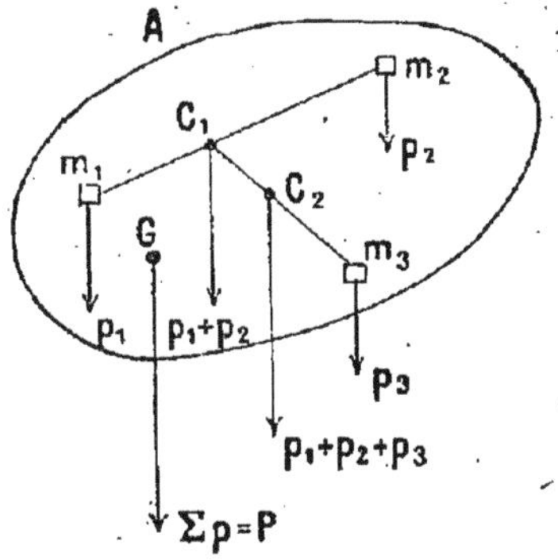

FIG. 50. — PROPRIÉTÉ DU CENTRE DE GRAVITÉ.
La position du centre de gravité, dans un corps solide, reste invariable, en tous points de la Terre, et quelle que soit la manière dont le corps est placé, par rapport à la verticale du lieu.

La position de ce point ne dépend pas, au contraire, de l'orientation du corps par rapport à la verticale (§ 40, remarque).

Elle resterait encore la même si le corps étant transporté d'un point du globe à l'autre, les forces de la pesanteur, appliquées aux différentes particules, étaient toutes modifiées dans un même rapport (§ 40, remarque).

63. **Applications des propriétés du centre de gravité.** — Nous comprendrons mieux l'importance des considérations théoriques qui précèdent, en nous faisant une idée des applications pratiques qui en découlent naturellement.

Premier exercice. — ***Une plaque pesante, de forme rectangulaire, ABCD*** (fig. 51) ***doit être enlevée par trois ouvriers disposés convenablement sur les bords de cette plaque. L'un d'eux étant placé au sommet A, quelle position devront occuper les deux autres, pour que chacun des trois ouvriers ait à déployer le même effort ?***

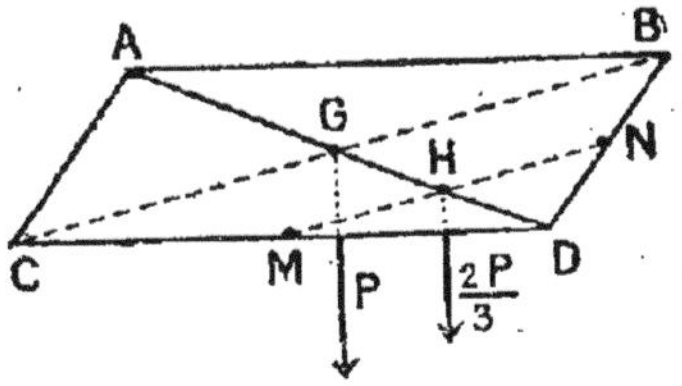

FIG. 51. — EXERCICE SUR LE CENTRE DE GRAVITÉ.
Trois ouvriers, respectivement placés en A, M, N, auront à développer des efforts égaux, pour soulever la plaque tous ensemble.

Le poids P de la plaque est appliqué en son centre de gravité G, qui est le point de rencontre des diagonales.

Cette force P peut se décomposer en deux autres, dont l'une appliquée en A, doit être surmontée par l'effort de l'ouvrier placé en ce point. Elle doit donc avoir pour valeur $\frac{P}{3}$. Par suite, l'autre composante a pour valeur $\frac{2P}{3}$. Elle est deux fois plus grande que la première ; son point d'application H est donc tel que $GH = \frac{AG}{2} = \frac{GD}{2}$ (§ 40).

Cette force $\frac{2P}{3}$, appliquée en H, doit être décomposée en deux forces égales entre elles. Il faut donc mener par H une droite MN, telle que H soit le milieu de ses points de rencontre, M et N, avec les côtés du rectangle. On voit que cette droite est parallèle à la diagonale BC. Les points M et N, où les deux derniers ouvriers devront se placer, sont donc les milieux des deux côtés CD, BD, qui ne passent pas par le point donné A.

Deuxième exercice. — ***Une plaque triangulaire A, B, C, très légère*** (fig. 52), ***porte, appliqués en ses trois sommets A, B, C, des poids, respectivement égaux à 2, 3 et 4 kilogrammes. En quel point faudrait-il la suspendre par un fil, pour qu'elle reste en équilibre indifférent*** (§ 64) ***?***

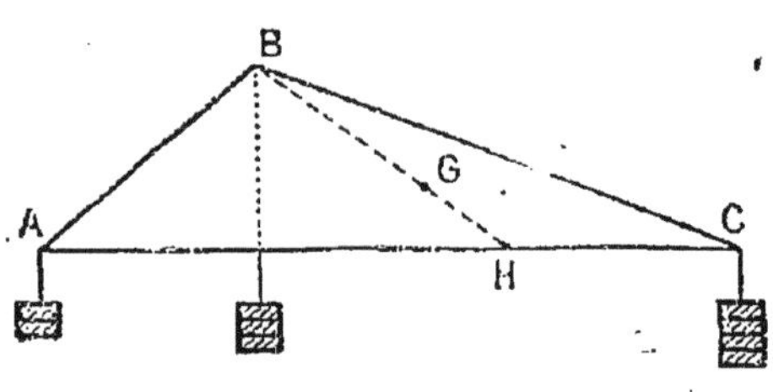

FIG. 52.
EXERCICE SUR LE CENTRE DE GRAVITÉ.
Les masses, suspendues en A, B, C, agissent comme une seule qui serait égale à leur somme, et serait suspendue au point G.

Le point cherché est évidemment le point d'application de la résultante des trois forces de 2, 3 et 4 kilogrammes appliquées respectivement en A, B, C. Or, la résultante des forces appliquées en A et C est égale à 6 kilogrammes. Son point d'application est en H, au tiers de AC, à partir du point C. Reste à composer la force de 3 kilogrammes, appliquée en B, avec celle de 6 kilogrammes appliquée en H. Leur résultante est égale à 9 kilogrammes. Son point d'application G est sur BH, au tiers de BH, compté à partir de H. Il ne changera pas si l'on vient à incliner le triangle.

3. — ÉQUILIBRE DES SOLIDES PESANTS INDÉFORMABLES

64. Équilibre d'un corps mobile autour d'un axe horizontal passant par son centre de gravité. — La considération du centre de gravité joue un rôle important dans les questions d'équilibre des corps solides indéformables.

Nous allons examiner successivement les différents cas qui peuvent se présenter.

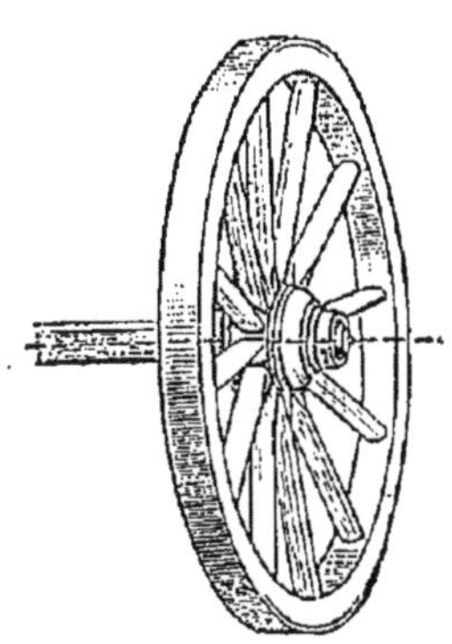

FIG. 53.
ÉQUILIBRE D'UNE ROUE SUR SON ESSIEU. — *Cet équilibre est indépendant de la position de la roue.*

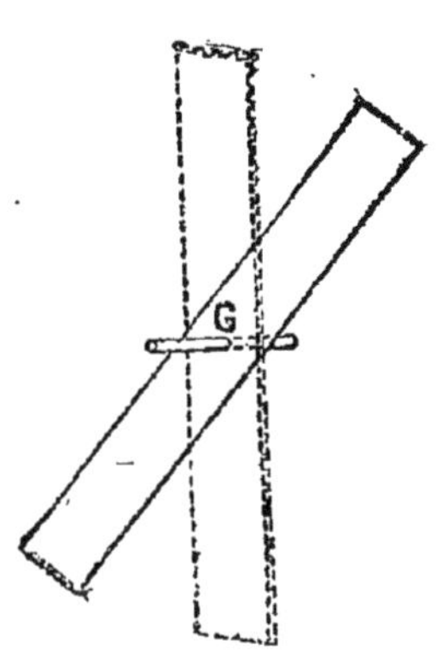

FIG. 54.
ÉQUILIBRE INDIFFÉRENT D'UNE RÈGLE PLATE. *L'équilibre est indifférent quand la règle est suspendue par son centre.*

Soit une roue mobile autour d'un essieu fixe (fig. 53). Le corps peut, dans ces conditions, être en équilibre dans toutes les positions qu'on lui fait prendre. En effet, la seule force qui le sollicite est la pesanteur, qui peut être considérée à tout instant comme appliquée précisément sur l'axe fixe et détruite par la réaction de celui-ci.

On dit alors que l'équilibre est *indifférent*.

L'équilibre d'une règle plate soutenue par un axe passant en son milieu est aussi un équilibre indifférent (fig. 54).

65. Équilibre d'un corps mobile sans frottement autour d'un axe horizontal quelconque. — On peut admettre que l'action de la pesanteur sur le corps solide se réduit à une force verticale unique passant par son centre de gravité (§ 60). Dès lors, le corps se trouvera à tout instant soumis à deux forces : à son ***poids*** et à la ***réaction*** de l'axe fixe. Pour qu'il y ait équilibre, il faut que ces deux forces soient directement opposées, ce qui exige que le centre de gravité du corps se trouve dans un plan vertical passant par l'axe de suspension.

L'équilibre présente un caractère tout différent, suivant que le centre de gravité se trouve alors au-dessous ou au-dessus de l'axe de suspension.

Équilibre stable. — Considérons, par exemple, une règle plate suspendue par un axe implanté vers l'une de ses extrémités et supposons que le centre de gravité de la règle, qui est en son milieu, se trouve dans un plan vertical passant par l'axe et au-dessous de celui-ci (fig. 55). Dans ces conditions, la règle se trouvera en équilibre.

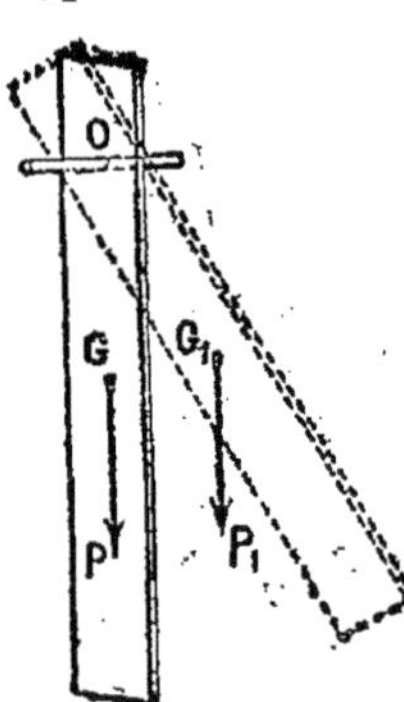

FIG. 55.
ÉQUILIBRE STABLE D'UNE RÈGLE PLATE.
L'équilibre est stable quand le centre de gravité de la règle est au-dessous de l'axe de suspension.

Écartons alors ***légèrement*** la règle de cette position et abandonnons-la à elle-même. Il est visible que l'action de la pesanteur la ramènera vers sa position première; arrivée à la verticale, la règle ne s'y arrêtera d'ailleurs pas : elle dépassera cette position en vertu de la vitesse acquise et s'en écartera ***légèrement*** de l'autre côté. La pesanteur la ramènera ensuite de nouveau vers la verticale et, s'il n'y avait rigoureusement aucun frottement, le même mouvement se continuerait indéfiniment : la règle repasserait à intervalles réguliers à la verticale, en s'en écartant alternativement de part et d'autre, à la façon d'un balancier d'horloge. Ces déplacements périodiques portent le nom d'***oscillations***.

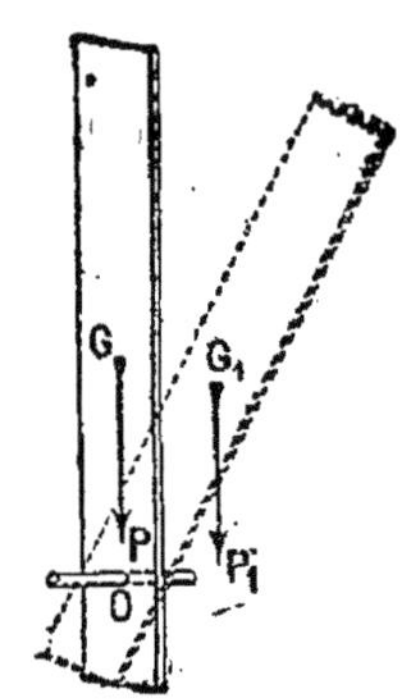

FIG 56.
ÉQUILIBRE INSTABLE D'UNE RÈGLE PLATE.
L'équilibre de la règle est instable, quand le centre de gravité de la règle est au-dessus de l'axe de suspension.

La position d'équilibre du corps est donc telle que, si on dérange ***légèrement*** le corps et si on l'abandonne à lui-même, il revient vers sa position primitive et ne s'en écarte jamais que ***légèrement*** : toutes les fois qu'un état d'équilibre présente ce caractère, on dit qu'il est ***stable***.

Un corps suspendu par un axe horizontal est donc en équilibre stable lorsque son centre de gravité se trouve dans un plan vertical passant par l'axe et situé au-dessous de celui-ci.

Équilibre instable. — Supposons maintenant que la règle soit verticale et que son centre soit au-dessus de l'axe de suspension (fig. 56). Si nous l'écartons légèrement de cette position, il est visible que la pesanteur entrant en jeu tendra à l'en écarter davantage. S'il n'y a pas de frottement, la règle abandonnera donc définitivement sous le moindre effort sa position d'équilibre première. On dit alors que l'équilibre de la règle, lorsque son centre de gravité est au-dessus de l'axe de suspension, est un ***équilibre instable***.

66. **Équilibre d'un corps reposant sur un plan horizontal.** — Lorsqu'un corps repose par plusieurs points sur un plan horizontal, on appelle ***polygone de sustentation*** le plus grand polygone convexe dont tous les sommets soient formés par des points d'appui du corps sur le plan.

Dans l'état d'équilibre, les réactions du plan sur le corps ont une résultante égale et directement opposée au poids du corps.

L'équilibre du corps exige que la verticale passant par le centre de gravité du corps traverse le plan horizontal à l'intérieur du polygone de sustentation; d'ailleurs cette condition est suffisante (fig. 57).

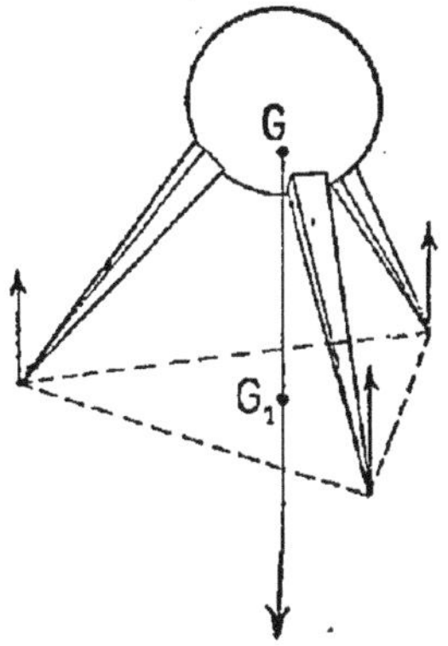

FIG. 57. — ÉQUILIBRE D'UN CORPS REPOSANT SUR UN PLAN HORIZONTAL. *L'équilibre est stable si le centre de gravité se projette verticalement à l'intérieur du polygone de sustentation.*

S'il n'en est pas ainsi, on voit facilement que le corps tournera autour d'un des côtés du polygone, comme charnière.

Une table, une chaise, etc., nous donnent des exemples usuels de ces cas d'équilibre.

67. **Théorème général sur l'équilibre des corps pesants.** — Lorsque le centre de gravité se projette à l'intérieur du polygone de sustentation, l'équilibre est stable. Or, il est visible que, si l'on dérange légèrement le corps de cette position, on élève dans tous les cas le centre de gravité. En sorte que ***cette position d'équilibre stable est précisément telle, que la hauteur du centre de gravité au-dessus du plan horizontal est un minimum***. Il peut, d'ailleurs, exister plusieurs positions du corps pour lesquelles il en soit ainsi. Une brique prismatique, par exemple, est en équilibre stable quand elle repose sur un plan horizontal par l'une quelconque de ses faces. La hauteur de son centre de gravité n'est pas la même dans tous les cas; mais, pour chaque position d'équilibre, cette hauteur est un minimum, puisqu'elle est

moindre que pour les positions immédiatement voisines (fig. 58); et cela suffit pour que l'équilibre soit stable.

Les autres cas d'équilibre mentionnés dans ce chapitre

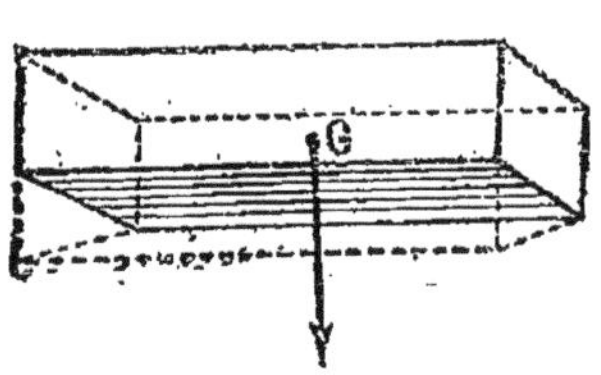

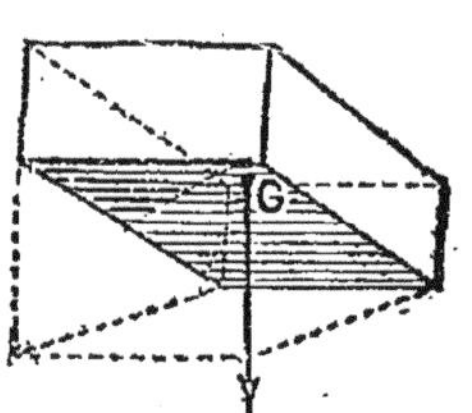

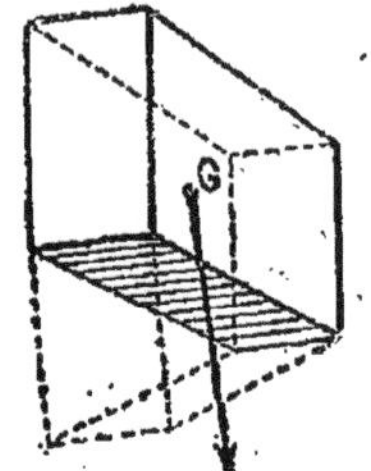

FIG. 58. — STABILITÉ DE L'ÉQUILIBRE.
Quelle que soit celle de ses faces sur laquelle repose une brique, l'équilibre est stable parce que le centre de gravité de la brique est situé plus bas que dans chacune des positions immédiatement voisines.

permettent une remarque analogue. Nous énoncerons ici un théorème important, dont la Mécanique rationnelle donne d'ailleurs une démonstration directe :

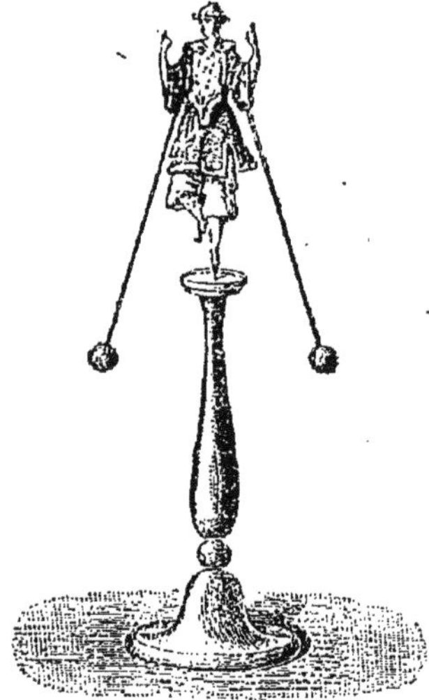

FIG. 59. — ÉQUILIBRISTE.
Les masses latérales ont pour effet d'abaisser le centre de gravité au-dessous du point d'appui.

Les positions d'équilibre stable d'un corps uniquement soumis à son poids, et n'ayant que des liaisons sans frottement avec les corps voisins, sont celles pour lesquelles la hauteur de son centre de gravité au-dessus d'un plan horizontal fixe, arbitrairement choisi, est la plus petite possible.

Nous l'admettrons dans toute sa généralité et nous l'appliquerons plus tard, sans autre démonstration, non seulement aux corps solides, mais aussi aux corps liquides (§ 113), quand ceux-ci sont en équilibre sous l'action de la pesanteur seule.

68. **Applications de la condition de stabilité.** — Divers appareils de *physique amusante*, c'est-à-dire susceptibles de servir de jouets, sont des applications directes de la condition de stabilité. De ce nombre sont l'***équilibriste*** et le ***poussah***.

L'équilibriste (fig. 59) est un petit pantin que l'on pose par un seul point sur un socle et qui s'y maintient en équilibre stable, grâce à deux tiges métalliques qui portent des

FIG. 60. — POUSSAH.
Une épaisse calotte de plomb leste la partie inférieure du jouet. Celui-ci ne peut être incliné sans qu'on relève son centre de gravité. Abandonné à lui-même, il se redresse en exécutant une série d'oscillations.

boules pesantes et qui sont fixées de part et d'autre au personnage. Le centre de gravité du système est ainsi fortement abaissé au-dessous du point d'appui ; la figurine revient à son état d'équilibre initial, quelles que soient les oscillations qu'on lui imprime.

FIG. 61. — GYROSCOPE.
Lorsque le volant tourne rapidement sur son axe, le support de celui-ci peut reposer sur un seul point sans tomber.

Le poussah est une figure de carton qui se tient en équilibre lorsqu'on la pose sur une table (fig. 60) et qui se redresse d'elle-même quand on l'incline. La partie inférieure du jouet est une lourde calotte sphérique en argile ou en plomb, tandis que la partie supérieure est creuse et légère. Quand la calotte repose par son sommet, le centre de gravité de l'ensemble se trouve le plus bas possible et tout déplacement tend nécessairement à l'élever ; la stabilité de l'équilibre est donc assurée.

Remarque. — Il est seulement indispensable de bien remarquer que le théorème précédent convient aux seuls corps en équilibre et qu'on s'exposerait à des erreurs grossières si on l'appliquait à des corps en mouvement.

Tout le monde connaît le ***gyroscope*** (fig. 61). C'est un volant de métal monté sur un axe. Quand ce volant est animé d'un rapide mouvement de rotation, on peut faire reposer l'axe par une seule de ses extrémités sur un support; et cela, sans que le volant tombe, bien que son centre de gravité soit alors tout à fait en dehors de la verticale passant par le point d'appui.

De même, tous ceux qui pratiquent la bicyclette savent que la stabilité est plus grande lorsqu'on monte haut, c'est-à-dire lorsque le centre de gravité de l'ensemble de la machine et du coureur se trouve plus élevé au-dessus du sol.

D'une façon générale, la stabilité des corps en mouvement est une chose toute différente de la stabilité des corps en équilibre; et les exemples précédents suffisent à montrer qu'on ne saurait appliquer impunément à l'une les considérations que nous avons développées pour l'autre.

CHAPITRE VI

INTENSITÉ DE LA PESANTEUR — BALANCE

1. — INTENSITÉ DE LA PESANTEUR

69. **En un même lieu, le poids d'un corps est invariable.** — Pour repérer la force avec laquelle la Terre attire un corps, c'est-à-dire le *poids* de ce corps, nous emploierons tout d'abord le procédé que nous avons indiqué au § 13, à propos d'une force quelconque.

Prenons, par exemple, un ressort d'acier, tel que celui de la figure 2. Suspendons-le par un anneau et, à son extrémité libre, attachons le corps considéré. La flexion du ressort nous fournit un repère, caractérisant le poids du corps.

Transportons alors cet appareil d'un bout à l'autre de la ville, puis du rez-de-chaussée à l'étage supérieur d'une maison et répétons même cette expérience plusieurs jours de suite, nous constaterons que l'allongement du ressort reste toujours invariable et nous en *concluons qu'en un même lieu de la Terre, le poids de chaque corps est une grandeur déterminée.*

Il n'en serait plus tout à fait de même, si l'on suspendait le même corps à un même peson très sensible en deux points de la Terre très éloignés l'un de l'autre. Mais, pour le moment, nous ferons abstraction de ces petites différences, que l'on ne pourrait d'ailleurs constater que très difficilement.

70. **Kilogramme. Gramme.** — Il n'y aura donc pour nous aucune difficulté à repérer le poids d'un corps : il suffit de le comparer à celui que possède un corps déterminé.

En vue des usages pratiques, on a adopté comme corps de comparaison le litre d'eau pure à la température de 4 degrés. Mais, comme l'emploi direct d'un liquide, dans des conditions de volume et de température étroitement définies, eût été peu commode, on a construit, une fois pour toutes, un corps de poids équivalent sous forme d'un bloc solide, fait d'un métal inaltérable. Cette copie, qui porte le nom de *kilo-*

gramme international, est en platine iridié; on la conserve avec soin au Bureau des Poids et Mesures.

Au lieu du kilogramme, les physiciens adoptent de préférence le ***gramme***, qui en est la millième partie et qui représente, par conséquent, le poids d'un centimètre cube d'eau pure à la température de 4 degrés.

2. — LA BALANCE

71. **Description de la balance.** — ***Dans le langage courant, peser un corps, c'est comparer son poids à celui d'un corps choisi comme terme de comparaison : gramme ou kilogramme.***

L'instrument le plus précis qu'on puisse employer à la pesée des corps est la ***balance***.

Elle se compose essentiellement d'une tige rigide, de forme plate et allongée. Cette tige, que l'on nomme le ***fléau***, a été découpée dans une épaisse lame de bronze; elle porte trois ***couteaux*** d'acier trempé, dont l'un est implanté vers le milieu; les deux autres aux extrémités (fig. 62).

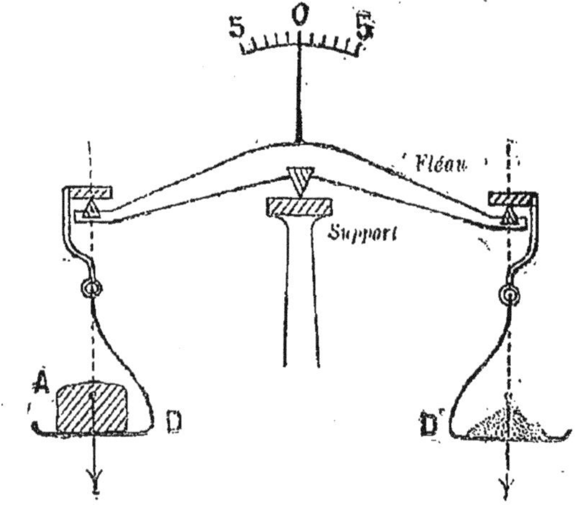

FIG. 62. — DISPOSITION SCHÉMATIQUE D'UNE BALANCE. *La double pesée consiste à remplacer le corps A par des poids marqués jusqu'à rétablir, en présence de la même tare, la même position d'équilibre du fléau.*

Les arêtes des couteaux sont, autant que possible, ***fines, bien parallèles entre elles et perpendiculaires au plan de la lame.*** L'arête médiane repose sur un plan horizontal en agate et le fléau peut ainsi osciller sans frottement autour de cette arête comme axe.

Les couteaux extrêmes sont tournés vers le haut et sur chacun d'eux repose, par un plan d'agate, une sorte de petit étrier renversé auquel est suspendu un plateau.

Lorsqu'il n'y a rien dans les plateaux, le fléau se tient à peu près horizontal : le centre de gravité du système formé par le fléau et les plateaux se trouve alors dans la verticale de l'arête médiane, tandis que le centre de gravité de chaque plateau se place, d'autre part, exactement au-dessous de l'arête correspondante. Tout se passe donc comme si les poids des plateaux agissaient directement sur les couteaux extrêmes.

Si le fléau est en équilibre et qu'on vienne à placer une légère surcharge dans l'un des plateaux, la balance se met tout d'abord à osciller *très lentement* et finit par s'arrêter dans une position d'équilibre voisine.

Une longue aiguille reliée au fléau, et qui court devant une division circulaire fixe, permet de repérer les déplacements du fléau.

Plaçons un corps A (fig. 62) dans l'un des plateaux D ; mettons dans l'autre de la grenaille de plomb, par exemple, jusqu'à obtenir une position d'équilibre du système et notons la division que marque alors l'aiguille du fléau. La position du fléau restera invariable et, par suite, cette division ne changera pas, si l'on substitue simplement au corps A un corps de même poids A'.

La balance permet ainsi de constater l'égalité de poids de deux corps. Pour donner une idée de la sensibilité de cet instrument, disons que les bonnes balances de laboratoire permettent d'apprécier une différence de 1 milligramme entre deux poids de 1 kilogramme.

72. **Boîtes de poids.** — Avec une bonne balance, on peut établir autant de copies que l'on veut du kilogramme et même en construire des multiples et sous-multiples. Pour avoir des poids de 500 grammes, par exemple, nous prendrons deux blocs de laiton et nous les limerons, tout en leur conservant des poids égaux, jusqu'à ce que tous deux ensemble équilibrent le kilogramme étalon.

On trouve dans le commerce des séries régulières de poids, établies de cette façon, par multiples et sous-multiples du gramme.

Les ***boîtes de poids marqués*** dont on se sert dans les laboratoires permettent de réaliser facilement tous les poids, de milligramme en milligramme, jusqu'à 2 kilogrammes.

Elles se composent de plusieurs séries. Le premier terme de chaque série (fig. 63) est un multiple ou sous-multiple décimal du gramme, depuis le milligramme jusqu'à l'hectogramme. Il est répété deux fois. La série se continue par un poids double et un poids quintuple du premier.

Pour équilibrer un poids de 124gr,32, par exemple, on prendra dans la boite un poids de 100 grammes, un poids de 20 grammes, un poids de 2 grammes, deux poids de 1 gramme, un poids de 2 décigrammes, un poids de 1 décigramme, et un poids de 2 centigrammes.

Au-dessus du gramme, ces poids sont ordinairement en laiton platiné ou doré; on leur donne la forme de cylindres

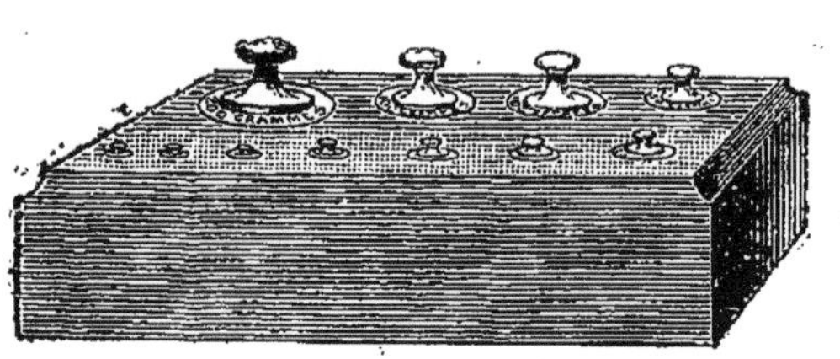

FIG. 63. — BOÎTE DE POIDS.
Les poids contenus dans la boîte sont respectivement de 1, 1, 2, 5, 10, 10, 20, 50, 100, 100 et 200 grammes. Ils permettent de peser, à 1 gramme près, jusqu'à 600 grammes.

FIG. 64.
POIDS EN LAITON.
On leur donne la forme de cylindres dont la hauteur est égale au diamètre de base.

(fig. 64). Les fractions de gramme sont constituées par de petites plaques carrées, très minces, en platine.

73. **Double pesée.** — Maintenant que nous possédons une boîte de poids étalonnés, il nous est facile de déterminer le poids d'un corps quelconque. Le mode opératoire le plus sûr est celui qu'a indiqué Borda et que l'on connaît sous le nom de ***double pesée.***

On place le corps dans l'un des plateaux, tandis que dans l'autre on met des poids communs ou de la grenaille de plomb, jusqu'à ce que le fléau soit en équilibre. Cela s'appelle ***faire la tare*** du corps. On note alors devant quelle division s'arrête l'aiguille de la balance; puis on enlève le corps et on cherche par quels poids étalonnés il faut le remplacer pour retrouver la même position d'équilibre. Les tâtonnements qu'exige l'opération sont assez rapides parce que le fléau s'incline du côté de la tare ou du côté opposé, suivant que le poids essayé est trop faible ou trop fort.

74. **Forme habituelle de la balance.** — Pour donner des déterminations précises, la méthode de double pesée exige simplement que les arêtes des couteaux soient *fines* et *bien parallèles.*

Dans la pratique, les constructeurs de balances s'imposent encore d'autres conditions. Ils s'efforcent de rendre les *arêtes extrêmes équidistantes de l'arête médiane et de les placer dans un même plan avec celle-ci.*

75. **Qu'est-ce qu'une balance juste?** — Supposons que ces dernières conditions soient exactement réalisées, et prenons la balance en équilibre, quand il n'y a rien dans les plateaux.

Si nous venons à placer dans ceux-ci deux poids égaux, l'équilibre ne sera pas modifié. En effet, les deux forces nouvelles qui agissent sur les arêtes extrêmes sont égales et équidistantes de l'arête médiane. Ce que nous avons dit du levier (§ 29) nous apprend que le fléau ne tend à tourner ni d'un côté ni de l'autre.

Nous dirons alors que la balance est *juste.*

Par définition, *une balance juste est donc celle dont le fléau prend la même position d'équilibre, que ses plateaux soient vides ou qu'ils portent des poids égaux.*

Une balance est certainement juste, si les arêtes des couteaux extrêmes sont équidistantes de l'arête médiane et situées dans un même plan avec elles.

76. **Comment s'assure-t-on si une balance est juste?** — Pour vérifier si une balance est juste, on observe d'abord la position de l'aiguille, lorsque l'instrument est de lui-même en équilibre, les plateaux étant vides.

On met ensuite un corps A dans un des plateaux et on place dans l'autre des poids B jusqu'à ce que le fléau reprenne la même position d'équilibre.

Si la balance est juste, les poids A et B seront égaux. Le fléau devra donc conserver encore la même position, lorsqu'on intervertira ces poids sur les plateaux.

Si, au contraire, la balance n'est pas juste, les deux poids A et B ne peuvent être égaux; au plus grand des deux correspond, dans la position d'équilibre, le plus petit des deux bras de levier de la balance. — Si donc on intervertit les poids sur les plateaux, la condition précédente cessera d'être réalisée; la balance ne pourra plus conserver la même position d'équilibre.

77. **Opération simplifiée. Simple pesée.** — Une balance juste permettra donc d'obtenir le poids d'un corps par une *simple pesée*, en plaçant le corps dans un des plateaux et en mettant des poids échantillonnés dans l'autre.

Mais, bien que les constructeurs cherchent à réaliser le mieux possible les conditions de justesse, celles-ci sont si difficiles à obtenir rigoureusement que cette méthode rapide ne convient qu'aux pesées commerciales.

En Physique, on pratique toujours une pesée de précision, comme nous l'avons indiqué plus haut, c'est-à-dire en opérant par *double pesée* (§ 73).

78. **Balances sensibles.** — On vient de voir que, pour une opération de précision, on doit toujours opérer par double pesée, c'est-à-dire opérer comme si l'on n'était pas assuré de la justesse de la balance.

La justesse n'est donc pas une qualité essentielle des balances.

La qualité qui fait tout le prix d une balance de précision, c'est sa *sensibilité*.

On dit qu'une balance est sensible au décigramme, par exemple, si elle permet d'apprécier une différence de poids de 1 décigramme.

FIG. 65. — CONDITIONS DE SENSIBILITÉ DE LA BALANCE.
Le centre de gravité G, placé au-dessous du point de suspension C, doit en être très rapproché. Le fléau de la balance doit être léger.

79. **Conditions de sensibilité de la balance.** — Cherchons quelles sont les conditions à réaliser pour avoir une balance sensible (fig. 65). Pour simplifier, nous supposerons la balance juste. ***Les arêtes des couteaux extrêmes sont donc équidistantes de l'arête médiane.*** Nous supposerons en outre que ces trois arêtes sont *parallèles*. L'arête médiane reste fixe et horizontale.

Admettons encore que le fléau soit symétrique par rapport au plan qui, passant par l'arête médiane, est normal au plan commun des trois arêtes.

Prenons les plateaux vides. Le centre de gravité G doit se placer sur le plan vertical passant par l'arête médiane, que, sur la figure, nous pouvons supposer réduite à un point C.

On sait, d'autre part, que la condition de stabilité de l'équilibre (§ 65) exige que ce centre de gravité G du fléau soit situé en dessous du point C.

Chargeons les deux plateaux de poids égaux P.

Le fléau AB reste horizontal (§ 75). Ajoutons dans l'un des plateaux une surcharge p ; le fléau s'incline d'un angle α, et vient en A′ B′ (fig. 65).

L'aiguille CO tourne d'un angle égal et vient en CH. Son extrémité se déplace alors d'une longueur OH sur le cadran vis-à-vis duquel l'aiguille est mobile.

Écrivons que le fléau A′ B′ est en équilibre sous l'action des forces, auxquelles il est soumis. Ces forces sont au nombre de trois. Ce sont :

Le poids P, appliqué au point B′;

Le poids $P + p$, appliqué au point A′;

Le poids π du fléau, appliqué au centre de gravité G′ du fléau.

Ces trois forces, parallèles et de même sens, admettent une résultante qui, pour l'équilibre, doit passer par le point fixe C.

Imaginons qu'on enlève un poids P de chacun des deux plateaux. La résultante de ces deux forces était appliquée au point C. La résultante des deux forces restantes doit encore être appliquée au même point C.

Ces deux forces sont :

La force verticale p, appliquée au point A′;

La force verticale π, appliquée au point G′.

Les moments de ces deux forces par rapport au point C doivent être égaux (§ 41).

On a donc la condition :

$$p \times Ca' = \pi \times C\gamma.$$

Or, sur les deux triangles semblables CA′a′ et CG′γ on voit immédiatement que l'on a l'égalité de rapport :

$$\frac{Ca'}{CA'} = \frac{G'\gamma}{CG'}.$$

De même, l'inspection des deux triangles semblables CG′γ et OCH nous donne :

$$\frac{C\gamma}{G'\gamma} = \frac{OH}{OC}.$$

Tirons respectivement Ca′ et Cγ de ces deux égalités; et portons-les dans l'égalité précédente. Il vient, après simplifications :

$$p \times \frac{CA'}{CG'} = \pi \times \frac{OH}{OC}$$

ou, encore, en posant $CA' = l$; $CG' = d$.

$$OH = OC \times \frac{p}{\pi} \times \frac{l}{d}$$

La quantité OH est le déplacement de l'aiguille, observé sur le cadran.

Ce déplacement est d'autant plus grand :

1° *Que l'aiguille* OC *est plus longue;*

2° *Que l'excès de poids dans l'un des plateaux, p, est plus grand;*

3° *Que la longueur l des bras du fléau est plus grande;*

4° *Que le poids π du fléau est plus faible;*

5° *Que la distance d du point de suspension du fléau à son centre de gravité est plus petite.*

80. **Remarques relatives à la sensibilité des balances.** — Ces résultats exigent des remarques importantes :

Chacune des conclusions précédentes est rigoureuse, quand on suppose que l'une seule des conditions varie, et que les autres conditions restent alors invariables.

Ainsi, par exemple, il est bien vrai que si deux fléaux avaient le même poids π, et si la distance d de leurs points de suspension à leurs centres de gravité était égale, un même excès de poids p imprimerait une plus grande inclinaison à celui des deux fléaux dont la longueur l serait la plus grande.

Il n'en faudrait pas conclure qu'une balance sera d'autant plus sensible que son fléau sera plus long.

On ne pourrait pas, en effet, augmenter la longueur l d'un fléau léger, sans augmenter en même temps son poids π. Or, ces deux modifications auraient une influence de sens contraire sur la sensibilité de la balance.

La balance est évidemment d'autant plus sensible que, pour un même excès de poids p, le déplacement OH de l'extrémité de l'aiguille est plus grand.

On doit donc chercher à rendre

$$\frac{OH}{p} = OC \times \frac{l}{\pi} \times \frac{1}{d}$$

le plus grand possible, c'est-à-dire à donner au fléau une forme telle que le quotient $\frac{l}{\pi}$ soit aussi grand que possible. Il faut, en outre, que le fléau soit *rigide*. C'est à cette seule condition que les indications de la balance ont un sens.

Or, si l'on tient compte des lois de la flexion élastique, on constate que ce quotient $\frac{l}{\pi}$ ne peut prendre de très grandes valeurs que pour les fléaux courts, qui sont en même temps les plus légers. ***Il y aurait donc, d'après cela, avantage à donner aux balances qui doivent être très sensibles des fléaux courts, aussi légers que possible.***

On trouve dans les laboratoires des balances qui pèsent 100 grammes à 1 dixième de milligramme près et d'autres qui pèsent 1 kilogramme à 1 milligramme près. La sensibilité *absolue* est, pour celles-ci, dix fois moindre que pour celle-là; mais l'erreur *relative* sur une pesée reste la même dans les deux cas et elle est très petite : un millionième.

81. **Balance de précision.** — La forme du fléau rappelle, de plus ou moins près, celle d'un losange découpé à jour et entre les côtés duquel on a ménagé des traverses : cette forme spéciale est nécessaire pour assurer à la fois la légèreté et la rigidité du fléau. L'aiguille indicatrice que porte celui-ci est tournée vers le bas, ce qui permet de lui donner une grande longueur. Le cadran divisé, devant lequel elle se déplace, est fixé au pied de la colonne qui supporte le fléau. Une partie de la tige de cette aiguille est filetée et porte un petit écrou *s* dont le déplacement permet de modifier légèrement la position du centre de gravité du fléau : en élevant l'écrou, on rapproche ce point de l'axe de suspension et on augmente la sensibilité (fig. 66).

Dans la pratique, il n'y a cependant pas avantage à trop augmenter la sensiblité de la balance; lorsqu'elle est trop grande, les oscillations de la balance, en effet, deviennent très lentes et ses positions d'équilibre sont mal définies. Il vaut mieux, pour la commodité et la précision des mesures, conserver des oscillations rapides et repérer avec le plus d'exactitude possible les positions de l'aiguille devant sa division. On obtient ce résultat en observant l'extrémité de l'aiguille avec une loupe ou un microscope.

Les balances de précision (fig. 67) sont établies dans des salles à température constante sur des supports inébranlables. Elles sont protégées contre l'agitation de l'air extérieur par une cage en verre, dont on n'ouvre la paroi antérieure que pour la manœuvre des poids.

Le socle de cette cage porte des vis calantes qui permettent d'obtenir la parfaite horizontalité du plan d'agate sur lequel repose l'arête centrale.

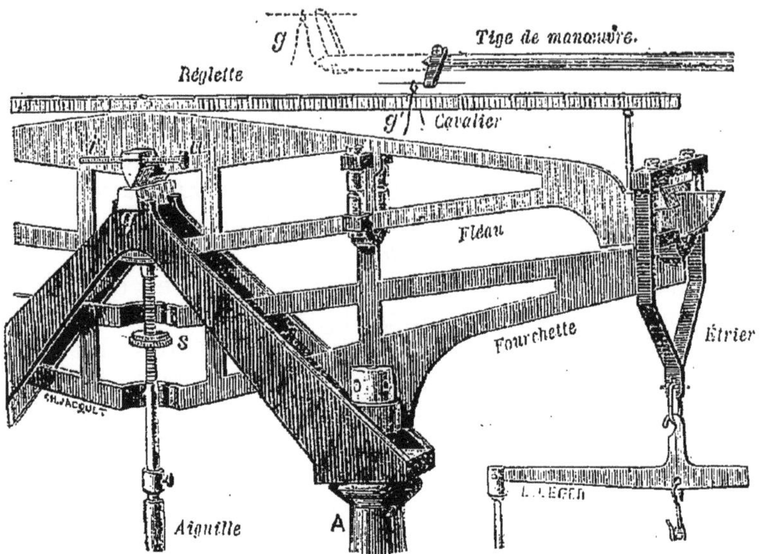

FIG. 66. — FLÉAU DE PRÉCISION.
Le fléau est évidé pour diminuer son poids; la forme est telle que la rigidité du fléau soit assurée.

Enfin, un dispositif, nommé ***fourchette***, que l'on commande de l'extérieur, permet de soulever à volonté les étriers et le fléau. De cette façon, la balance ne travaille qu'en temps utile; on évite l'usure des couteaux et les rayures du plan d'agate.

La figure 67 donne une vue d'ensemble d'une balance de précision.

La tare se fait, non avec de la grenaille de plomb, mais avec des poids marqués communs.

82. **Balances employées dans la pratique courante. — Balances de Roberval.** — La balance de Roberval (fig. 68) est extrêmement répandue dans le commerce.

Elle présente les avantages : 1° d'être plus facilement transportable que la balance ordinaire; 2° de permettre de placer sur les plateaux des corps de formes et de dimensions quelconques, sans que l'on soit gêné par les organes qui,

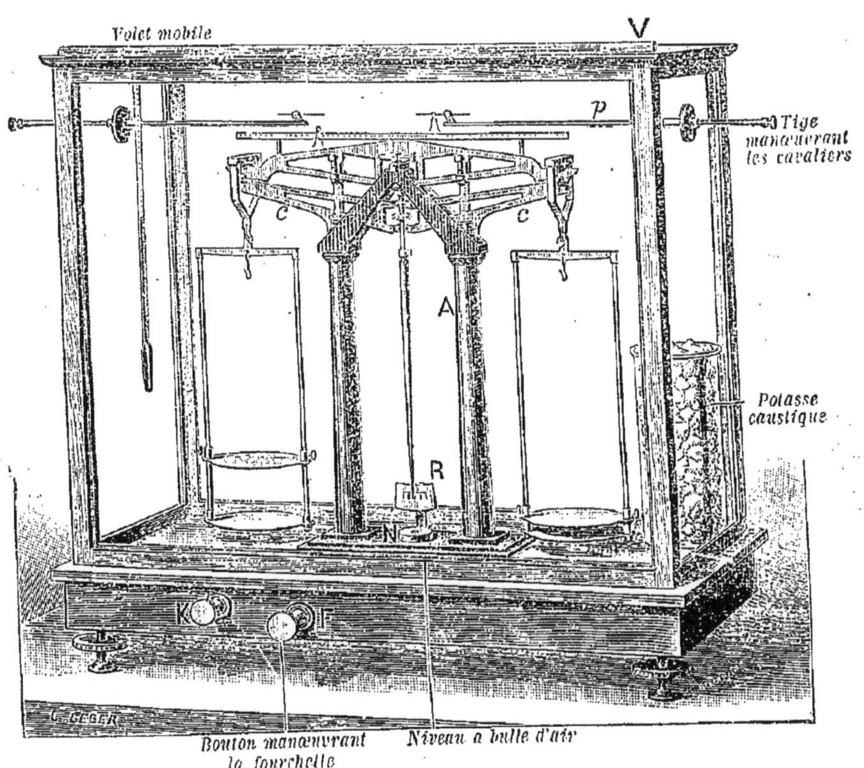

FIG. 67. — BALANCE DE PRÉCISION.
Cet appareil, dont les suspensions sont extrêmement soignées, est muni de dispositifs spéciaux qui permettent de soulever les plateaux et le fléau pour éviter l'usure des couteaux lorsque la balance ne sert pas.

dans la balance ordinaire, servent à suspendre les plateaux.

Les plateaux D_1 et D_2 (fig. 69) de cette balance sont portés par des tiges verticales AA', BB', articulées aux extrémités A et B du fléau. Celui-ci repose lui-même par un couteau C, fixé en son milieu, sur un plan d'acier. Les tiges verticales AA', BB' ont des longueurs égales. Leurs extrémités inférieures A', B', sont articulées, elles aussi, aux deux bouts d'une tige A′ B′ de même longueur que le fléau. Cette tige A′B′ est mobile autour d'un axe horizontal fixe passant par son milieu C′.

Toutes ces articulations sont constituées par des couteaux d'acier trempé appuyant contre des plans d'acier.

Avec cette balance, qui n'est destinée qu'aux pesées usuelles, c'est toujours par simple pesée que l'on opère. Lorsque les plateaux sont vides, l'aiguille fixée au fléau s'arrête devant le zéro d'un cadran divisé, porté par le socle de l'appareil. On place le corps à peser dans l'un des plateaux et on met des poids dans l'autre jusqu'à ramener l'aiguille devant le zéro. On vérifierait, au besoin, la ***justesse*** de la balance (§ 76) en intervertissant alors, sur les plateaux, le corps et les poids qui l'équilibrent et en constatant que l'aiguille revient encore au zéro.

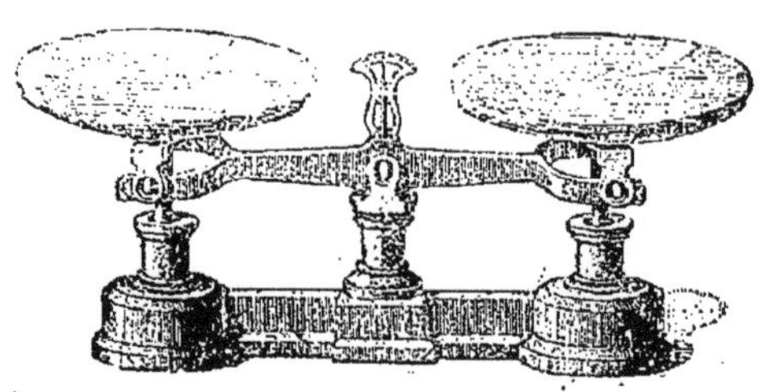

FIG. 68. — BALANCE DE ROBERVAL.
Cette balance, d'une construction plus rustique, est d'un usage continuel dans les opérations commerciales courantes.

Les bonnes balances de Roberval pèsent 1 kilogramme à un décigramme près.

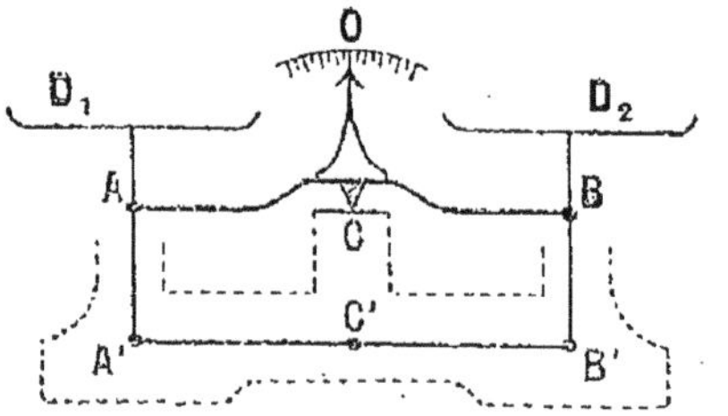

FIG. 69.
SCHÉMA DE LA BALANCE DE ROBERVAL.
Les plateaux sont portés par des tiges verticales qui forment un groupe de côtés d'un parallélogramme déformable, dont les autres côtés sont respectivement mobiles autour de leurs milieux C et C′.

83. **Balance dite romaine.** — Cette balance (fig. 70), dont le principe repose sur les propriétés du levier, est encore moins sensible que la balance de Roberval, mais elle est peu encombrante et commode en certains cas.

Elle se compose essentiellement d'un levier en fer, mobile autour d'un axe horizontal O, qui constitue le ***point fixe*** du levier (fig. 70). A l'extrémité A du petit bras se trouve suspendu un plateau destiné au corps à peser, tandis que, le long du grand bras, peut courir un anneau M qui porte un poids constant P.

L'instrument se gradue par comparaison. On commence

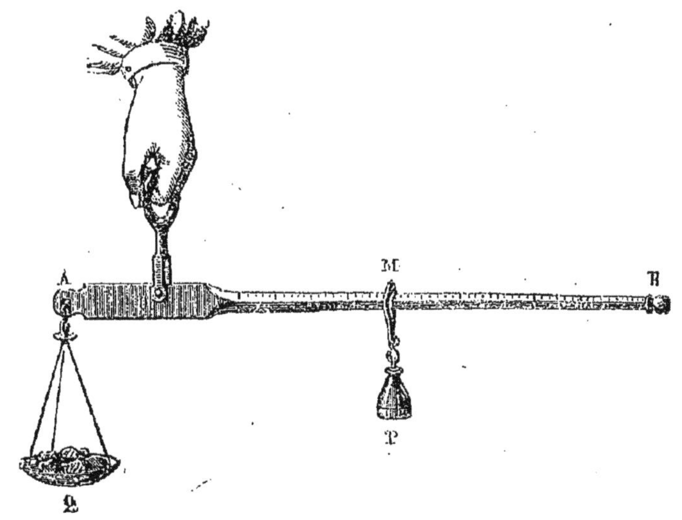

FIG. 70. — BALANCE ROMAINE.
On pèse un corps placé dans le plateau Q en déplaçant le curseur M jusqu'à ce que le fléau se tienne horizontal.

par l'équilibrer, en déplaçant le curseur M, de manière que, le plateau A étant vide, le levier se tienne horizontal. Au

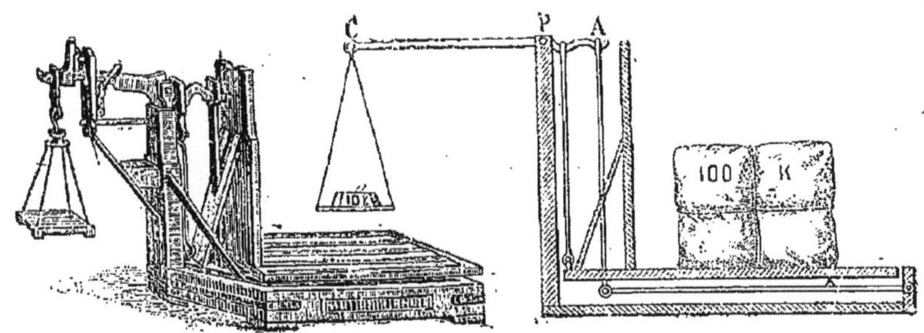

FIG. 71. — BASCULE.
Cet appareil sert à peser les fardeaux très volumineux ou très pesants.

point où se trouve alors l'anneau M, on fait une entaille et l'on marque 0.

On place ensuite des poids de 1, 2, 3, 4... kilogrammes

dans le plateau Q et on éloigne l'anneau M, jusqu'à ce que, pour chaque cas, le fléau se tienne en équilibre dans la position horizontale. Aux points où il faut alors amener l'anneau M, on marque l'indication de la charge correspondante du plateau, et l'on divise les intervalles successifs, d'ailleurs équidistants, en dix parties égales, dont chacune correspond ainsi à 1 hectogramme.

Pour peser un corps, il suffit alors de le mettre dans le plateau et de chercher sur quelle division il faut placer le curseur M, pour que le levier se maintienne horizontal.

Enfin, tout le monde connaît la ***bascule*** (fig. 71), dont on se sert couramment, dans les industries de transport, pour peser les colis de poids considérables. — On recherche surtout dans ces appareils la commodité et la résistance.

CHAPITRE VII

POIDS SPÉCIFIQUES ET DENSITÉS DES SOLIDES ET DES LIQUIDES

84. **Poids spécifique**. — Tout le monde sait qu'à grosseur égale une boule de plomb pèse plus qu'une boule de fer et celle-ci plus qu'une boule de bois ; sous le même volume, ces diverses substances ont, par conséquent, des poids très inégaux.

On dit que leurs ***poids spécifiques*** sont différents.

Voici comment on définit le poids spécifique d'un corps :

Le poids spécifique ***d'un corps est le poids en grammes du centimètre cube de ce corps.***

Dire que le poids spécifique du mercure est 13,6, cela signifie donc que 1 centimètre cube de mercure pèse $13^{gr},6$.

85. **Expression algébrique de la définition précédente.** — Supposons que V centimètres cubes d'une substance pèsent P grammes. Le poids spécifique ϖ de cette substance s'obtiendra, d'après sa définition même, en prenant le quotient $\frac{P}{V}$.

On aura ainsi
$$\varpi = \frac{P \text{ (grammes)}.}{V \text{ (centimètres cubes)}.}$$

On peut encore écrire cette relation sous la forme :

$$P = V\varpi ;$$

et l'on voit ainsi que :

L'on obtient le poids d'un corps (en grammes), en multipliant l'un par l'autre deux nombres dont l'un exprime son volume en centimètres cubes, et dont l'autre exprime son poids spécifique.

Exercice. — ***Le poids spécifique du mercure à 0°*** ***est égal à 13,59; quel serait le volume de mercure qui pèserait exactement 1 kilogramme?***

Un centimètre cube de mercure pèse 13,59 grammes ; le volume cherché contiendra donc autant de centimètres cubes que 1000 grammes contiennent de fois 13,59 grammes : il sera donc égal à $\frac{1000}{13,59}$ ou 73,59 centimètres cubes.

86. Densité relative des solides et des liquides. — *On appelle* densité relative d'un solide ou d'un liquide *le rapport qui existe entre le poids d'un certain volume de ce corps et le poids du même volume d'eau, à 4°* [1].

Par cela même qu'elle est un rapport entre des grandeurs de même espèce, *la densité relative est tout à fait indépendante des unités que nous pouvons choisir pour exprimer les poids et les volumes ;* elle nous indique simplement combien de fois un corps pèse plus que l'eau à 4°.

Par exemple, la densité relative du fer est égale à 7,5. Cela veut dire qu'un certain volume de fer pèse 7,5 fois autant que le même volume d'eau à 4°.

En particulier, un centimètre cube de fer pèse 7,5 fois plus lourd qu'un centimètre cube d'eau à 4°. Il pèse donc 7gr,5.

Mais le poids en grammes d'un centimètre cube d'un corps, c'est ce que nous avons déjà appelé son poids spécifique (§ 84).

Donc, quand on emploie le gramme comme unité de poids et le centimètre cube comme unité de volume, on a une grande simplification dans nos définitions :

Le poids spécifique d'un solide ou d'un liquide est, dans ces conditions, représenté par le même nombre que sa densité relative.

87. Remarques relatives aux définitions précédentes. — 1° Dans la pratique, il nous arrivera souvent de confondre le poids spécifique avec la densité relative. Pour simplifier le langage, nous dirons indifféremment poids spécifique ou densité relative ou, plus simplement encore, densité.

2° La définition du poids spécifique peut s'appliquer aux gaz. Mais la pratique des mesures expérimentales exige que le poids d'un gaz soit comparé non pas à celui de l'eau (qui sous un même volume est beaucoup plus grand que celui du gaz), mais à celui d'un égal volume d'air pris dans les mêmes conditions. On appelle alors *densité d'un gaz* le rapport qui existe entre le poids du gaz et celui d'un égal volume d'air, pris à la même température et sous la même pression. Ces derniers mots suffisent à nous faire comprendre pourquoi

1. La température sera définie avec précision, quand nous étudierons le *thermomètre*. Qu'il nous suffise, pour le moment, de supposer que l'on dispose de l'un de ces appareils, et qu'on le plonge dans un bain liquide. C'est la lecture numérique, faite sur ce thermomètre, que nous appelons *température* du bain, évaluée en *degrés*. La notation 4° désigne la température de 4 degrés.

nous devons retarder l'étude de la densité des gaz (§ 289) jusqu'à ce que nous sachions exactement comment ils se comportent quand on les comprime et quand on les chauffe.

88. **Densités et poids spécifiques dépendent de la température.** Quand on chauffe un corps, son poids ne change pas. Son volume varie et, en général, croît avec la température. — Toute variation du volume entraîne nécessairement une variation inverse du poids spécique $\varpi = \frac{P}{V}$. Celui-ci sera donc, en général, d'autant plus faible, que la température sera plus élevée.

D'ailleurs, les solides et les liquides étant pratiquement très peu compressibles, leur volume et leur densité ne peuvent changer, que si on change leur température. Donc :

A chaque valeur de la température, correspondra une valeur particulière de la densité, pour un solide ou un liquide déterminé.

89. **Densité de l'eau.** — L'eau présente un phénomène tout spécial : à la température de 4°, elle est plus lourde qu'à toutes les autres températures (§ 276). Rappelons que l'on a choisi, comme unité de poids, le poids du centimètre cube d'eau à 4°, c'est-à-dire à son *maximum de densité*.

Nous verrons plus tard (§ 277) comment on démontre l'existence de ce maximum et nous nous bornerons à dire maintenant que la densité de l'eau, qui, à 4°, est, par définition, égale à 1, a été, pour les autres températures, l'objet de déterminations très précises. Il n'est nullement besoin de décrire les nombreuses expériences qui ont été faites à ce sujet; mais les résultats en sont acquis : ils se trouvent dans tous les recueils de constantes physiques et nous pouvons nous en servir sans nous préoccuper autrement de la manière dont ils ont été obtenus.

Les nombres qui figurent dans le tableau de la page 80 ont été donnés par M. Rosetti.

Remarque. — Un enseignement découle immédiatement de l'examen de ce tableau; c'est qu'entre 0° et + 20° la densité de l'eau varie seulement de 2 pour 1000, c'est-à-dire de $\frac{1}{500}$ de sa valeur. Cette variation est assez faible pour que, dans toutes les applications pratiques où figurera la densité de l'eau, on puisse regarder cette densité comme égale à l'unité, si la température reste comprise entre 0° et + 20°. C'est ce que nous ferons toujours par la suite.

A 100°, la densité de l'eau n'est que les $\frac{24}{25}$ de ce qu'elle est à 0°, et ce serait une approximation assez grossière que de la considérer comme égale à 1.

TEMPÉRATURES	DENSITÉ DE L'EAU
— 10°	0,9981
0°	0,9998
4°	1,0000
8°	0,9998
10°	0,9997
15°	0,9991
20°	0,9982
25°	0,9971
30°	0,9957
50°	0,9[illegible]82
100°	0.9586

90. Procédé de mesure du volume intérieur d'un récipient, à la température ordinaire. — A moins d'une construction spéciale, la forme d'un récipient n'est pas, en général, assez simple pour permettre d'obtenir rigoureusement son volume par des procédés géométriques, c'est-à-dire par des mesures directes de ses dimensions. Mais on peut toujours déterminer ce volume avec une grande précision en pesant, à l'aide d'une balance, l'eau qui remplit complètement le récipient à une température connue. Cette opération s'appelle un *jaugeage*. Voici comment on l'effectue.

91. Jaugeage d'un ballon. — Supposons, par exemple, qu'il s'agisse de jauger exactement, à la température ordinaire, une petite bouteille contenant environ 50 centimètres cubes et terminée par un col *étroit* sur lequel nous aurons tracé un trait de repère pour définir avec rigueur le volume de la bouteille (fig. 72).

Plaçons celle-ci, vide, sur le plateau d'une balance; mettons près d'elle un poids de 60 grammes, pris dans une bonne boîte de poids, et faisons la tare du tout en chargeant l'autre plateau avec de la grenaille de plomb, ou mieux encore avec des poids marqués. Quand le fléau sera en équilibre, observons la division α du cadran fixe devant laquelle s'arrête l'aiguille de la balance.

Remplissons alors la bouteille d'eau bien pure, jusqu'au trait de repère, puis reportons-la sur le plateau de la balance. Évidemment, l'équilibre sera rompu ; le fléau penchera du côté de la bouteille, mais nous pourrons rétablir l'équilibre et ramener l'aiguille devant la division α, en enlevant une partie P' des 60 grammes qui avaient été tout d'abord placés près de la bouteille. Ces P' grammes représentent précisément le poids de l'eau qui remplit la bouteille. Ce poids est ainsi obtenu par une ***double pesée*** (§ 73).

FIG. 72.
MESURE DU VOLUME D'UN RÉCIPIENT.
Cette mesure s'effectue en déterminant le poids d'eau que contient le récipient.

Or, la densité de l'eau étant égale à 1 (§ 89, Remarque) P' grammes d'eau occupent précisément P' centimètres cubes : le volume du récipient est donc lui-même égal à P' centimètres cubes.

Si nous avons trouvé, par exemple, que la bouteille contenait $48^{gr},7$ d'eau, cela voudra dire que son volume est de $48^{cc},7$.

On aurait pu employer un autre liquide au jaugeage du récipient; on aurait alors obtenu le volume de ce dernier, en divisant la masse du liquide contenu, par la densité de ce liquide. On se sert du mercure pour le jaugeage des petits réservoirs.

Exemple. — Quel est le volume d'un thermomètre qui, à 0°, contient 25gr,4 de mercure?

La densité du mercure à 0° étant 13,6, le volume cherché est égal à

$$\frac{25,4}{13,6} \text{ ou } 1^{cc},87.$$

92. **Construction et emploi d'un vase gradué.** — Les ***vases gradués*** s'emploient fréquemment dans les laboratoires où l'on effectue des analyses chimiques; ils ont, en général, la forme d'un ballon à fond plat sur le col duquel on a gravé, à l'acide fluorhydrique ou à la meule d'émeri, un trait circulaire qui définit le volume du ballon (fig. 73). Ce trait est placé de telle façon qu'à la température ordinaire le ballon contienne exactement 100, 200, 500 ou 1000 centimètres cubes.

Proposons-nous, par exemple, de construire un ballon de

1000 centimètres cubes. Choisissons un ballon qui présente à peu près cette capacité; plaçons-le, vide, sur le plateau d'une balance; et mettons près de lui un poids de 1000 grammes, puis faisons la tare. Enlevons ensuite cette masse et versons de l'eau pure dans le ballon jusqu'à ce que l'équilibre soit rétabli : à ce moment, le ballon contiendra exactement 1000 grammes d'eau et le volume de celle-ci sera rigoureusement de 1000 centimètres cubes. Repérons alors la position du niveau de l'eau dans le col du ballon; il ne restera plus qu'à tracer à cet endroit un trait circulaire, et notre ballon sera gradué.

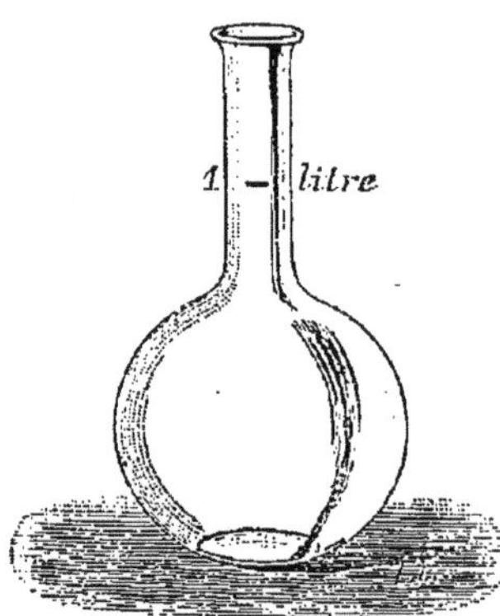

FIG. 73. — BALLON GRADUÉ. *Le col du ballon porte un trait qui définit exactement le volume.*

Pour des capacités inférieures à 100 centimètres cubes, on se sert soit de ***pipettes*** graduées, soit de ***burettes*** graduées.

Les ***pipettes*** (fig. 74) sont des ampoules soufflées à l'extrémité d'un tube de verre et terminées par une pointe effilée; elles portent un trait de repère marqué sur le tube et permettent de puiser dans un récipient un volume déterminé de liquide.

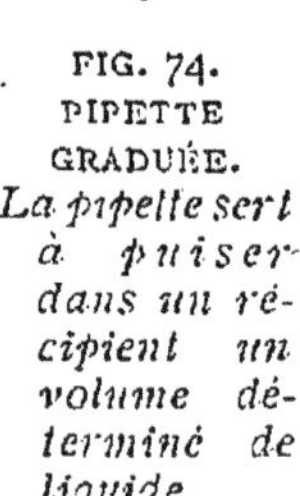

FIG. 74. PIPETTE GRADUÉE. *La pipette sert à puiser dans un récipient un volume déterminé de liquide.*

Les ***burettes*** (fig. 75) sont des éprouvettes étroites et cylindriques, terminées par un robinet, et sur lesquelles on a tracé des traits qui définissent, de centimètre en centimètre cube, le volume jusqu'au robinet.

Les pipettes et les burettes se graduent comme les ballons; mais, pour les dernières, on se borne généralement à marquer deux traits comprenant entre eux *n* centimètres cubes et à diviser leur intervalle en *n* parties d'égale longueur. Si l'éprouvette est bien cylindrique, les divisions obtenues repèrent des volumes égaux, et il ne reste qu'à prolonger la graduation de part et d'autre des deux traits primitifs.

93. **Mesure du volume d'un corps solide à la température ordinaire.** — Le principe de cette mesure est des plus simples. Introduisons le corps solide dans un récipient entièrement rempli d'eau. Pesons l'eau chassée par le solide. Si le corps a chassé P' grammes d'eau, son volume est égal à P' centimètres cubes.

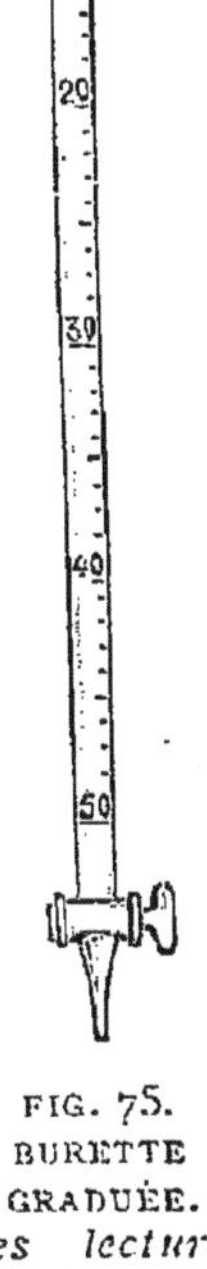

FIG. 75. BURETTE GRADUÉE. *Des lectures faites su la graduation de l'appareil font connaîtr la quantité de liquid écoulé.*

Dans la pratique ordinaire, on pourrait prendre un flacon à large ouverture, dont les bords seraient très réguliers. Une lame de verre peut s'appliquer exactement sur ces bords et fermer hermétiquement le flacon (fig. 76).

Soit à mesurer le volume d'un certain nombre de fragments de cristal de roche. Remplissons le flacon d'eau pure, par-dessus bord. Appliquons la plaque en chassant l'excès d'eau, et en évitant de laisser des bulles d'air à la partie supérieure du liquide. Essuyons le flacon. Plaçons-le sur le plateau d'une balance de Roberval (§ 82). Plaçons sur le même plateau les fragments de cristal de roche; et faisons la tare du tout.

FIG. 76. FLACON ET OBTURATEUR. *Pouvant servir à la mesure du volume des corps solides.*

Débouchons le flacon. Introduisons les fragments de cristal. Achevons de remplir le flacon d'eau avec les mêmes précautions que la première fois; fermons avec la plaque de verre, sans interposition de bulles d'air; essuyons avec soin. Reportons enfin sur le plateau de la balance. Le fléau s'incline du côté de la tare. Ramenons l'aiguille à la même division que tout à l'heure. Pour cela, il faut placer P' grammes à côté du flacon. D'après ce que nous avons dit au début de ce paragraphe, nous en concluons que les fragments de cristal de roche ont un volume de P' centimètres cubes.

94. **Recherches de précision.** — Dans les recherches de précision, le récipient qu'on emploie a une forme particulière.

C'est un flacon en verre dans le goulot duquel s'adapte un bouchon creux, rodé à l'émeri et terminé par un tube étroit (fig. 77). Le bouchon est tronconique; il prend toujours la même place quand on l'engage dans le col du flacon et le volume de celui-ci jusqu'au trait de repère se trouve, par conséquent exactement défini.

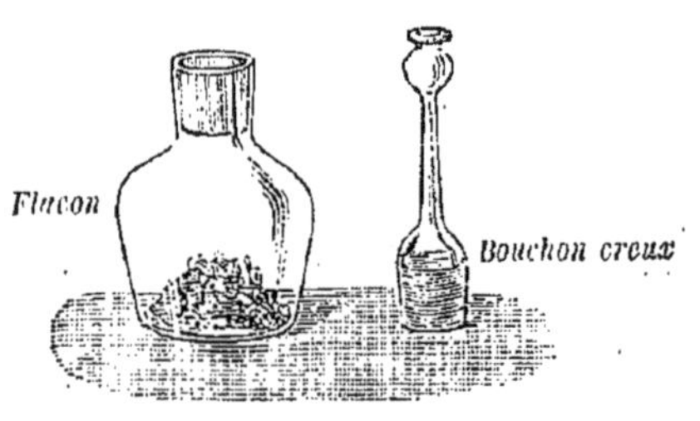

FIG. 77. — FLACON POUR LA MESURE DU VOLUME D'UN SOLIDE.
On remplit d'eau le flacon et l'on détermine le poids d'eau chassé par l'introduction du solide dans le flacon.

La manière d'opérer est la même. — Nous n'y reviendrons pas.

95. **Remarque sur la méthode précédente.** — Cette méthode exige que le corps étudié puisse subir sans s'altérer le contact de l'eau. Elle serait donc inapplicable aux substances qui, comme le sucre et le sel, se dissolvent dans l'eau et à celles qui, comme le sodium, donnent avec l'eau des réactions chimiques.

Il est toujours facile de tourner la difficulté; il suffit d'appliquer le même mode opératoire en se servant d'un liquide qui soit sans action sur le corps. Par exemple, pour le sucre, le sel et le sodium, on pourra employer la benzine ou le pétrole. On remplira le flacon d'un des liquides et, comme on l'a indiqué, on déterminera le poids P' de liquide chassé par l'introduction du corps. Le volume de celui-ci s'obtiendra alors en divisant le poids P' par la densité d du liquide.

Les flacons qu'on trouve dans les laboratoires pour effectuer des déterminations de ce genre ont, d'ordinaire, une capacité de 100 à 200 centimètres cubes; ils ne conviennent, par conséquent, que pour des corps de petit volume. Nous indiquerons plus tard, à propos du principe d'Archimède, un autre procédé qui permet d'opérer sur des solides volumineux (§ 130).

96. **Mesure de la densité d'un corps à la température ordinaire.** — Maintenant que nous savons peser un corps et mesurer son volume, nous pouvons, par cela même, déterminer sa densité, qui est numériquement égale au quotient de son poids par son volume.

Il résulte immédiatement de ce qui précède que la mesure

de la densité d'un corps comprendra deux opérations : la pesée du corps lui-même et celle d'un égal volume d'eau. On conduit ces opérations de manière à réduire au minimum les observations faites avec la balance et à utiliser toujours la méthode de ***double pesée.***

Le tableau ci-dessous donne la valeur de la densité, à la température ordinaire, d'un certain nombre de corps usuels.

DENSITÉS DE QUELQUES CORPS USUELS
PRIS A LA TEMPÉRATURE ORDINAIRE

CORPS SOLIDES		CORPS LIQUIDES	
Platine fondu	21,45	Mercure	13,596 à 0°
Platine écroui	23,00	Brome	2,966
Or	19,26	Acide sulfurique normal	1,848
Plomb	11,35	Vin	0,99
Argent fondu	10,47	Huile d'olive	0,915
Cuivre fondu	8,86	Essence de térébenthine	0,87
Laiton	8,43	Alcool (à 20°)	0,792
Fer forgé	7,55	Ether	0,730
Zinc	6,90		
Diamant	de 3,50 à 3,53	CORPS GAZEUX (voir § 87)	
Verre à vitres	2,53	Gaz carbonique dans les conditions ordinaires	0,00197
Aluminium	2,50	Air	0,00129
Soufre	1,98	Hydrogène	0,000089
Phosphore ordinaire	1,82		
Caoutchouc	0,99		
Glace	0,918		
Potassium	0,86		
Bois de chêne	0,60 env.		
Moelle du sureau	0,08		

Exercice. — ***On emploie ordinairement pour la fabrication des bijoux un alliage qui, en poids, contient 75 pour 100 d'or et 25 pour 100 de cuivre. On demande de calculer la densité de cet alliage, en admettant que son volume est égal à la somme de ceux des métaux qui le constituent.***

Prenons, par exemple, 100 grammes de cet alliage : ils renferment 75 grammes d'or et 25 grammes de cuivre.

Le volume de l'or s'obtiendra en divisant 75 par la densité de l'or qui est 19,3 : il est donc égal à $\frac{75}{19,3}$ cc. ou $3^{cc},89$.

Le volume du cuivre se calculera de même en divisant 25 par la densité du cuivre. Il a donc pour valeur $\frac{25}{8,85}$ cc. ou $2^{cc},82$.

Le volume total de l'alliage sera la somme de ces deux volumes : $3^{cc},89 + 2^{cc},82 = 6^{cc},71$.

Puisque 100 grammes d'alliage occupent $6^{cc},71$, la densité de l'alliage est égale à $\frac{100}{6,71}$ ou 14,9, ce qui signifie que 1 centimètre cube de cet alliage pèse 14,9.

Inversement, on aurait pu, connaissant la densité de l'alliage, en déduire la proportion en poids suivant laquelle les deux métaux y sont mélangés.

CHAPITRE VIII

PRESSIONS DANS LES FLUIDES EN ÉQUILIBRE

1. — NOTION DE LA PRESSION

97. **Efforts exercés par les solides pesants sur leurs appuis.** — Supposons que nous ayons préparé quatre petits cylindres de bois, de hauteurs quelconques, mais dont les sections soient égales à 125 centimètres carrés, 25 centimètres carrés, 5 centimètres carrés et 1 centimètre carré (fig. 78).

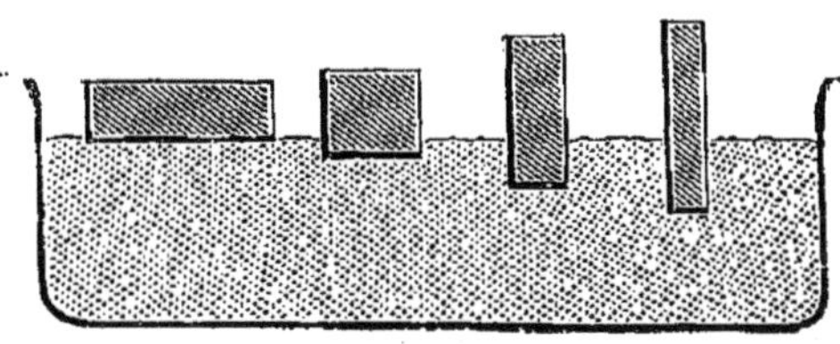

FIG. 78. — EFFET DE LA PRESSION. *Un corps solide enfonce, dans le sable, en raison de la pression qu'il exerce sur le sable, et non pas en raison seulement de la force qui lui est appliquée.*

Plaçons le premier sur une masse de sable fin, contenue dans un vase. Chargeons-le d'un poids de 2 kilogrammes; le cylindre s'enfoncera à peine dans le sable.

Au contraire, recommençons l'expérience avec le dernier cylindre. Chargeons-le seulement d'un poids de 100 grammes. Il enfoncera et disparaîtra totalement à l'intérieur de la masse de sable. La force exercée est plus petite; l'effet produit est cependant plus considérable.

La force n'est donc pas la seule chose à considérer au point de vue de l'effet produit; mais il faut encore tenir compte de la surface sur laquelle elle s'exerce.

Recommençons l'expérience en prenant le premier et le second cylindre. Le premier est chargé d'un poids de 2 kilogrammes; on charge le second (dont la base est 5 fois plus petite) et l'on veut qu'il enfonce autant que le premier. — On comprend sans peine qu'on devra pour cela le charger d'un poids 5 fois plus petit, c'est-à-dire de 400 grammes. C'est ce que l'expérience permet d'ailleurs de constater facilement.

Donc, si la surface d'appui est 2 fois, 3 fois, 4 fois plus

grande, il faudra, pour obtenir le même effet, la soumettre à une force 2 fois, 3 fois, 4 fois plus grande.

L'effet, dans ces conditions, est resté le même. Nous exprimerons cela en disant que, dans ces différentes circonstances, le sable supporte ***une même pression.***

98. **Définition de la pression.** — La pression supportée par une surface d'appui a donc une valeur d'autant plus grande : 1° que la force exercée F est plus grande; et 2° que cette force est répartie sur une plus petite surface S.

Elle varie dans le même sens et dans le même rapport que F.

Elle varie en sens contraire de la surface S et en rapport inverse avec elle.

On peut donc prendre, ***pour sa mesure***, la valeur de l'expression $\frac{F}{S}$.

Si donc on désigne la pression par p, nous pourrons écrire

$$p = \frac{F}{S},$$

ce que nous traduirons en langage ordinaire, en disant :

La pression, supportée par une surface plane, est égale, par définition, à la force appliquée, par unité de surface, à la surface considérée.

Si nous choisissons le kilogramme comme unité de force, et le centimètre carré comme unité de surface, la pression sera estimée en kilogrammes par centimètre carré. Ainsi, une force de 10 kilogrammes supportée par une surface plane de 20 centimètres carrés représente une pression de 1/2 kilogramme par centimètre carré.

99. **Exemples des effets dus aux pressions.** — Si, avec une force modérée F, j'appuie le tranchant d'un canif contre la surface d'un crayon, je développe contre celle-ci une pression $p = \frac{F}{S}$, qui peut être considérable, parce que S (surface par laquelle l'acier appuie sur le crayon) étant excessivement petit (un centième de millimètre carré, par exemple, au début), le quotient $\frac{F}{S}$ devient considérable. On comprend que le bois du crayon cède ici, comme le sable cédait plus haut, et que la lame pénètre à l'intérieur du crayon.

On expliquerait tout aussi facilement les effets produits par les différents outils employés à couper, à percer, à limer, à raboter, à travailler de toutes sortes de façons les matériaux les plus divers.

Tout le monde connaît la ***pince coupante*** (fig. 79); c'est un outil en forme de tenailles dont les mâchoires aiguisées sont en acier trempé. Si on place entre ces mâchoires un fil de fer ou de cuivre de 2 à 3 millimètres de diamètre, on peut aisément couper ce fil en serrant dans la main les deux branches de la pince. Il est aisé de voir que cela tient à la ***pression*** énorme à laquelle le fil se trouve alors soumis. En effet, d'une part, les branches de l'outil font office de levier (§ 29). et multiplient l'effort de la main; d'autre part, cet effort ainsi multiplié porte uniquement sur les bords amincis des deux mâchoires, c'est-à-dire sur une surface très petite; il s'y développe, par conséquent, une pression énorme, qui entraîne la rupture du fil.

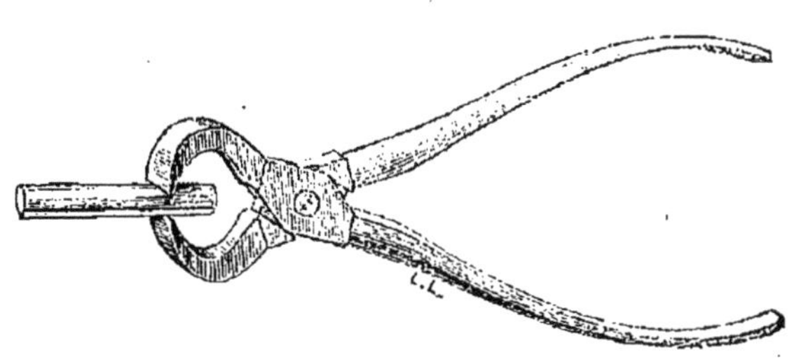

FIG. 79. — PINCE COUPANTE.
La rupture est due à la pression énorme développée par la pince.

Lorsque les architectes ou les constructeurs établissent l'assise d'un bâtiment ou d'une machine, ils proportionnent la résistance de cette assise non pas seulement à l'effort total qu'elle aura à subir, mais encore à la poussée qu'elle supportera par unité de surface.

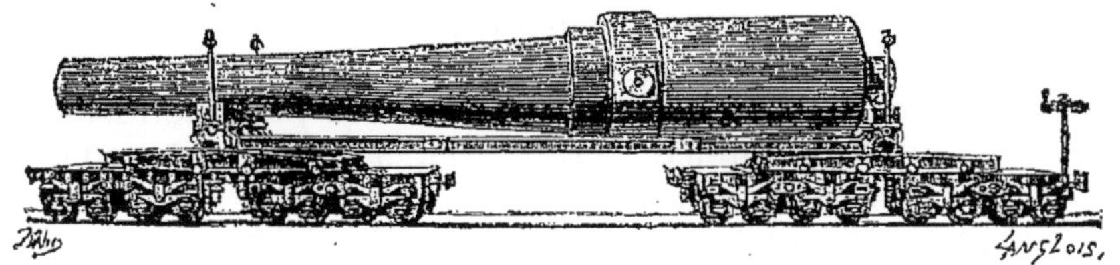

FIG. 80. — TRANSPORT D'UNE PIÈCE DE 48 TONNES.
La pièce repose sur deux wagonnets à 8 paires de roues; on évite ainsi que la pression *puisse déformer la voie ferrée.*

Lorsqu'on transporte par chemin de fer de lourds fardeaux,

par exemple de grosses pièces d'artillerie, il est indispensable de ménager la résistance des essieux du véhicule autant que celle de la voie elle-même. On y parvient en employant comme véhicules des wagonnets reposant sur plusieurs paires de roues : on diminue ainsi la charge de chacun des essieux, et on répartit sur une plus grande surface l'effort que doit supporter la voie ferrée (fig. 80).

On comprend donc dès maintenant quelle importance présente au point de vue pratique cette notion nouvelle de pression; et nous verrons par la suite avec quelle simplicité elle permet de comprendre les propriétés des fluides en équilibre.

2. — PROPRIÉTÉS DES PRESSIONS DANS LES FLUIDES

100. **Poussées sur les parois.** — La notion de pression, si importante pour l'explication des phénomènes précédents, dans lesquels n'interviennent que des *corps solides*, est surtout utile pour l'étude des *liquides et des gaz*.

Nous rappelons que les liquides et les gaz sont des *corps fluides* (§ 3), c'est-à-dire qu'ils n'opposent aux déformations, qui se produisent sans variation de volume, que des résistances insignifiantes.

Les liquides sont à peu près *incompressibles*, tandis que les gaz sont essentiellement *compressibles*.

Les uns et les autres sont *parfaitement élastiques*.

Nous nous servirons fréquemment, pour étudier les pressions dans les liquides, du dispositif suivant : l'une des bases d'une boîte circulaire en laiton, B, est fermée par une membrane de caoutchouc mince C (fig. 81); l'autre porte une tubulure E. Réunissons cette tubulure à celle d'un entonnoir A par un tube de caoutchouc et versons de l'eau dans l'entonnoir.

Cet ensemble constitue un vase AB et la membrane de caoutchouc C est une partie de la paroi de ce vase.

Or, si la boîte B est en dessous de l'entonnoir, on voit la membrane se bomber vers l'extérieur; elle est donc soumise de la part du liquide à une poussée, et le fait est général.

Un liquide exerce toujours une poussée sur chaque portion de la paroi du vase qui le renferme.

Si on perce un petit trou dans la membrane, le liquide jaillit normalement : *la poussée est donc normale à la portion de paroi sur laquelle elle s'exerce.*

Les gaz eux-mêmes exercent des actions du même genre; c'est la poussée du gaz carbonique, emprisonné à la partie supérieure d'une bouteille de limonade ou de vin de Champagne qui en fait violemment sauter le bouchon.

D'où l'on peut conclure :

1° Un fluide en équilibre ne frotte pas sur les parois avec

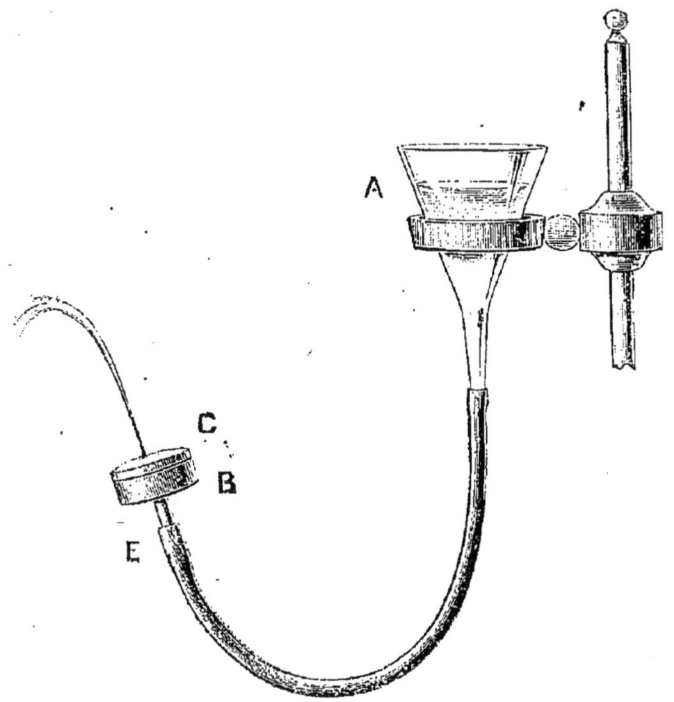

FIG. 81. — POUSSÉES EXERCÉES PAR LES LIQUIDES.
La poussée exercée par un liquide sur une portion de paroi est normale à celle-ci.

lesquelles il est en contact; il ne tend pas à faire glisser la paroi;

2° Il exerce des poussées sur les parois du vase qui le contient et, d'une façon générale, sur toutes les surfaces solides avec lesquelles il est en contact. Ces poussées sont perpendiculaires ou, comme on dit habituellement, normales à la paroi.

101. **Remarque importante.** — Ces poussées ne peuvent se manifester sur une surface que si elles s'exercent d'un côté seulement de cette surface.

Par exemple, prenons un verre de lampe rodé sur l'un des bords. Appliquons contre l'ouverture rodée un petit disque de verre A ; maintenons celui-ci appuyé à l'aide d'un fil *a* (fig. 82) que nous tenons à la main, pendant que nous descendons le tout dans un vase plein d'eau. Le disque reste alors appuyé contre le verre de lampe ; et l'on peut lâcher le fil. L'eau qui se trouve au-dessous du disque exerce contre lui une poussée dirigée vers le haut.

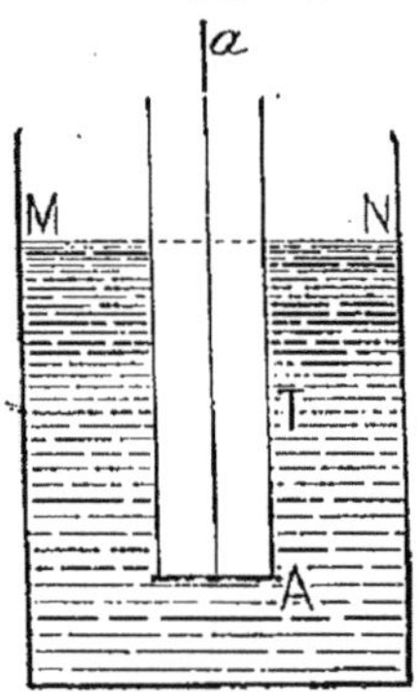

FIG. 82.
POUSSÉES A L'INTÉRIEUR DES LIQUIDES.
Une surface, plongée dans un liquide, supporte, sur ses deux faces, des poussées égales et de sens contraires.

Mais si nous versons maintenant de l'eau dans le verre de lampe, jusqu'en MN, le disque A se détache et tombe au fond du vase.

Bien entendu, il ne faudrait pas conclure, de cette dernière partie de l'expérience, que le disque n'est plus soumis de la part du liquide à aucune pression. La poussée qui s'exerçait tout à l'heure sur la face inférieure du disque n'a pas cessé de s'exercer ; mais il est venu s'en ajouter une autre, exercée sur la face supérieure du disque, égale à la première et de sens contraire, et qui par conséquent annule l'effet de la première.

Il est donc impossible de mettre ces poussées en évidence, quand elles s'exercent toutes deux en même temps.

Un disque de verre, suspendu verticalement par un fil au milieu du liquide, ne manifestera aucune tendance à se déplacer de droite à gauche ou de gauche à droite.

De même, une membrane de caoutchouc qui serait tendue sur un cadre au milieu du liquide ne manifesterait aucune déformation dans un sens ou dans l'autre.

Mais, si l'on se sert d'une membrane de caoutchouc pour fermer une petite boîte plate, pleine d'air, et si celle-ci est introduite au milieu de l'eau, sans que l'eau puisse pénétrer dans la boîte, la pression de l'eau s'exerçant d'un côté seulement de la membrane la fera fléchir vers l'intérieur de la boîte.

Nous allons précisément nous servir de cette remarque pour combiner un petit appareil qui nous permettra d'étudier commodément les pressions à l'intérieur d'un liquide

102. Baroscope à liquides. — Nous emploierons donc une petite boîte plate en métal (fig. 83) fermée sur une de ses faces par une membrane de caoutchouc, ficelée sur les bords de la boîte. A l'intérieur de cette boîte pénètre un tube étroit, dont l'axe est précisément dirigé dans le plan de la membrane. Un tube de caoutchouc établit une communication

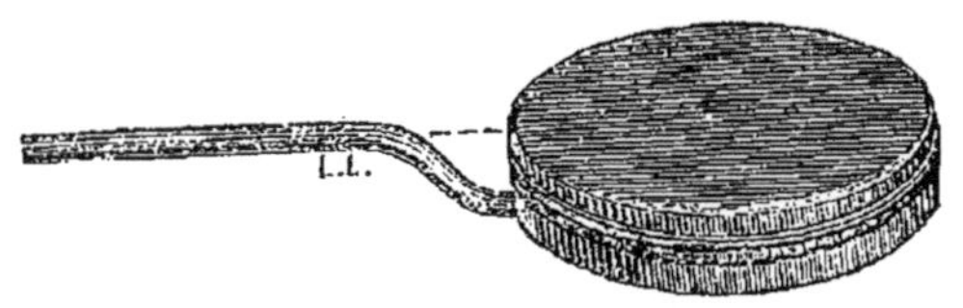

FIG. 83. — BAROSCOPE A LIQUIDES.
C'est un tambour fermé par une membrane de caoutchouc et communiquant avec un tube en U contenant de l'eau colorée.

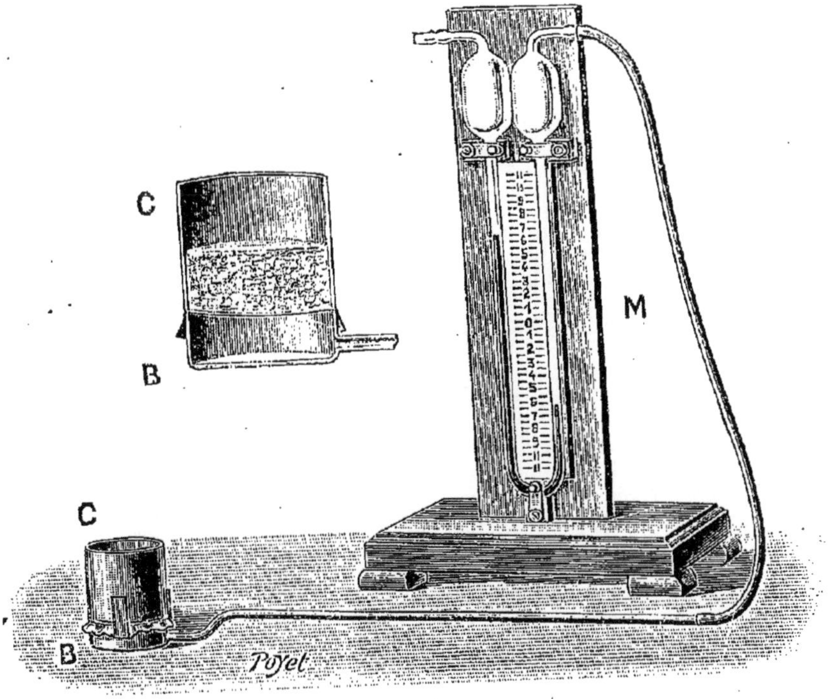

FIG. 84. — REPÉRAGE DE LA POUSSÉE.
La dénivellation dans le tube M s'accroît à mesure que on presse davantage sur la membrane.

entre l'intérieur de la boite et un récipient en verre, recourbé en forme d'U et contenant de l'eau colorée.

Quand on exerce une poussée sur la membrane, par exemple, en la chargeant de poids, elle s'infléchit et refoule l'air contenu dans le tambour; il en résulte nécessairement dans le tube en U une dénivellation qui est d'autant plus grande que la poussée est plus énergique. Cette dénivellation peut donc servir de repère à la poussée. On peut même graduer l'appareil : il suffit pour cela de placer la boîte B horizontalement, de l'entourer d'un cylindre C de même diamètre, de verser dans celui-ci des poids connus de fine grenaille de plomb et d'observer en M la dénivellation correspondant à chacun de ces poids (fig. 84).

103. Mesure des pressions dans les liquides. — Ce petit appareil peut nous servir d'abord à faire une *mesure des*

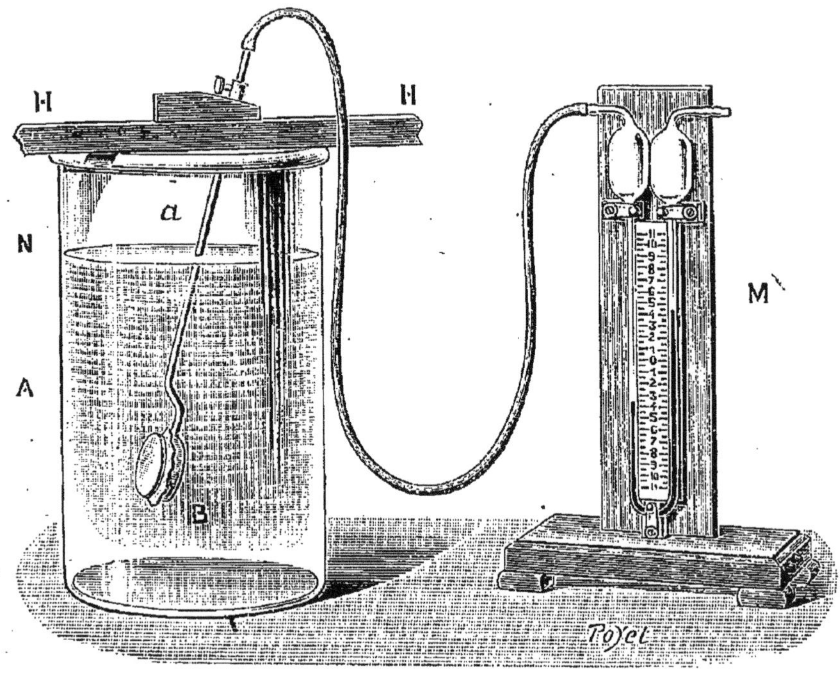

FIG. 85. — CONSTANCE DE LA PRESSION EN TOUS LES POINTS D'UN PLAN HORIZONTAL.
Quand on fait tourner le tambour, la dénivellation dans le tube M ne change pas.

pressions exercées par un liquide. En ce sens, il constitue un véritable *baroscope*.

La figure 85 montre comment on dispose l'expérience. Le tube a traverse une planche de bois HH qui repose sur le bord horizontal d'un grand récipient en verre A. Ce tube a communique, d'autre part, avec le tube en U à l'aide d'un tube de caoutchouc épais et étroit.

Le récipient A étant vide et aucune dénivellation n'existant dans le tube en U, on verse de l'eau en A jusqu'au niveau N. Une dénivellation se produit; ce qui démontre l'existence d'une poussée normale du liquide sur la membrane. La valeur de cette poussée est donnée par la graduation du baroscope. Si, par exemple, cette poussée est de 675 grammes et que la surface de la membrane soit de 75 centimètres carrés, la *pression* sur la membrane sera de $\frac{675}{75}$ soit 9 grammes par centimètre carré.

Ainsi, nous sommes déjà en possession des faits suivants :

1° *A l'intérieur d'un liquide, s'exercent des pressions.* — Nous avons vu comment on doit les définir, et comment on peut les manifester ;

2° ***La pression qu'un liquide exerce sur une surface est toujours perpendiculaire à cette surface, et va du liquide vers l'extérieur;***

3° ***Cette pression peut se mesurer facilement*** à l'aide de l'appareil précédemment décrit.

104. La pression dans un liquide est indépendante de l'orientation de la surface sur laquelle elle s'exerce. — Passons à l'étude des autres propriétés des pressions exercées à l'intérieur des fluides.

Reprenons le dispositif de la figure 85. Repérons toujours la position des niveaux dans le tube en U. Faisons tourner le tube a dans la traverse qui le porte, le centre de la membrane reste immobile; mais l'orientation de celle-ci change à volonté.

Nous constatons que la dénivellation reste invariable ; il en doit donc être de même de la poussée F supportée par la membrane de caoutchouc.

Nous dirons donc que la poussée exercée par le liquide sur une surface placée à l'intérieur du liquide ne dépend que de la position occupée par le centre de cette surface dans le liquide, mais ne dépend pas de son *orientation*.

Ainsi, la pression ne dépend que de la position occupée par le centre de la membrane. On pourra donc parler de la

pression en un point, sans spécifier la direction de la surface que l'on suppose passant par ce point. Par conséquent :

Dire que la pression est p ***en un point d'un fluide, c'est dire que, si l'on place en ce point une petite surface d'étendue*** s, ***celle-ci recevra une poussée normale, numériquement égale à*** ps.

105. **Surfaces de niveau.** — Le même procédé va nous permettre d'établir que :

Dans un fluide en équilibre la pression est la même en tous les points d'un même plan horizontal. On exprime ce fait, en disant qu'un plan horizontal est une ***surface de niveau.***

Reprenons encore le dispositif que représente la figure 85. Déplaçons la traverse HH sur le bord du vase A. Dans ce mouvement, le centre de la membrane se déplace horizontalement : nous constaterons que la dénivellation dans le tube en U reste constante et cela suffit à nous montrer qu'il en est de même de la pression dans toute l'étendue du plan horizontal qui passe par le centre du tambour.

On constatera de même encore que :

Dans un fluide en équilibre, la pression augmente avec la profondeur.

Il suffit d'immerger notre ***baroscope*** à des profondeurs diverses dans un récipient rempli d'eau. On constate que, dans le tube en U, la dénivellation augmente ou diminue suivant qu'on enfonce ou qu'on soulève le tambour. Il faut en conclure que, dans un liquide en équilibre, la pression en un point est d'autant plus considérable que ce point est plus profondément enfoncé à l'intérieur de la masse liquide.

106. **Différence de pression entre deux points d'un fluide en équilibre.** — Supposons un cylindre plongé verticalement dans l'eau. La base inférieure supporte une poussée verticale dirigée vers le haut. — La base supérieure supporte une poussée verticale dirigée vers le bas. La première, nous venons de le voir, est supérieure à la seconde. Si donc le cylindre était primitivement suspendu en équilibre au-dessous d'un plateau de balance, il ne sera plus en équilibre dès qu'il plongera dans l'eau. Celle-ci le poussera vers le haut. Pour rétablir l'équilibre, il faudra donc placer des poids dans le plateau qui supporte le cylindre. Ces poids représenteront évidemment la différence des poussées sur les deux bases.

Les poussées qui s'exercent sur la surface latérale du

cylindre, étant horizontales, n'interviennent évidemment pas dans l'équilibre de la balance.

On constate ainsi que, si l'équilibre a été réalisé une première fois, il persistera à quelque profondeur que l'on enfonce le cylindre. Donc :

Au sein d'un liquide en équilibre, la différence de pression est toujours la même entre deux points qui offrent la même différence de niveau.

On peut compléter les résultats que nous venons d'énoncer par une expérience saisissante.

Sous l'un des plateaux d'une balance, on suspend un cylindre *creux* (fig. 86), et, au-dessous de celui-ci, un autre cylindre, *plein*, dont le volume est exactement égal à la capacité du cylindre creux. On fait la tare du tout, en plaçant des poids dans l'autre plateau. On immerge ensuite le cylindre plein dans un vase contenant de l'eau et l'on observe, comme nous l'avons dit, que la balance s'incline du côté de la tare ; mais le fléau reprend son équilibre primitif si l'on remplit exactement d'eau le cylindre creux ; ce qui montre évidemment que la différence des poussées que reçoit le cylindre plein est égale au poids de l'eau qu'il déplace.

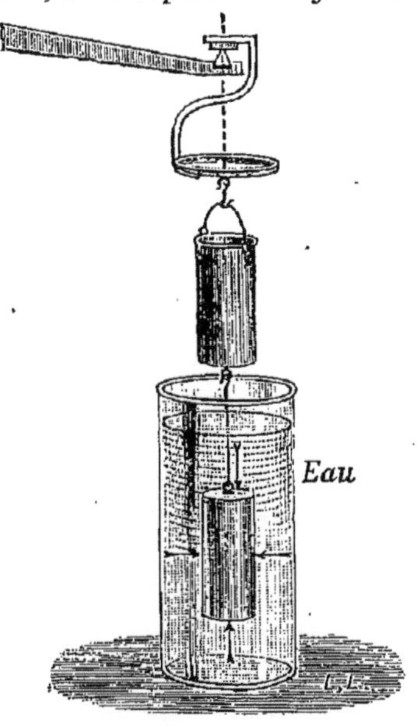

FIG. 86. — DIFFÉRENCE DES POUSSÉES SUR LES BASES D'UN CYLINDRE VERTICAL IMMERGÉ. *Cette différence est égale au poids du liquide déplacé par le cylindre.*

On en conclut que : ***La différence des poussées sur deux surfaces horizontales égales, placées à des niveaux différents dans un liquide, est égale au poids d'une colonne cylindrique du liquide, dont la hauteur est égale à la différence de niveau des surfaces et dont la section a même étendue que celles-ci.***

107. **Formule fondamentale de l'hydrostatique.** — Soient p et p' les pressions, exprimées en grammes par centimètre carré, qui règnent respectivement au niveau des bases supérieure et inférieure du cylindre immergé ; supposons que ces

bases aient elles-mêmes s centimètres carrés de surface et que leur différence de niveau soit égale à h centimètres.

Les poussées que reçoivent les bases seront de $p's$ et $p\,s$ grammes ; et leur différence équivaudra à $(p'-p)\,s$ grammes.

Or, le volume du cylindre est de sh centimètres cubes, et, si ϖ désigne le poids spécifique du liquide, le poids d'un égal volume sera $sh\varpi$ grammes. On aura donc :

$$(p'-p)\,s = sh\varpi,$$

et, par conséquent,

$$p'-p = h\varpi,$$

ce qui revient à dire que ***la différence de pression qui règne entre deux points* A *et* A' *d'un liquide est numériquement égale au produit de leur différence de niveau par le poids spécifique du liquide.***

L'application de cette relation exige seulement que les deux points appartiennent à la même masse de liquide ; elle n'est, d'ailleurs, pas particulière aux liquides et elle s'étend aux gaz ; mais nous en réserverons la vérification pour ces fluides, jusqu'à ce que nous sachions mesurer leur pression avec précision (§ 159 et suivants).

Cette formule est la formule fondamentale de l'hydrostatique.

108. **Applications.** — I. ***Le poids spécifique du mercure à 0° étant* 13,6, *quelle différence de pression y aurait-il entre deux points d'une masse mercurielle, présentant entre eux une différence de niveau de 76 centimètres?***

D'après la formule précédente, cette différence serait de $76 \times 13{,}6$ ou 1033 grammes par centimètre carré.

II. ***Dans quel rapport devraient être les hauteurs verticales de deux colonnes, de mercure et d'eau, pour offrir entre leurs extrémités la même différence de pression?***

Soient h la hauteur du mercure dont le poids spécifique est ϖ et h' celle de l'eau dont le poids spécifique est ϖ'. La différence de pression entre les extrémités des colonnes étant la même, nous aurons : $h\,\varpi = h'\,\varpi'$ et, par conséquent,

$$\frac{h}{h'} = \frac{\varpi'}{\varpi}.$$

Les hauteurs correspondantes de deux colonnes liquides produisant une même différence de pression entre leurs bases sont donc en raison inverse de leurs poids spécifiques. Or, le poids spécifique du mercure est 13,59 ; celui de l'eau est égal à 1 ; la hauteur de la colonne d'eau sera donc égale à celle du mercure multipliée par 13,59.

CHAPITRE IX

APPLICATIONS DES LOIS DE L'HYDROSTATIQUE

1. — ÉQUILIBRE DES LIQUIDES. — VASES COMMUNICANTS

109. **Rappel des lois de l'hydrostatique.** — Résumons les résultats précédemment obtenus :

1° La poussée qu'exerce un liquide sur une portion de paroi est normale à celle-ci ;

2° La pression qui s'exerce en un point d'un liquide en équilibre est indépendante de l'orientation de l'élément de surface qui passe par ce point ;

3° Dans un liquide en équilibre la pression est la même en tous les points d'un plan horizontal ;

4° La différence des pressions p et p' en deux points d'un liquide est numériquement égale au produit $h\varpi$ de la différence de niveau h par le poids spécifique ϖ du liquide.

Appliquons ces résultats à l'étude des propriétés des liquides.

110. **Surface libre des liquides en équilibre.** — Nous avons déjà dit (§ 57) que ***la surface libre d'un liquide au repos dans un récipient est plane et horizontale***; et nous avons indiqué comment ce principe peut être vérifié d'une façon précise.

Cette proposition n'est rigoureuse que si la surface présente des dimensions restreintes; dans ce cas seulement, en effet, les verticales des deux points rapprochés (§ 59) peuvent être regardées comme parallèles; elle cesse, au contraire, d'être applicable aux surfaces liquides d'une grande étendue, comme celle des mers. En effet, puisque la direction de la pesanteur change d'un lieu à un autre, en passant constamment par le centre de la Terre, il faut que la surface des mers change aussi en restant toujours normale à la pesanteur et prenne, par conséquent, une forme sphérique.

La courbure des mers est facile à constater. En effet, si la surface des mers était plane, un navire qui s'éloigne du rivage ne cesserait d'être visible que par l'effet de l'éloignement et ce seraient les parties les moins apparentes, les mâts et les cordages, qui disparaîtraient tout d'abord. Or, on

FIG. 87. — COURBURE DES MERS.
Lorsqu'un navire s'éloigne, c'est la coque qui disparaît la première, puis la partie inférieure des mâts; et enfin leur sommet.

observe tout le contraire : c'est la coque du navire qui disparaît la première au-dessous de l'horizon, puis la partie inférieure des mâts et enfin leur sommet (fig. 87).

111. **Vases communicants contenant un seul liquide.** — Des récipients de forme quelconque contiennent une masse liquide MABN (fig. 88), dont toutes les parties communiquent librement entre elles, mais dont la surface libre est formée de régions MM', NN' distinctes et séparées les unes des autres. On dit alors que la masse du liquide est *continue*, que sa surface libre est *discontinue*, et que les récipients constituent un système de *vases communicants*.

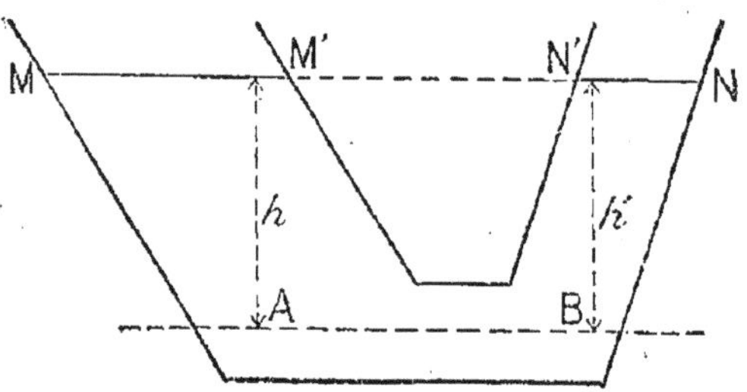

FIG. 88. — VASES COMMUNICANTS.
La masse du liquide est continue; la surface libre est discontinue, c'est-à-dire formée de parties séparées les unes des autres.

Soit donc deux vases communicants, s'ouvrant tous deux à l'air. Le raisonnement que nous avions fait plus haut reste valable : on peut regarder, en effet, ces deux vases comme n'en constituant qu'un seul de forme particulière, et la condition que le centre de gravité du liquide soit le plus bas possible (§ 67) exige évidemment que, ***dans les deux vases, les surfaces libres appartiennent à un même plan horizontal.***

On peut dire encore, A et B, par exemple (fig. 88), appartenant à un même plan horizontal : « les pressions en A et B étant égales, d'une part, les pressions en MM' et NN' étant aussi égales, d'autre part, les différences $h\varpi$ et $h'\varpi$ sont elles-mêmes égales ; donc, $h = h'$, c'est-à-dire que les deux surfaces planes horizontales MM', NN' sont situées à un même niveau ».

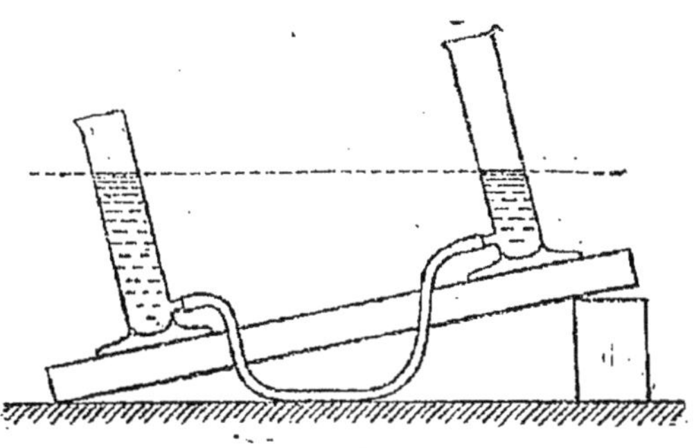

FIG. 89.
ÉQUILIBRE DANS LES VASES COMMUNICANTS.
Les différentes portions de la surface libre sont dans un même plan horizontal.

On peut vérifier expérimentalement cette propriété à l'aide du dispositif que représente la figure 89 : deux longues éprouvettes sont réunies à leur partie inférieure par un tube de caoutchouc et contiennent de l'eau. Quelle que soit la position qu'on donne à ces éprouvettes, l'eau s'y établit toujours au même niveau.

112. **Applications du principe des vases communicants.** — Cette tendance des liquides à reprendre leur niveau présente une foule d'applications : on l'utilise pour la distribution de l'eau dans les villes, les jets d'eau, le niveau d'eau, le niveau à bulle, etc.

Distribution de l'eau dans les villes. — L'eau qui doit alimenter une ville est amenée directement ou par des pompes, si cela est nécessaire, dans un grand réservoir en maçonnerie où elle s'élève plus haut que le dernier étage de la maison la plus élevée à desservir. De ce réservoir partent des tuyaux de conduite qui se ramifient et dont les branches aboutissent aux divers étages des maisons. Quand on ouvre le robinet qui ferme l'une de ces branches, celle-ci se trouve parcourue par un courant d'eau qui s'échappe avec une vitesse d'autant plus grande que le robinet est placé plus bas.

Jets d'eau. — Si l'extrémité d'une des conduites qui partent du réservoir tourne son ouverture vers le haut, l'eau forme en s'échappant une gerbe verticale qui, théoriquement, devrait atteindre le niveau du réservoir, mais qui, en réalité, n'y arrive jamais. En effet, les frottements de l'eau dans le tuyau, la résistance de l'air et le choc des gouttelettes qui retombent sur celles qui montent consomment toujours une notable partie de l'énergie primitivement accumulée par l'élévation de l'eau dans le réservoir (§ 52).

Niveau d'eau. — C'est un instrument d'arpentage composé d'un tube de laiton, d'environ 1 mètre de long, coudé aux deux extrémités. A celles-ci sont adaptés, à angle droit, deux larges tubes de verre en forme de fioles. L'appareil est fixé à l'aide d'une genouillère sur un pied à trois branches et l'on y verse de l'eau colorée jusqu'à remplir en partie les

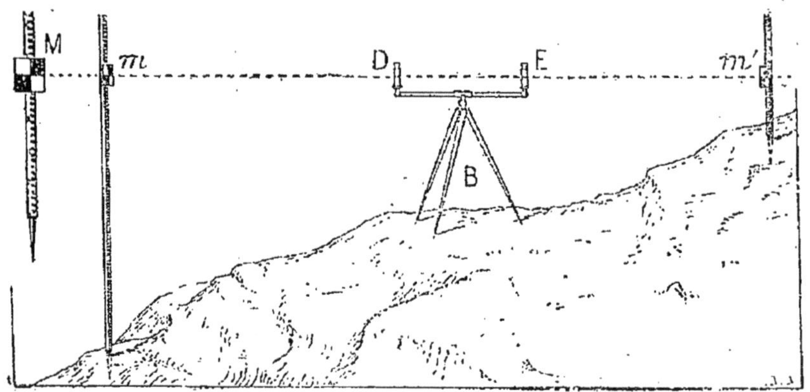

FIG. 90. — NIVEAU D'EAU.

La différence de niveau, entre les points sur lesquels repose successivement l'échelle, est égale à la distance qui sépare, sur l'échelle, les deux positions de la mire, quand celle-ci a été amenée de part et d'autre sur la ligne de visée.

deux fioles de verre. Les surfaces libres du liquide dans celles-ci sont alors dans un même plan horizontal.

Cet instrument sert à déterminer la différence de niveau entre deux points du sol. Voici comment on procède : on installe le niveau entre ces deux points, en le disposant comme nous venons de le dire (fig. 90); puis un aide vient, au point le plus élevé par exemple, appuyer l'extrémité inférieure d'une échelle divisée qu'il maintient verticalement, tandis que l'opérateur, placé près du niveau, dirige, tangentiellement aux surfaces D et E, un rayon visuel vers l'échelle. Le long de celle-ci peut se déplacer une *mire* M qui, pour être plus visible, est peinte de couleurs éclatantes, et que l'aide élève ou abaisse, en suivant les signes de l'opérateur, jusqu'à ce que le centre de la mire se trouve dans le plan horizontal passant par D et E. L'aide vient ensuite installer la règle divisée au point le plus bas, l'opérateur passe de l'autre côté du niveau et la même opération recommence. La distance entre les deux positions *m* et *m'* de la mire sur l'échelle divisée mesure la différence de niveau des deux points.

Écluses. — Une application intéressante de la propriété des vases communicants se retrouve encore dans les ***écluses de canaux*** (fig. 91). Nous ne décrirons pas leur mode de fonctionnement, qui est trop connu. Qu'il nous suffise de rappeler que, grâce à cet ingénieux dispositif, la masse d'eau d'un canal, qui est comprise entre deux écluses, peut être à volonté amenée au niveau du bief d'amont ou du bief d'aval. Le bateau peut donc passer insensiblement d'un niveau à l'autre.

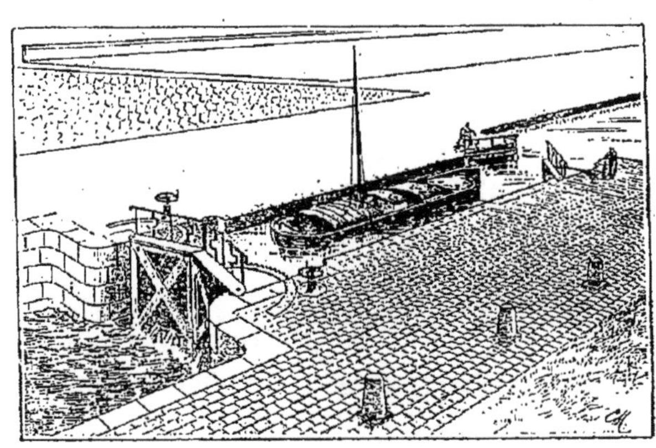

FIG. 91. — ÉCLUSES DE CANAL.
Le jeu des écluses permet de faire passer progressivement le bateau du niveau du bief d'amont au niveau du bief d'aval; ou inversement.

113. Équilibre des liquides superposés. — Nous verrons plus tard (§ 175) que les gaz mis en contact se mélangent toujours : il n'existe jamais entre eux de surface de séparation nette; il y en a une entre les gaz et les liquides; il y en a une aussi entre les liquides qui n'exercent les uns sur les autres ni action chimique ni action dissolvante.

En remplissant incomplètement un large flacon de ***mercure***, d'*eau* et d'*huile*, on constate qu'au repos ***les surfaces de séparation sont des plans horizontaux***, et l'expérience montre que ***ces liquides sont alors superposés par ordre de poids spécifiques décroissants*** (fig. 92).

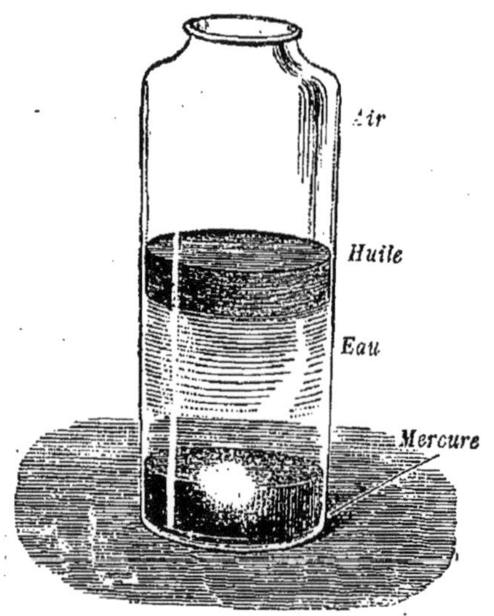

FIG. 92.
ÉQUILIBRE DES FLUIDES SUPERPOSÉS.
Dans un même flacon, des liquides non miscibles se superposent par ordre de densités décroissantes.

Si nombreux que soient les liquides contenus dans le flacon, leur ensemble constitue cependant un ***fluide***, et l'on peut alors donner de la propriété précédente une explication à la fois simple et complète en montrant que la position d'équilibre stable de cet ensemble est bien telle, en effet, que son centre de gravité se trouve le plus bas possible.

Il suffit pour cela de prouver que si, dans le flacon dont nous venons de parler, on modifiait légèrement l'une quelconque des surfaces, le centre de gravité du système ne pourrait que s'élever. Donnons, par exemple, à la surface ***mercure-eau*** la forme pointillée (fig. 93). On voit immédiatement que cela revient à imaginer que des volumes égaux de mercure et d'eau s'échangent entre eux; comme le liquide le plus lourd se trouverait alors transporté en haut, il est bien évident que, dans ces conditions, le centre de gravité du système se trouverait surélevé et, par suite, l'équilibre essayé serait irréalisable (§ 67).

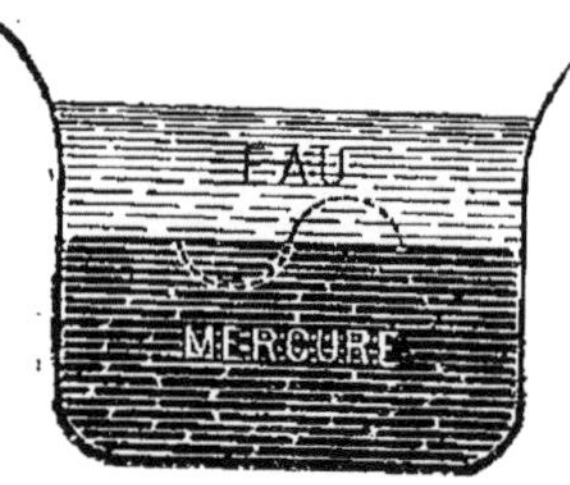

FIG. 93.
STABILITÉ DE L'ÉQUILIBRE DANS LES LIQUIDES SUPERPOSÉS.
La forme des surfaces de séparation et l'ordre dans lequel les liquides sont superposés ne peuvent être troublés, sans rompre l'équilibre de l'ensemble.

114. Niveau à bulle. — La tendance que possèdent les fluides légers à gagner la partie supérieure des récipients trouve son application dans le niveau à bulle d'air.

Cet appareil sert à vérifier l'horizontalité d'une droite ou d'un plan. Il se compose essentiellement d'un tube de verre légèrement convexe vers le haut et incomplètement rempli d'un liquide très mobile, tel que l'alcool. La ***grosse bulle d'air que contient le tube occupe, quand celui-ci est au repos, la région la plus élevée***. Le tube porte d'ailleurs une série de divisions transversales équidistantes; il est en partie protégé par une gaine de laiton qui repose sur un petit socle bien dressé (fig. 94).

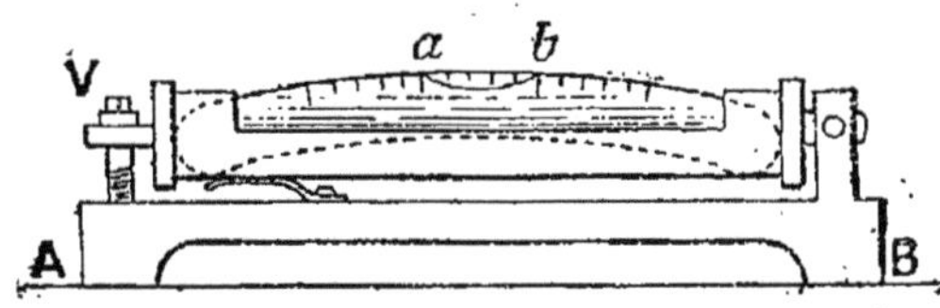

FIG. 94. — NIVEAU A BULLE.
Si la ligne sur laquelle repose l'instrument est horizontale, la bulle doit conserver la même place quand on retourne l'instrument bout pour bout.

On est assuré que le niveau s'appuie sur une ligne horizontale, si la position des extrémités de la bulle entre les divisions ne change pas quand on retourne l'instrument bout pour bout. En effet, la région la plus élevée du tube reste alors la même dans les deux cas.

Si l'on note ceux des traits entre lesquels se trouve alors la bulle, la vérification de l'horizontalité d'une ligne n'exigera, par la suite, qu'une seule observation du niveau. On peut d'ailleurs déplacer ces traits, car la gaine qui recouvre le tube est supportée à l'une de ses extrémités par une charnière, et peut recevoir à l'aide d'une vis de petits mouvements sur le socle.

On ***règle*** le niveau en plaçant le socle sur une ligne ***horizontale*** et en agissant sur la vis de la gaine de façon à amener la bulle entre deux divisions à égale distance du milieu du tube. Ces divisions sont alors les ***repères*** du niveau.

Il suffira désormais, pour vérifier l'horizontalité d'une droite, de constater que la bulle se place entre ses repères lorsque le socle de l'instrument repose sur cette ligne.

On a fréquemment, en Physique, à rendre un plan horizontal; voici comment on procède :

Le plan est ordinairement muni de trois vis calantes disposées au sommet d'un triangle équilatéral. On place d'abord le niveau parallèlement à un des côtés de celui-ci (fig. 95).

et l'on agit sur l'une des vis placées en ses extrémités de façon à amener la bulle entre ses repères. On oriente ensuite le niveau suivant la hauteur du triangle (fig. 96);

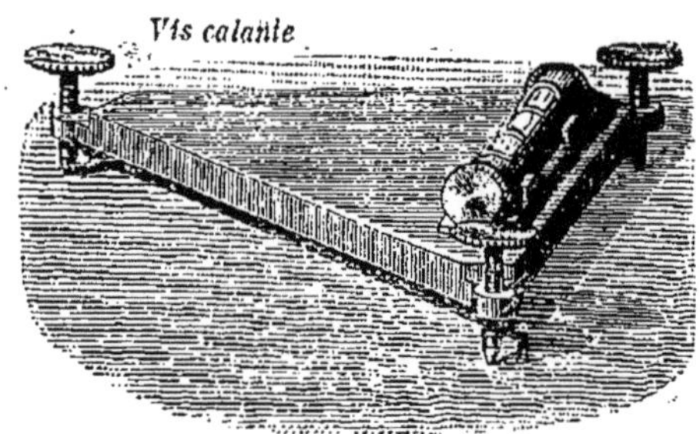

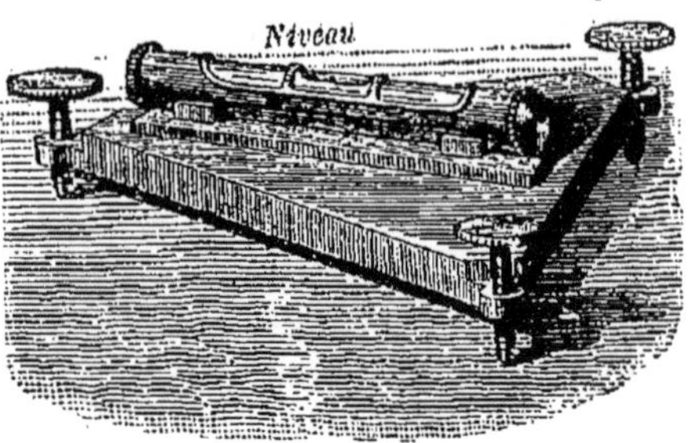

FIG. 95 et 96. — RÉGLAGE D'UNE PLATE-FORME A VIS CALANTES.
On rend la plate-forme horizontale en agissant sur ses trois vis, de façon à obtenir successivement l'horizontalité de l'une des bases du triangle, puis celle de la hauteur correspondante.

et, à l'aide de la vis placée en son sommet, on rend cette hauteur horizontale à son tour. Si, comme c'est le cas habituel, le sol sur lequel reposent les vis est à peu près horizontal, cette seconde opération n'altère pas sensiblement le premier réglage; et l'horizontalité du plan s'obtient ainsi par des tâtonnements très rapides.

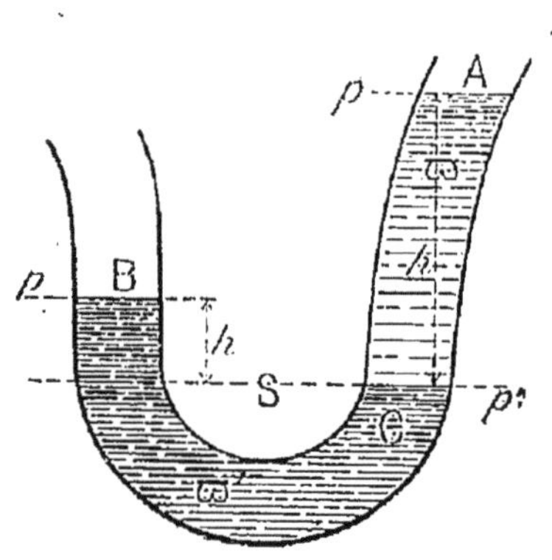

FIG. 97.
VASES COMMUNICANTS CONTENANT DEUX LIQUIDES DIFFÉRENTS.
Les hauteurs des niveaux au-dessus de la surface de séparation son en raison inverse des densités.

Lorsque l'emploi d'un appareil, comme le **cathétomètre** par exemple (fig. 128), exige la verticalité d'un axe, l'instrument est toujours disposé de façon qu'on puisse obtenir ce résultat à l'aide d'un niveau. L'opération consiste alors à rendre horizontal un plan que l'on sait être perpendiculaire à l'axe de l'appareil.

115. **Vases communicants contenant des liquides différents.** — Considérons deux vases communicants contenant deux liquides de poids spécifiques ϖ et ϖ' (fig. 97). Les surfaces libres dans les deux branches et la surface de sépara-

tion S seront planes et horizontales ; le liquide le plus lourd occupera le fond. Nous verrons plus tard que, si la hauteur des vases ne dépasse pas quelques mètres (§ 152), la pression que l'atmosphère exerce sur les deux surfaces libres est la même, malgré leur différence de niveau. Soit p la valeur de cette pression. Désignons alors par p' la pression qui règne à la surface de séparation S, et par h et h' les hauteurs verticales des surfaces libres au-dessus de celle-ci.

L'application de la formule générale d'hydrostatique (§ 107) entre les points A et C dans le liquide ϖ, et entre les points B et C dans le liquide ϖ' nous fournit deux valeurs de la pression p' qui règne au niveau S :

$$p' = p + h\,\varpi,$$
$$p' = p + h'\,\varpi'.$$

La comparaison de ces deux relations nous donne immédiatement

$$h\,\varpi = h'\,\varpi'$$

ou bien encore

$$\frac{h}{h'} = \frac{\varpi'}{\varpi}.$$

On peut donc dire que, ***dans deux vases communicants contenant des liquides différents, les hauteurs des surfaces libres au-dessus du plan de séparation sont en raison inverse des poids spécifiques*** ou, ce qui revient au même, ***des densités des liquides.***

La hauteur de l'eau serait 13,6 fois plus grande que celle du mercure, puisque celui-ci est 13,6 fois plus lourd que l'eau. 1 mètre d'eau serait équilibré par $\frac{100}{13,6} = 7,4$ centimètres de mercure.

2. — POUSSÉES SUR LE FOND ET SUR LES PAROIS DES VASES

116. Poussée sur le fond horizontal des vases. — La figure 98 représente les appareils dont nous allons nous servir.

Sur une douille D, on peut visser des vases de formes différentes A_1, A_2, A_3. A la partie inférieure de cette douille on applique, à l'aide d'un dispositif facile à imaginer, le tambour B qui nous a maintes fois servi à étudier les pressions dans les liquides. La membrane du tambour forme ainsi le fond horizontal de vases qui ont des formes différentes — mais dont le fond est le même.

Le tambour communique, comme toujours, avec le tube recourbé M.

Le vase A_1 étant en place, versons-y de l'eau jusqu'au

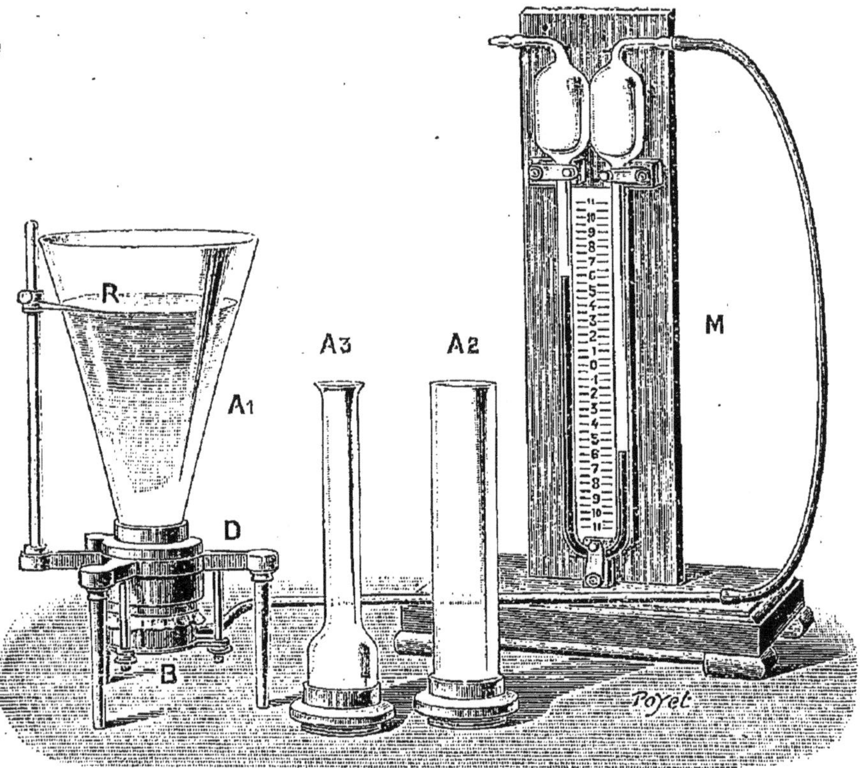

FIG. 98. — APPAREIL DE PASCAL.
Quelle que soit la forme du vase A vissé sur la douille D, la dénivellation en M ne dépend que de la hauteur du liquide dans le vase A et nullement de sa forme.

niveau de repère R et observons la dénivellation en M. Cette dénivellation repère, comme nous le savons, la poussée du liquide sur le fond.

Remplaçons maintenant le vase A_1 par le vase A_2, puis par le vase A_3, et versons dans ceux-ci de l'eau à la même hauteur, c'est-à-dire jusqu'au repère R : nous constatons que la dénivellation reste la même.

Il en résulte que :

La poussée exercée sur le fond du vase est indépendante de la forme du vase. Elle conserve la même valeur, pour des récipients évasés, cylindriques ou rétrécis.

Elle ne dépend donc que : 1° ***de la surface du fond du vase*** et 2° ***de la hauteur du liquide au-dessus du fond.***

Elle reste la même, quoique les poids d'eau, contenus dans les divers récipients, soient très différents.

117. **Explication des expériences précédentes.** — Ce résultat, surprenant au premier abord, est une conséquence immédiate des principes précédemment établis.

En effet, nous savons que, sur un centimètre carré du fond

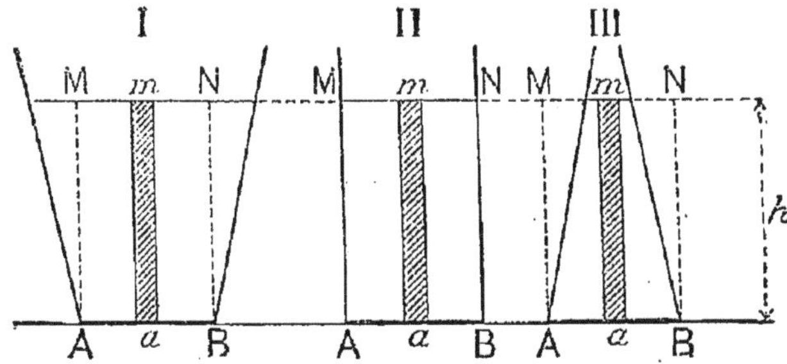

FIG. 99. — EXPLICATION DE L'EXPÉRIENCE PRÉCÉDENTE.
Dans tous les cas, la poussée sur le fond AB est égale au poids de la colonne cylindrique de liquide MNAB.

du vase, placé au point a (fig. 99), la poussée exercée par le liquide a pour valeur $p = h\varpi$,
h désignant la hauteur verticale de la surface libre du liquide au-dessus du point a ; ce qui signifie que :

La poussée exercée par le liquide sur un centimètre carré, placé au point a, est égale au poids du cylindre liquide am, ayant pour base un centimètre carré et pour hauteur la hauteur h du liquide dans le vase.

La poussée totale sur le fond du vase est donc égale à autant de fois le poids du cylindre précédent que la surface du fond contient de centimètres carrés.

Par suite, ***la poussée totale sur le fond du vase est donc représentée par le poids du cylindre liquide*** MNAB ***qui a pour base le fond du vase et pour hauteur la hauteur du liquide dans le vase.***

Le raisonnement est le même, qu'il s'agisse de l'un ou de

l'autre des vases représentés sur la figure 99 en (I), (II) ou (III).

118. **Remarque importante.** — Il importe donc de bien remarquer que la ***poussée sur le fond horizontal d'un vase n'a rien de commun avec le poids du liquide contenu dans le vase.***

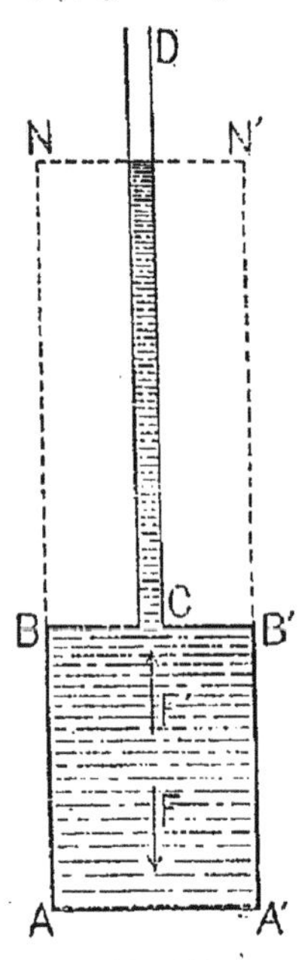

FIG. 100. CRÈVE-TONNEAU DE PASCAL.

Les deux poussées, s'exerçant en sens contraire sur les bases du tonneau, tendent à les écarter l'une de l'autre; le tonneau éclate sous l'effet d'une très petite charge d'eau contenue dans le tube de verre.

Cette poussée est plus petite que le poids du liquide, dans le cas de la figure (I); elle est plus grande dans le cas de la figure (III).

Voici à quoi tient cette distinction capitale :

Dans les expériences précédentes, le ***fond du vase intervient seul;*** ce que nous mesurons est l'effort qu'il supporte de la part du liquide. Cette action, rapportée à l'unité de surface du fond, ***mesure la pression*** exercée sur ce fond.

Si, au contraire, on voulait mesurer le poids du liquide contenu dans un vase, il faudrait prendre un ***vase à parois rigides***, dont le fond serait solidaire du reste des parois, puis placer ce vase sur le plateau de la balance. — Dans le cas des figures (I) et (III), le plateau de la balance recevrait encore directement les effets des poussées exercées sur le fond du vase; mais, ***puisque les parois sont rigides***, il recevrait encore indirectement les effets des poussées exercées sur les parois latérales; or, ces poussées exercent leurs actions vers le bas, dans le cas de la figure (I) et vers le haut, dans le cas de la figure (III).

119. **Crève-tonneau de Pascal.** — Pour achever d'élucider cette importante question, reprenons une vieille expérience due à Pascal.

Soit un récipient cylindrique vertical AA' BB' (fig. 100). Supposons sa hauteur AB égale à 1 mètre, la surface du fond égale à 20 décimètres carrés. Surmontons ce récipient d'un tube fin de verre CD. Remplissons le récipient d'eau ainsi que le tube et supposons que l'eau monte dans le tube à 3 mètres au-dessus de la base supérieure du tonneau.

La poussée *F* sur le fond inférieur AA' est verticale, dirigée vers le bas, égale au poids du cylindre d'eau AA'NN', dont le volume est $20 \times 40 = 800$ décimètres cubes et par suite le poids de 800 kilogrammes.

La poussée *F'* sur le fond supérieur BB' est verticale, dirigée vers le haut et égale au poids du cylindre BB'NN' dont le volume est $20 \times 30 = 600$ décimètres cubes, et par suite, le poids 600 kilogrammes.

Ces deux poussées s'exercent en sens contraire : elles tendent à écarter l'une de l'autre les deux bases du tonneau. Un tonneau ordinaire éclate facilement dans ces conditions : c'est là l'expérience connue sous le nom de ***crève-tonneau*** de Pascal.

Mais, supposons que le récipient soit assez résistant pour surmonter ces efforts considérables. Plaçons-le sur une bascule à peser les lourds fardeaux. Les deux poussées de 800 et de 600 kilogrammes ne produisent sur le tonneau qu'un effet résultant vertical, dirigé vers le bas, égal à leur différence, c'est-à-dire à 200 kilogrammes.

C'est précisément le poids du liquide contenu dans l'appareil (si on fait abstration de la très petite quantité de liquide contenue dans le tube de verre).

Ainsi, il est bien exact que les poussées sur les deux bases sont individuellement égales à 800 kilogrammes et à 606 kilogrammes. Il est vrai également que, si le liquide est contenu dans un récipient à parois rigides, placé sur une bascule, celle-ci n'indiquera, en plus du poids du récipient vide, qu'un poids de 200 kilogrammes, égal au poids réel du liquide.

120. **Poussée d'un liquide sur une portion quelconque de paroi.** — C'est encore à l'expérience que nous nous adresserons pour traiter cette question. Voici comment :

Notre baroscope, communiquant avec le tube recourbé M (fig. 101), ferme une boîte cylindrique dont la tubulure C est mise en relation par un tube de caoutchouc avec l'orifice d'un entonnoir A.

Le tube qui porte le tambour B est maintenu horizontal par un support HH, mais on peut le faire tourner sur lui-même, en sorte que la membrane du tambour B, qui joue le rôle d'une portion de la paroi du récipient ACB, peut s'orienter dans toutes les directions, ***cependant que son centre reste fixe.***

On verse de l'eau jusqu'à un certain niveau dans l'entonnoir A et on note la dénivellation en M. On constate alors que, quelle que soit l'orientation que l'on donne à la membrane, la dénivellation en M reste toujours la même; tout se passe, comme si la membrane était restée horizontale.

On est ainsi conduit à l'énoncé suivant :

La poussée, que reçoit une surface S très petite, découpée

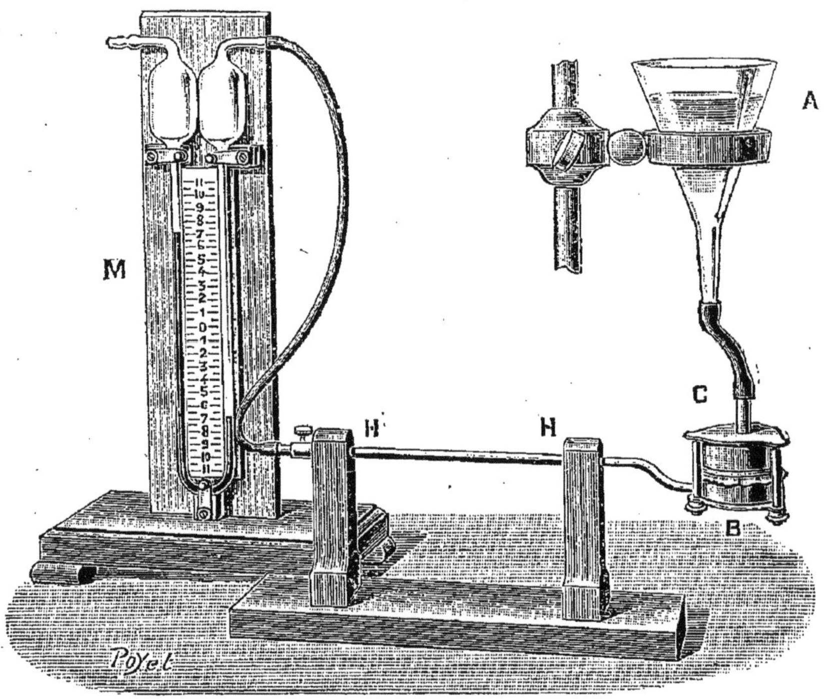

FIG. 101. — POUSSÉE SUR UNE PORTION DE PAROI.
Elle est la même que celle qui s'exercerait sur une surface horizontale de même étendue, et dont le centre serait à la même distance de la surface libre.

dans la paroi d'un récipient contenant un liquide, est égale au poids de liquide que renfermerait un cylindre ayant pour section droite la surface considérée et pour hauteur la distance du centre de celle-ci à la surface libre du liquide.

A noter, comme différences avec le cas précédemment étudié (§ 116) :

1° Que la poussée, étant normale à la surface *S*, n'est plus nécessairement verticale;

2° Que la surface *S*, devant servir de section droite au

cylindre, devra d'abord être supposée rendue horizontale. C'est sur cette base horizontale, égale à S, que l'on supposera construit un cylindre vertical de hauteur h. Le poids de ce cylindre liquide représente en grandeur la poussée exercée sur la surface S, dans une direction normale à cette surface.

121. Exercices numériques. — I. ***Un tube vertical a la forme d'un verre de lampe*** (fig. 102). ***Il est formé de deux parties cylindriques superposées. Le cylindre inférieur a 6 centimètres de diamètre intérieur AB, et une hauteur AC de 8 centimètres. Le cylindre supérieur a 2 centimètres de diamètre intérieur.***

On a versé 289 grammes d'eau dans cet appareil. Quelle est la poussée supportée par un obturateur horizontal, fermant la base du cylindre inférieur?

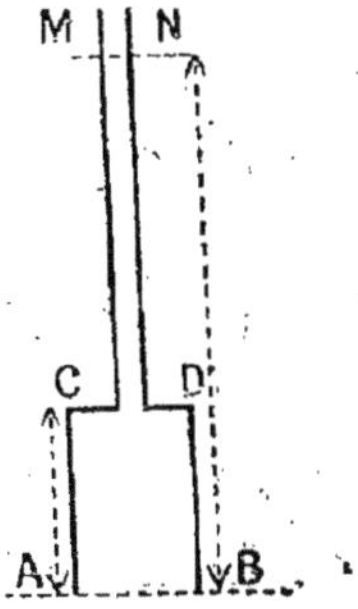

FIG. 102. EXERCICE NUMÉRIQUE RELATIF AUX EFFORTS SUPPORTÉS PAR LE FOND DES VASES.

L'effort est ici plus grand que le poids du liquide contenu dans l'appareil.

Le cylindre inférieur renferme une masse d'eau de

$$\pi \times 3^2 \times 8 = 3{,}14 \times 72 = 226 \text{ gr.}$$

Le cylindre supérieur CDMN renferme donc

$$289 - 226 = 63 \text{ gr.}$$

Cette masse d'eau atteint une hauteur égale à :

$$\frac{63}{3{,}14 \times 1^2} = 20^{cm},1.$$

La hauteur d'eau qui s'élève au-dessus du plan de l'obturateur est donc égale à

$$8 + 20{,}1 = 28^{cm},1.$$

La poussée supportée par le fond de l'obturateur est égale au poids d'une colonne d'eau qui aurait $28^{cm},1$ de hauteur et une base égale à celle du cylindre inférieur.

Ce poids est donc égal à

$$P = 3{,}14 \times 3^2 \times 28{,}1 = 794 \text{ gr.}$$

Le tube ne contient que 289 grammes d'eau. La poussée verticale, supportée par son fond, est cependant égale à 794 gr.

II. ***Une écluse*** (fig. 103) ***est baignée sur ses deux faces par deux nappes d'eau, dont la différence de niveau AB est égale à 4 mètres. La largeur de l'écluse, comptée suivant la***

ligne d'affleurement de l'eau, est égale à 3 mètres. Quelle est la différence des poussées supportées par les deux faces de cette écluse?

Élevons, en chaque point de la surface de l'écluse, une perpendiculaire égale à la hauteur de l'eau au-dessus de ce point, dans le bief supérieur. Par exemple, faisons BC = BA MD = MA. Un centimètre carré de l'écluse, placé au voisinage du point M, supporte une poussée égale au poids de la petite colonne d'eau MD, qui aurait un centimètre carré de base en M, et une hauteur égale à MD. La somme de tous ces poids représente la force cherchée. Elle est évidemment égale au poids de la masse d'eau, qui aurait la forme du prisme triangulaire dont ABC est la base, et dont la hauteur, perpendiculaire au plan de la figure, est égale à la longueur de la ligne d'affleurement, c'est-à-dire égale à 3 mètres.

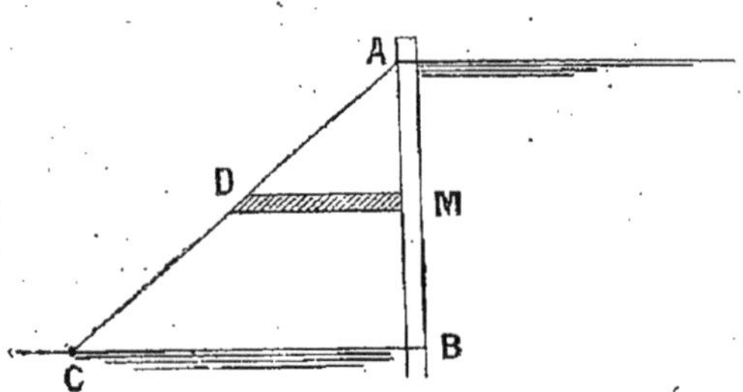

FIG. 103. — EXERCICE NUMÉRIQUE.
La poussée supportée par l'écluse est égale au poids du prisme triangulaire d'eau, qui aurait pour base le triangle rectangle isocèle ABC et pour hauteur la longueur de la ligne d'affleurement de l'eau.

La base triangulaire ABC de ce prisme a une surface égale à

$$\frac{1}{2} \times AB \times BC = \frac{1}{2} \times 4 \times 4 = 8 \text{ mètres carrés.}$$

Le volume de ce prisme est donc égal à $8 \times 3 = 24$ mètres cubes.

La poussée cherchée est donc égale à 24 tonnes, soit 24 000 kilogrammes.

3. — PRINCIPE DE PASCAL. — PRESSE HYDRAULIQUE

122. Presse hydraulique. Principe. — L'énoncé qui sert de conclusion au § 120 va nous permettre de comprendre immédiatement les propriétés d'une machine très intéressante et d'un emploi très fréquent, due au génie de Pascal.

Imaginons deux corps de pompe C et C′ à parois résistantes, réunis à leur partie inférieure par un tube métallique (fig. 104). Ces deux corps de pompe, entièrement remplis d'eau, ont des diamètres très inégaux et sont fermés par des pistons cylindriques. Admettons, par exemple, que les surfaces de ceux-ci soient respectivement de 1 et de 100 centimètres carrés : si on laisse le système se mettre de lui-même en équilibre et si l'on place sur le piston P un poids de 1 kilogramme, il faudra, pour maintenir le système dans la même position d'équilibre, placer sur le piston P′ un poids de 100 kilogrammes.

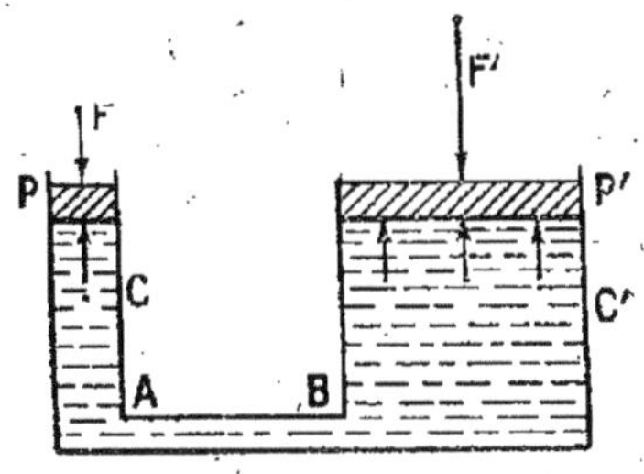

FIG. 104. — PRINCIPE DE LA PRESSE HYDRAULIQUE.
Quand on exerce une poussée sur le piston P, le liquide transmet au piston P′ une poussée d'autant plus grande que la surface de ce dernier est plus étendue.

C'est en cette propriété que consiste ***le principe de Pascal***, qui s'énonce ainsi :

123. **Principe de Pascal.** — ***Si la pression en un point d'un liquide en équilibre varie de q, sans que l'état et la forme du liquide soient modifiés, elle varie de la même quantité q, en tous les autres points du même liquide.***

Ceci est évident, d'après les principes étudiés plus haut; la forme du liquide restant la même, la différence

$$p' - p = (h' - h)\varpi$$

des pressions, qui existe en deux points déterminés du liquide, doit aussi rester la même. Si p' est remplacé par $p' + q$, il faut que p soit remplacé par $p + q$ pour que leur différence conserve la valeur invariable $(h' - h)\varpi$.

Il est intéressant de montrer comment les propriétés de la presse hydraulique découlent immédiatement du ***principe de la conservation du travail.***

Supposons que, tout étant en équilibre, on exerce, à l'aide d'un levier, un effort de 1 kilogramme sur le petit piston. Supposons, en outre, que nous imprimions au petit piston un déplacement de 1 mètre. La force appliquée au petit piston aura effectué un travail de 1 kilogrammètre.

L'eau est incompressible; le volume liquide, chassé du petit cylindre, doit donc se retrouver dans le grand; et, comme celui-ci a une section 100 fois plus grande que le petit, ce même volume d'eau y occupe une hauteur 100 fois plus petite, soit 1 centimètre. Le travail consommé dans le déplacement du gros piston doit être égal à celui qu'on a dépensé pour faire mouvoir le petit, soit 1 kilogrammètre. L'effort exercé sur le gros piston est donc de 100 kilogram-

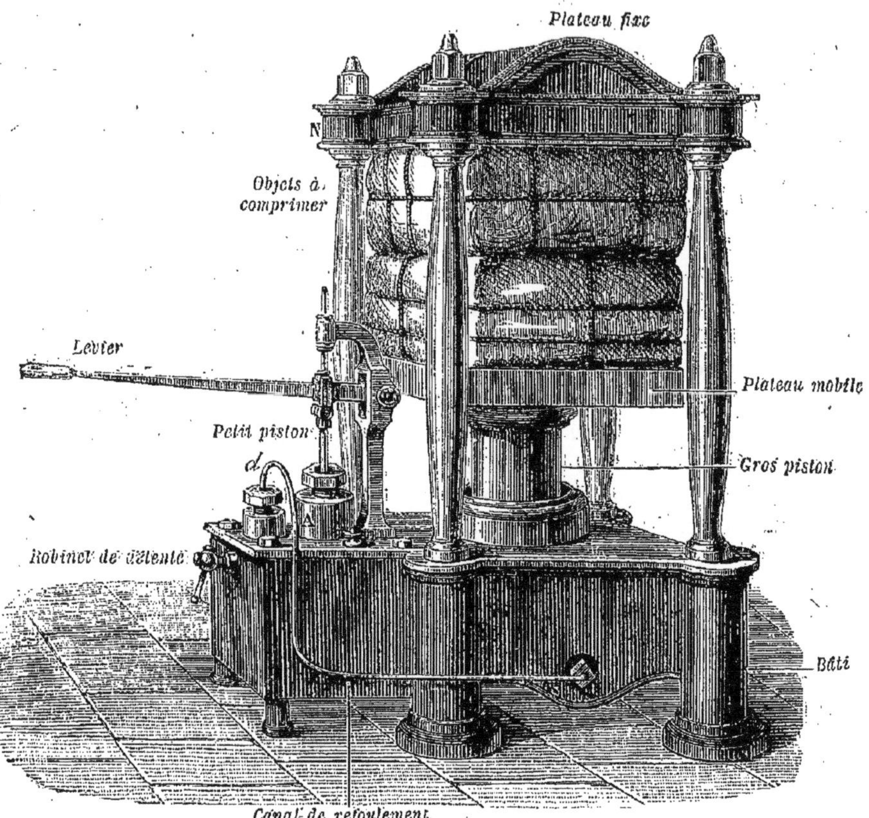

FIG. 105. — PRESSE HYDRAULIQUE.

Une petite pompe foulante injecte de l'eau sous le gros piston et celui-ci se trouve alors soulevé avec une force d'autant plus grande qu'il est plus large.

mes. La machine pourra servir à soulever des poids 100 fois plus grands que la force dont on dispose; mais, le chemin parcouru est 100 fois plus faible que celui dont on a déplacé le petit piston.

124. **Description de la presse hydraulique.** — Nous venons d'indiquer le principe de la presse hydraulique; mais

il n'est pas inutile de décrire avec quelques détails ce remarquable appareil qui est un des plus ingénieux et des plus puissants outils de l'industrie moderne.

La presse hydraulique se compose d'un cylindre en fonte, large et très épais, dans lequel peut se déplacer à frottement doux un autre cylindre plein C, faisant office de piston (fig. 105 et 106).

Une petite pompe foulante, de diamètre beaucoup plus faible, refoule, par le tube *d*, sous le gros piston, l'eau

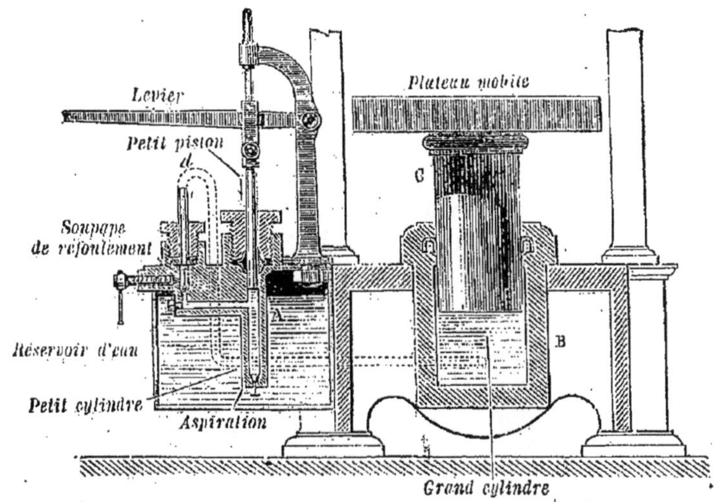

FIG. 106. — COUPE DE LA PRESSE HYDRAULIQUE.

On voit que la partie essentielle de l'appareil consiste en deux corps de pompe de sections très différentes. On injecte de l'eau du petit dans le grand.

qu'elle puise dans un réservoir extérieur : en sorte qu'à chaque coup de pompe ce gros piston s'élève d'une petite quantité. Les corps à comprimer sont ainsi progressivement serrés entre un plateau formant la tête du piston et un autre plateau que de solides colonnes en fer rendent solidaire du cylindre B.

Le levier qui manœuvre la pompe foulante permet d'augmenter beaucoup la poussée sur le petit piston et par suite de réaliser, à cause de la faible section de celui-ci, une pression considérable dans l'appareil. Cette valeur élevée de la pression peut alors être regardée comme constante dans toute la masse d'eau comprimée et, par conséquent, la poussée sur le petit piston et la force qui soulève le gros sont entre elles comme les surfaces de ces pistons.

Supposons, par exemple, que le rapport des bras du levier soit 10 et que les sections des pistons soient respectivement égales à 1^{cq} et 200^{cq}. Une force de 30 kilogrammes à l'extrémité du levier se traduira par une poussée de 300 kilogrammes sur le petit piston et par une pression de 300 kilogrammes par centimètre carré dans l'appareil; le gros piston sera alors soulevé par une force de 300 × 200 kilogrammes, c'est-à-dire de 60 tonnes.

On peut ainsi produire avec cette machine de très puissants efforts. Mais rappelons une fois encore que, par suite de l'incompressibilité du liquide, les courses des pistons sont en raison inverse de leurs sections et que :

« *On perd en chemin parcouru ce que l'on gagne en force.* »

En d'autres termes, le travail développé par le gros piston est égal à celui qu'a exigé la manœuvre de la pompe.

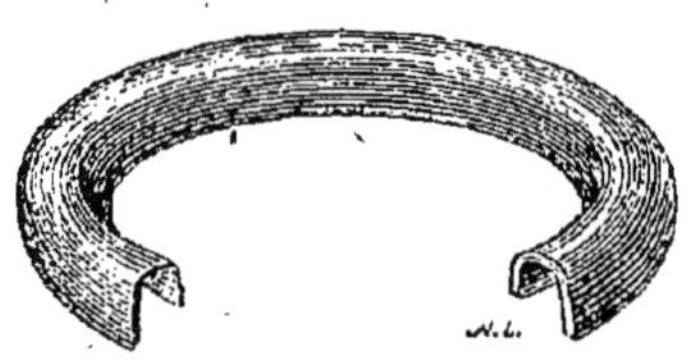

FIG. 107. — CUIR EMBOUTI.
Le cuir embouti supprime toutes les fuites entre le piston et le corps de pompe.

Il est indispensable d'éviter les moindres fuites d'eau par les soupapes et autour des pistons.

A cet effet, le gros piston est entouré d'un *cuir embouti* (fig. 107) : c'est une sorte de gouttière circulaire et renversée, en cuir épais, qui se loge dans une rainure pratiquée à la partie supérieure de la paroi du cylindre B. L'eau pénètre dans la concavité et, lorsque la pression est considérable, appuie fortement les bords de la gouttière sur le piston et sur le cylindre et produit ainsi une fermeture hermétique.

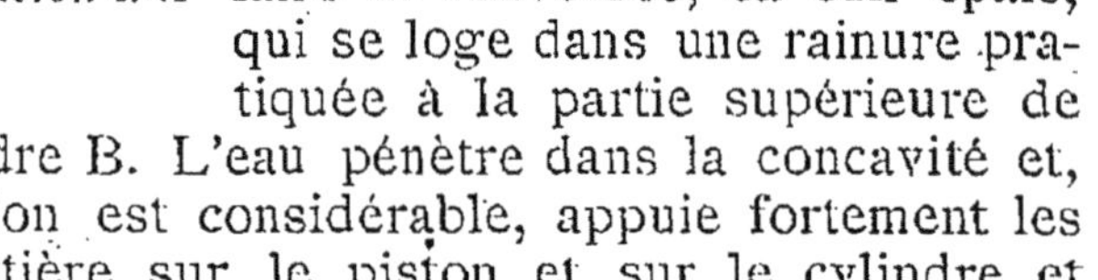

L'extrémité du petit piston porte, d'autre part, une sorte de dé en cuir renversé, qui joue un rôle analogue à celui du cuir embouti.

Les soupapes sont de petits troncs de cône en ébonite qui ferment des ouvertures de même forme garnies de plomb. Sous l'action de pressions très élevées, le plomb se moule sur la soupape et toute la filtration est ainsi évitée.

La presse hydraulique est utilisée dans une foule d'opérations industrielles : compression du foin et du coton pour les transports par bateaux, extraction des huiles, opérations métallurgiques variées, etc., etc.

125. Essai des chaudières. — Nous avons montré, par quelques exemples (§ 99), que la rupture d'un corps dépend beaucoup moins de la grandeur des efforts auxquels on le soumet que de la grandeur de la pression qu'il supporte.

Avant d'employer une chaudière au service d'une machine à vapeur, on s'assure toujours qu'elle pourra supporter des pressions notablement plus fortes que celles qu'exige le fonctionnement normal de la machine.

Une chaudière, qui doit fournir habituellement une pression de 10 kilogrammes par centimètre carré, est préalablement essayée à 20 kilogrammes.

Pour procéder à ces essais, on utilise la petite pompe foulante d'une presse hydraulique : on détache le tube de cuivre qui conduisait l'eau dans le grand cylindre, on le relie à la chaudière et on refoule de l'eau dans celle-ci sous la pression indiquée. Si aucune fuite ni aucune déchirure ne survient pendant l'opération, la chaudière peut être employée sans danger au service de la machine à vapeur.

Dans ces essais, les pressions se mesurent à l'aide du manomètre qui sera décrit plus loin au § 162.

126. Ascenseurs hydrauliques. — Le fonctionnement des ascenseurs hydrauliques dans les constructions modernes s'explique par des considérations analogues.

Décrivons comme exemple un ascenseur destiné à desservir une maison de cinq étages, ayant 20 mètres de haut.

La partie essentielle de l'appareil consiste en un large tube de fonte C, de 20 mètres de haut, fermé par le bas et installé verticalement dans le sol (fig. 108). Dans ce tube faisant office de corps de pompe, s'engage un piston plongeur P de même longueur, mais de diamètre un peu moindre. Ce piston est constitué par un cylindre d'acier creux qui passe à frottement doux à travers un cuir embouti placé à la partie supérieure du corps de pompe et destiné à obtenir une étanchéité parfaite. Sur la tête du piston est installée la cabine A destinée au transport des personnes ou des fardeaux.

Par un jeu convenable de robinets, le corps de pompe peut être mis, à volonté, en communication soit avec une conduite reliée au réservoir central des eaux de la ville, soit avec un canal d'échappement. Dans le premier cas, l'eau pénètre dans le corps de pompe et vient exercer sa poussée sur la base du piston. Si cette poussée est suffisante, le piston s'élève, au fur et à mesure de l'arrivée de l'eau ; il s'arrête dès que l'eau est interceptée.

La descente s'opère en ouvrant le tuyau d'écoulement : le piston s'enfonce alors par son propre poids dans le corps de pompe, à mesure que l'eau s'échappe. Quatre glissières verticales placées aux angles de la cabine guident le mouvement de celle-ci et s'opposent à tout déplacement latéral.

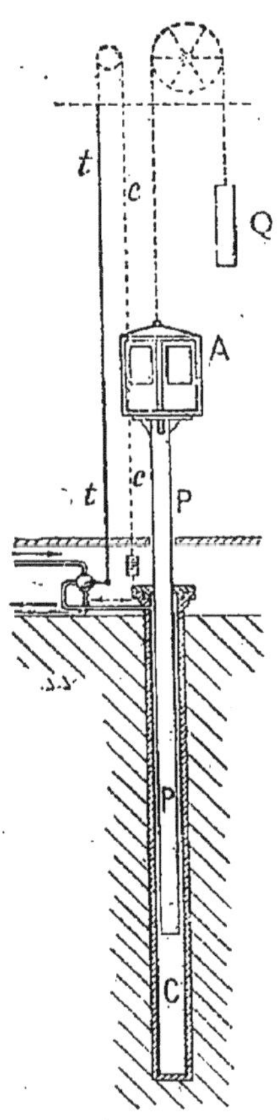

FIG. 108. — ASCENSEUR HYDRAULIQUE.
Le piston P est soulevé par la poussée qu'exerce sur sa base l'eau qui s'introduit sous pression dans le cylindre C.

Supposons, comme exemple numérique, que la section du piston ait 2 décimètres carrés et que, dans le réservoir central, le niveau de l'eau soit à 25 mètres au-dessus du sol. Quand la cabine est au rez-de-chaussée, la base du piston se trouve à 45 mètres au-dessous du niveau et reçoit, par conséquent, une poussée de 900 kilogrammes, égale au poids d'un cylindre d'eau ayant pour base 2 décimètres carrés et pour hauteur 450 décimètres. Cette poussée diminue, d'ailleurs, au fur et à mesure que l'ascenseur monte ; et, si le piston a 20 mètres de long, elle n'est plus que de 500 kilogrammes quand il est au sommet de sa course.

Comme le poids du piston et de la cabine est relativement considérable, il peut y avoir intérêt à alléger ce ***poids mort*** pour faciliter le fonctionnement de l'appareil et le rendre moins coûteux : il est clair, en effet, qu'une faible force ascensionnelle s'obtiendra avec un piston moins large et, par suite, avec une plus faible consommation d'eau. On allège le piston à l'aide de forts *contrepoids* Q attachés à des câbles de fils de fer qui passent sur de larges poulies disposées dans les combles du bâtiment.

La manœuvre de l'ascenseur peut se faire de la cabine même. Le robinet est commandé tantôt par un petit appareil électrique, tantôt par une simple corde sur laquelle on peut tirer dans un sens ou dans l'autre.

4. — PRINCIPE D'ARCHIMÈDE

127. Expérience établissant le principe d'Archimède. — Revenons à l'expérience que nous avons décrite plus haut (§ 106).

On pourrait interpréter le résultat obtenu, en disant que le cylindre plein semble perdre, quand on le plonge dans l'eau, une partie de son poids, égale au poids de l'eau déplacée.

Cette propriété ne tient pas à la forme particulière du corps plongé dans l'eau, ni à la direction particulière dans laquelle il y est placé : elle est absolument générale.

Voici, en effet, l'expérience que l'on peut faire :

On suspend au-dessous d'un des plateaux d'une balance un corps A, un morceau de métal par exemple; sur le même

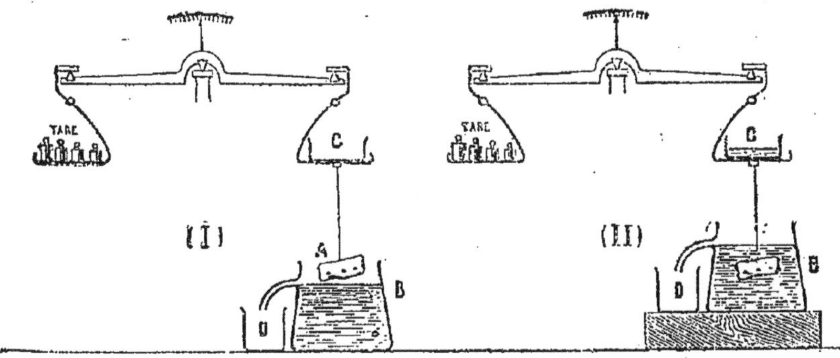

FIG. 100. — VÉRIFICATION DU PRINCIPE D'ARCHIMÈDE.
L'équilibre de la balance n'est pas altéré si l'on verse dans le vase C l'eau que l'immersion du corps A a chassée du récipient B.

plateau on place un récipient vide C et l'on fait la tare du tout (fig. 109, I).

On dispose, d'autre part, au-dessous du corps A, un vase B rempli d'eau jusqu'au niveau d'un trop-plein latéral. En élevant le vase B, ou en abaissant à l'aide d'une crémaillère le fléau de la balance, on oblige le corps A à plonger dans l'eau. On voit tout aussitôt le fléau s'incliner du côté de la tare, ce qui démontre l'existence d'une poussée de bas en haut subie par le corps; on vérifie ensuite que l'équilibre se rétablit lorsque, dans le récipient C, on verse l'eau que l'immersion du corps a fait écouler par l'ajutage et dont le volume est évidemment égal à celui du corps A (fig. 109, II).

On observe, en outre, que le fil de suspension est resté vertical quand le corps a été immergé; ce qui démontre que le corps n'est soumis, de la part du liquide, à aucune poussée latérale.

Nous sommes ainsi conduits à énoncer les propriétés suivantes dont l'ensemble constitue le *principe d'Archimède.*

Quand un corps est immergé dans un fluide, on peut affirmer relativement aux poussées normales qu'il reçoit sur tous les éléments de sa surface :

1° ***Que ces poussées peuvent être remplacées par une force unique,*** que l'on appelle leur ***résultante;***

2° ***Que cette résultante est verticale et dirigée vers le haut;***

3° ***Qu'elle est égale au poids du fluide déplacé.***

Ces résultats restent vrais, quelle que soit la forme du corps.

128. **Démonstration théorique du principe d'Archimède.** — Le raisonnement va nous permettre de retrouver les résultats précédents et, en même temps, d'y ajouter quelque chose de plus.

Le principe d'Archimède n'est, au fond, qu'une conséquence

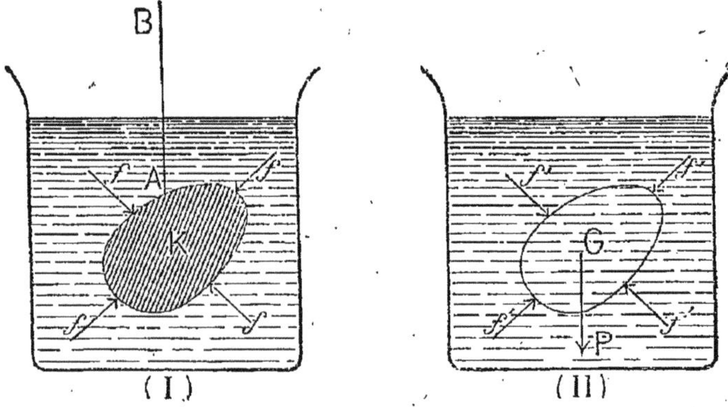

FIG. 110. — DÉMONSTRATION THÉORIQUE DU PRINCIPE D'ARCHIMÈDE.
Elle permet d'établir que la résultante des poussées passe par le centre de gravité du liquide déplacé.

immédiate du théorème relatif à la différence des pressions en deux points d'une masse liquide.

Considérons un corps solide K (fig. 110, I), plongé dans un liquide et, s'il le faut, maintenu en équilibre au milieu de celui-ci à l'aide d'un fil AB. Sur les divers éléments de sa surface, s'exercent des poussées *f*, différentes en grandeur et en direction. C'est l'ensemble de toutes ces poussées qu'il s'agit d'étudier.

Pour cela, imaginons qu'on enlève le corps solide et qu'on remplace l'espace laissé libre au milieu du liquide environnant par une masse liquide, de même forme que le corps solide et de même nature que le liquide lui-même (fig. 110, II).

Cette masse liquide forme un *tout homogène,* avec le liquide environnant. Elle s'y trouve évidemment en équilibre d'elle-même. Or, elle est soumise aux forces suivantes :

1° Son poids *P*;

2° Les poussées *f'* provenant du liquide environnant.

Ces poussées *f'* ont évidemment sur les éléments correspondants les mêmes valeurs et les mêmes directions que les poussées *f* que le liquide exerçait tout à l'heure sur le solide.

Il en résulte nécessairement que : 1° l'*ensemble de toutes les poussées* **f** *a une résultante égale et directement opposée au poids P du fluide déplacé;* 2° *que cette résultante est appliquée au centre de gravité du fluide déplacé.*

129. Contre-partie du principe d'Archimède. — Nous avons admis précédemment (§ 119), que l'*ensemble des pressions, exercées par un liquide sur les parois d'un vase qui le contient, produit sur une balance un effet résultant, égal au poids du liquide contenu dans le vase.*

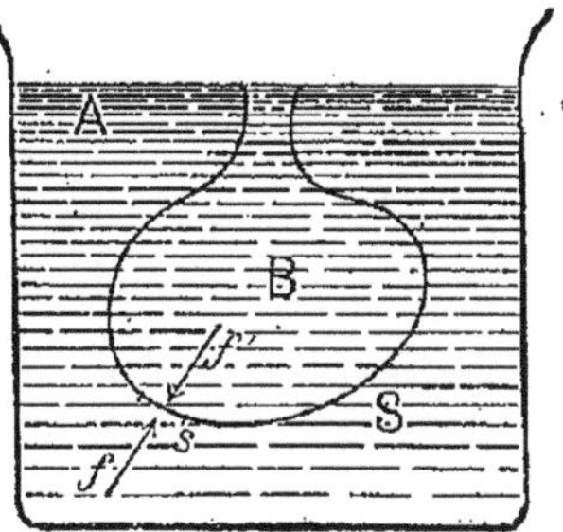

FIG. 111. — CONTRE-PARTIE DU PRINCIPE D'ARCHIMÈDE.
Les poussées qu'un liquide exerce sur la paroi du vase qui le renferme ont une résultante précisément égale au poids du liquide.

Il est aisé de voir que cette proposition n'est que la contre-partie du principe d'Archimède.

En effet, imaginons que, à l'intérieur d'un liquide en équilibre, nous décrivions une surface S (fig. 111) divisant le liquide en deux parties : une partie extérieure A, une partie intérieure B. Sur chaque partie *s* de cette surface S, appliquons : 1° une poussée *f*, égale à la poussée qu'exercerait en ce point le liquide extérieur A sur la paroi S; 2° une poussée *f'* égale à la poussée qu'exercerait en ce point le liquide intérieur B sur la paroi S.

Or, d'après le principe d'Archimède, le système de toutes

les forces f admet une résultante verticale, dirigée vers le haut, égale au poids du liquide B.

Donc, puisque les forces f et f' sont, en chaque point, égales et directement opposées, le système des forces f' admet une résultante verticale, dirigée vers le bas, et égale au poids du liquide B.

Il ne reste plus qu'à supposer que la surface S soit celle d'un vase, contenant le liquide B, pour retrouver l'énoncé qui figure en tête de ce paragraphe.

5. — APPLICATIONS DU PRINCIPE D'ARCHIMÈDE

130. Mesure du volume extérieur d'un corps solide. — Nous n'indiquerons pas ici toutes les applications du principe d'Archimède : nous nous bornerons à quelques-unes

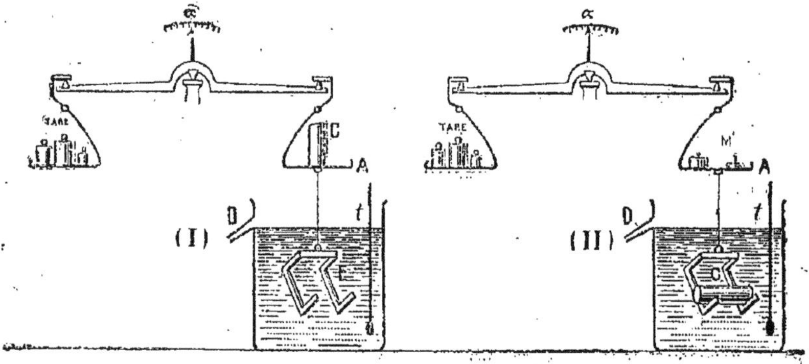

FIG. 112. — MESURE DU VOLUME D'UN CORPS.
On obtient ce volume en déterminant la perte de poids que le corps éprouve quand on l'immerge dans l'eau.

seulement; et nous retrouverons les autres quand nous étudierons plus spécialement l'équilibre.

On peut, en utilisant le principe d'Archimède, déterminer le volume d'un corps, quand celui-ci est trop gros pour être introduit dans un flacon à densité (§ 94). Supposons qu'il en soit ainsi; on place, tout d'abord, le corps sur le plateau d'une balance; on fait ensuite la tare, en mettant des poids dans le plateau opposé (fig. 112). On immerge alors entièrement le corps dans un liquide qui soit sans action sur lui : de l'eau, par exemple. Le fléau s'incline aussitôt du côté de la tare; mais on rétablit l'équilibre, en plaçant des poids convenablement choisis, M', sur le plateau qui supporte le corps étudié. Ces poids *M'* représentent, avec l'exactitude d'une double pesée, le poids d'un volume de liquide égal au volume du corps. La densité de l'eau étant précisément égale à l'unité, le volume du corps contiendra autant de centimètres cubes qu'il y a de grammes dans le poids *M'*.

Quand on a ainsi mesuré le volume d'un corps, si l'on en détermine le poids, on a les deux éléments nécessaires au calcul de sa densité.

131. **Exercices.** — I. ***Un lingot de cuivre pesant 205gr,6 est immergé dans l'eau et ne pèse plus alors que 182gr,4. On demande quel est son volume et quelle est sa densité?***

La perte de poids dans l'eau est de 205gr,6 — 182gr,4 ou 23gr,2. Elle représente le poids d'un volume d'eau égal à celui du cuivre et, comme la densité de l'eau est 1, ce volume aura pour valeur 23cc,2.

Dès lors, la densité cherchée s'obtiendra en divisant 205,6 par 23,2. On trouve ainsi 8,86, c'est-à-dire que 1 centimètre cube de cuivre pèse 8gr,86.

II. ***Une boule de cuivre, pesée dans l'air, fait équilibre à un poids de 177 grammes. Plongée dans l'eau, elle ne fait plus équilibre qu'à un poids de 117 grammes. Que peut-on dire sur l'état intérieur de cette boule?***

La boule perdant 60 grammes dans l'eau, déplace 60 grammes d'eau. Son volume extérieur est donc de 60 centimètres cubes. D'autre part, puisque, d'après l'exercice précédent 1 centimètre cube de cuivre pèse 8gr,86, la boule renferme

$\frac{177}{8,86} = 20$ centimètres cubes de cuivre.

Le volume total de la boule étant de 60 centimètres cubes, et celle-ci ne contenant que 20 centimètres cubes de cuivre, la boule est donc creuse; et sa cavité intérieure est de 40 centimètres cubes.

III. ***Un morceau de métal perd 2gr,711 quand on le pèse immergé dans l'eau et 2gr,444 quand on le pèse immergé dans un liquide. Quelle est la densité de ce liquide?***

Le volume du corps est 2cm3,711. Il résulte de la seconde pesée que 2cm3,711 du liquide pèsent 2gr,444. La densité de ce liquide est donc

$$\frac{2,444}{2,711} = 0,905.$$

C'est, à peu de chose près, celle de la benzine.

IV. ***Un morceau de fer prismatique de 20 centimètres de hauteur flotte à la surface d'un bain de mercure. Il est complètement recouvert d'eau. Sa hauteur immergée dans le mercure est de 10^{cm},7 ; on demande la densité du fer.***

Supposons que la base de notre morceau de fer soit de 1 décimètre carré. Son volume sera alors de 2 décimètres cubes ou 2000 centimètres cubes, et nous obtiendrons son poids en faisant la somme de ceux des liquides déplacés.

La hauteur émergeant dans l'eau est de 20^{cm} — 10^{cm},7, c'est-à-dire de 9^{cm},3. Le cylindre de fer déplace donc 930 centimètres cubes d'eau et 1070 centimètres cubes de mercure dont les poids respectifs sont 930 grammes et 1070 $\times$ 13,6 ou 14552 grammes.

Le poids du morceau de fer sera donc 14552 + 930 = 15482 grammes. En divisant ce nombre par 2000, nous aurons le poids du centimètre cube, c'est-à-dire la densité du fer, et nous trouvons ainsi 7,74. Un centimètre cube de l'échantillon de fer considéré pèse donc 7^{gr},74.

132. **Corps flottants.** — Soit P' le poids d'un corps solide, P le poids du liquide qu'il déplace, quand il y est complètement plongé.

Le corps, abandonné librement à lui-même à l'intérieur du liquide, est soumis à deux forces :

1° Son poids P', dirigé vers le bas et appliqué à son centre de gravité G.

2° La poussée verticale P, dirigée vers le haut, et appliquée au centre de gravité C de la masse liquide déplacée, point que nous appellerons *centre de poussée*.

Trois cas peuvent se présenter :

1° $P' > P$. Le corps se déplace de haut en bas dans le liquide, et va gagner le fond. Pour le soulever, il suffira d'un effort égal à $P' - P$.

2° $P' = P$. Le corps, complètement immergé, peut se maintenir en équilibre en un point quelconque du liquide. Les deux forces égales, P et P', doivent être directement opposées. Donc, leurs points d'application, c'est-à-dire les centres de gravité, G et C, se mettront sur une même verticale.

Si le corps est homogène, ces deux points sont confondus ; le corps est en équilibre indifférent.

Si le corps n'est pas homogène (par exemple une sphère, partie en bois et partie en fer), le corps pourra se maintenir en équilibre en un point quelconque du liquide; mais, il y prendra une direction déterminée.

3° $P' < P$. Le corps se meut de bas en haut, comme s'il était uniquement sollicité par la force $P - P'$. Si le liquide présente une surface libre, le mouvement ascendant du corps amène celui-ci à émerger partiellement et à *flotter* à la surface.

Dans ces conditions, le principe d'Archimède étant, comme nous le verrons (§ 141), applicable à la fois aux gaz et aux liquides, la poussée qu'il subit est égale à la somme des poids du liquide et de l'air déplacés.

Mais, dans la plupart des cas usuels, le poids de l'air déplacé est négligeable par rapport au poids du liquide déplacé. On peut donc se borner à dire que :

Lorsqu'un corps flotte en équilibre à la surface d'un liquide :

1° Le poids du liquide déplacé est égal au poids du corps;

2° Le centre de gravité du corps et le centre de gravité du liquide déplacé se trouvent sur une même verticale.

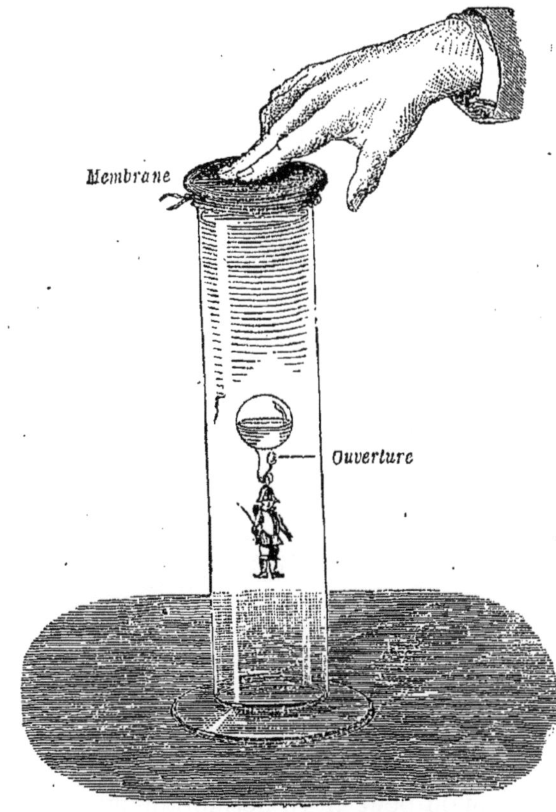

FIG. 113. — LUDION.
Quand on presse sur la membrane, un peu d'eau pénètre dans le flotteur; et celui-ci, alors alourdi, descend jusqu'au fond de l'éprouvette.

133. **Le Ludion.** — Ces divers effets se vérifient dans les cours à l'aide du *ludion*. Dans une éprouvette fermée par une membrane et contenant de

l'eau, plonge une petite figurine en émail, creuse, renfermant un peu d'air. A la partie inférieure de cette figurine est pratiquée une petite ouverture (fig. 113).

A l'ordinaire, le petit équipage flotte à la surface de l'eau; mais si l'on comprime l'air au-dessus de l'éprouvette, en appuyant les doigts sur la membrane, la pression se transmet dans le liquide, le volume de l'air diminue dans la figurine et celle-ci s'alourdit, en raison de l'accès d'un peu d'eau par la petite ouverture. On peut alors voir l'équipage s'immerger complètement et descendre au fond de l'éprouvette; ou bien, pour une pression convenable, rester en équilibre au sein du liquide; et enfin flotter à nouveau à la surface dès qu'on cesse d'agir sur la membrane, car la détente de l'air dans la figurine chasse alors l'eau introduite et l'équipage s'allège d'autant.

154. **Bateaux sous-marins.** — Les bateaux sous-marins, qui comptent aujourd'hui comme unités de combat dans un certain nombre de marines, ont une coque ovoïde et allon-

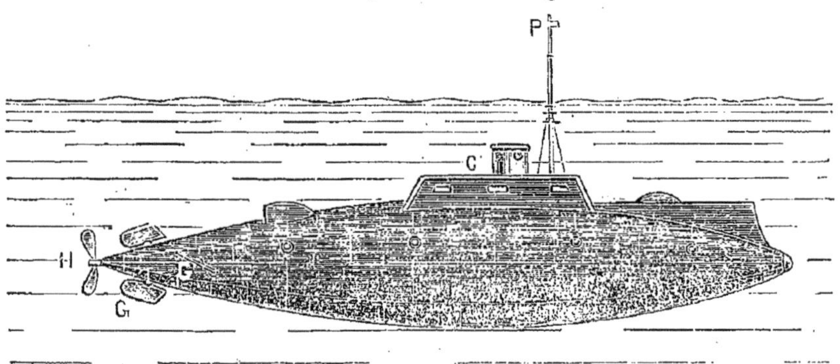

FIG. 114. — BATEAU SOUS-MARIN.
Le bateau est actionné par une hélice, mise en mouvement par un moteur électrique pendant la plongée.

gée qu'on peut clore hermétiquement. A l'une des extrémités se trouve un organe propulseur constitué par une ***hélice*** qu'on actionne à l'aide d'un moteur électrique pendant la plongée et à l'aide d'un moteur à pétrole lorsque le petit bâtiment navigue à la surface. Deux ***gouvernails***, l'un ***horizontal***, l'autre ***vertical***, sont placés près de l'hélice et permettent d'imprimer au bateau telle direction que l'on veut (fig. 114).

La plongée peut s'obtenir par deux procédés, suivant qu'elle doit s'effectuer *au repos* ou *en marche*.

La plongée au repos se fait de la même manière que celle du *ludion*. Dans la cale du sous-marin sont disposés des réservoirs étanches qu'une pompe puissante permet de remplir plus ou moins complètement d'eau. Quand ces réservoirs sont vides, le bateau flotte à la surface; mais, au fur et à mesure qu'ils se remplissent, le bateau s'alourdit et s'enfonce jusqu'à disparaître à l'intérieur de l'eau. Quand son poids est *justement* égal au poids de l'eau qu'il déplace, il peut rester en équilibre dans l'eau sans monter ni descendre : seulement cet équilibre est bien précaire parce qu'une différence, si faible qu'elle soit, entre le poids de l'eau déplacée et celui du bateau fait remonter le navire ou l'entraîne dans les profondeurs de la mer. La navigation sous-marine ne se fait jamais qu'à quelques mètres de la surface, et la profondeur est indiquée par des *manomètres* (§ 159) qui marquent la pression extérieure. Pour maintenir le bateau au niveau voulu, il faut alors agir incessamment sur les pompes pour rejeter à la mer l'eau des réservoirs et alléger le bateau quand il descend trop, ou l'alourdir, au contraire, s'il tend à remonter.

Pour la *plongée en marche*, il n'est nullement nécessaire que le poids du bateau soit égal au poids de l'eau déplacée. Cette manœuvre s'effectue en orientant le gouvernail horizontal de façon que le bateau, poussé par son hélice, *pique* légèrement de l'avant. On maintient la navigation à bonne profondeur en agissant encore sur le même gouvernail. Seulement l'immersion ne persiste que pendant la marche, et le bateau, dont le poids est un peu moindre que celui de l'eau déplacée, remonte de lui-même à la surface quand l'hélice s'arrête.

Un petit appareil optique, le *périscope*, P, qui, pendant la plongée, affleure à la surface, permet de guider les mouvements du bateau. On doit emporter des réservoirs d'oxygène comprimé destiné à renouveler l'atmosphère dans laquelle respirent les hommes de l'équipage.

135. **Aréomètres.** — Ce sont de petits instruments dont on se sert dans l'industrie pour repérer immédiatement la densité d'un liquide ou pour suivre la concentration d'un liquide en cours de fabrication.

Ils se composent d'une ampoule de verre creuse surmontée

d'une tige cylindrique ***étroite*** qui se tient verticale lorsque l'appareil flotte librement dans un liquide.

La stabilité de l'équilibre exige que l'action des deux forces égales ***P*** et ***P'*** (fig. 115) ramène l'aréomètre dans la verticale lorsqu'on l'en a légèrement écarté. ***Il faut par conséquent que le centre de gravité*** G ***de l'appareil soit au-dessous du centre de poussée*** C.

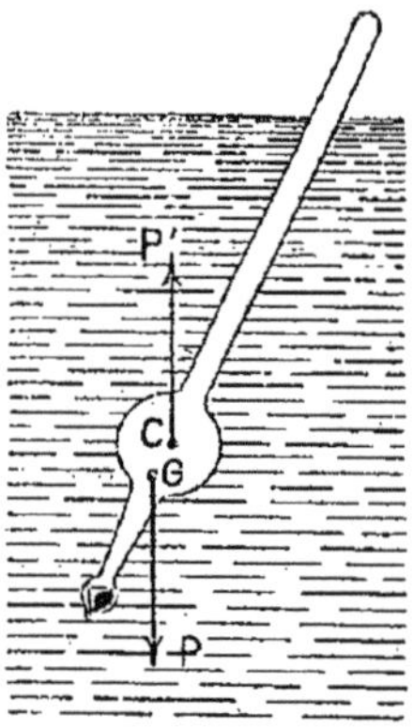

FIG. 115.
FORME GÉNÉRALE DES ARÉOMÈTRES.
Pour que l'instrument se maintienne vertical, on le leste avec un peu de mercure, de manière à placer son centre de gravité au-dessous du centre de poussée.

Pour que cette condition se trouve réalisée, on a soin de ***lester*** l'instrument en plaçant, à la partie inférieure de l'ampoule, un peu de mercure ou de grenaille de plomb.

La tige cylindrique d'un aréomètre porte une graduation en parties d'égale longueur qui permet de repérer sa position d'équilibre dans un liquide, en notant celle des divisions qui se trouve dans le plan de la surface libre et que nous appellerons ***division d'affleurement.***

L'appareil, dont le poids est constant, s'enfonce d'autant moins dans un liquide que celui-ci est plus lourd.

La graduation employée diffère suivant les usages auxquels on destine l'instrument. En principe, on l'établit de façon que l'aréomètre marque certaines divisions dans des liquides de densité déterminée. La figure 116 représente deux aréomètres Baumé dont l'un, le ***pèse-acide***, est destiné aux liquides plus lourds que l'eau; l'autre, le ***pèse-éther***, aux liquides plus légers.

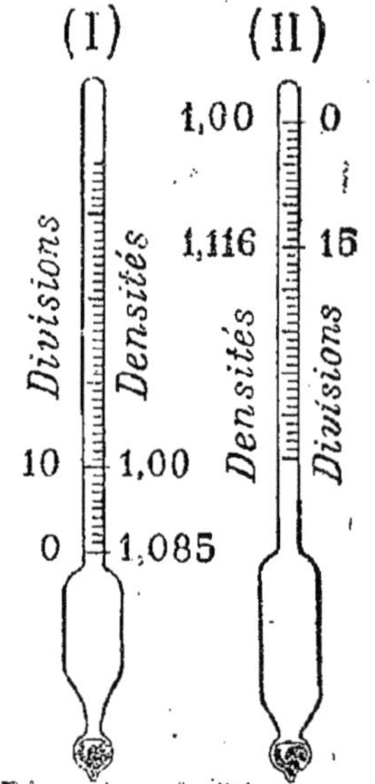

FIG. 116.
ARÉOMÈTRES DE BAUMÉ.
Ces appareils, dont le poids est constant, s'enfoncent d'autant moins dans un liquide que celui-ci est plus lourd.

L'alcoomètre de Gay-Lussac, fondé sur le même principe, a la forme d'un aréomètre ; mais il est uniquement destiné à obtenir la richesse en alcool des mélanges d'alcool pur et d'eau pure. Il se gradue point par point par immersion dans des mélanges titrés, préparés à l'avance.

Lorsqu'on plonge l'alcoomètre de Gay-Lussac dans une eau alcoolisée, la division n devant laquelle il affleure indique le nombre n de centimètres cubes d'alcool pur que contiennent 100 centimètres cubes du mélange.

C'est ce qu'on appelle le *degré alcoolique* de la liqueur.

136. **Applications numériques.** — ***Supposons un aréomètre destiné aux liquides plus denses que l'eau. La division zéro, tracée vers le haut de la tige, marque le point d'affleurement dans l'eau. On plonge cet appareil dans un liquide dont on connaît d'avance la densité, égale à 1,37 ; et l'on constate que l'appareil affleure alors à la division 39. L'appareil pourra-t-il servir à faire des mesures de densités ? En particulier, quelle serait la densité de l'acide sulfurique du commerce qui marque la division 66, à cet appareil ?***

Désignons par V le volume déplacé par l'appareil, quand il flotte dans l'eau, et par v le volume correspondant à une division de la tige. Le poids du liquide déplacé reste toujours le même. Or, le poids d'eau déplacée a pour valeur, en grammes, V.

D'autre part, le poids déplacé, pour le liquide de densité, 1,37, est égal à

$$(V - 39\,v) \times 1,37 ;$$

d'où :

$$V = (V - 39\,v) \times 1,37,$$

ce qui, par un calcul facile, donne

$$V = 144\,v.$$

Lorsque ce même appareil plonge dans l'acide sulfurique du commerce, il déplace un volume égal à

$$V - 66\,v = (144 - 66)\,v = 78\,v.$$

Ce volume d'acide sulfurique pèse donc autant qu'un volume d'eau, égal à 144 divisions. Sa densité est, par suite, égale à

$$D = \frac{144}{78} = 1,84.$$

On verra facilement comment la méthode est susceptible d'être généralisée.

CHAPITRE X

ÉQUILIBRE DES GAZ

1. — PRESSIONS DANS LES GAZ

137. **Existence de pressions dans les gaz.** — Nous avons vu plus haut (§ 3) que les gaz, comme les liquides, ***sont fluides***, c'est-à-dire qu'ils n'opposent aucune résistance aux déformations qui se produisent sans variation de volume.

Il en résulte que les gaz, tout comme les liquides, ***exercent des pressions*** sur les parois des vases qui les contiennent, et que ces ***pressions sont normales*** aux parois sur lesquelles elles s'exercent.

Prenons deux exemples particuliers portant sur l'air qui nous entoure.

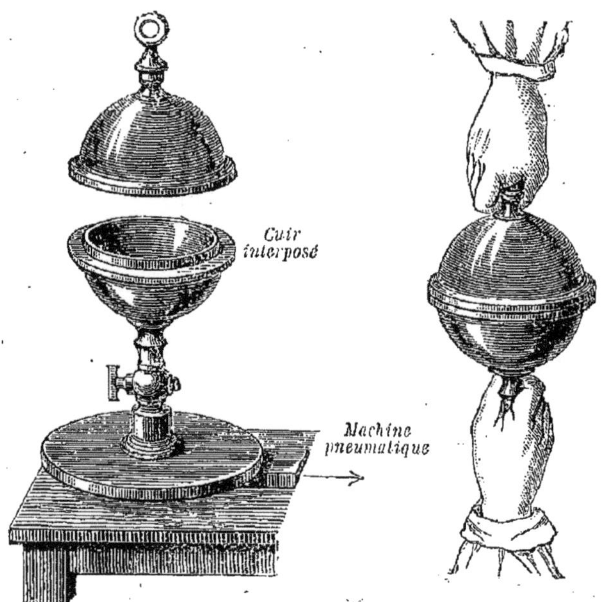

FIG. 117. — EXPÉRIENCE DES HÉMISPHÈRES DE MAGDEBOURG.

Quand on a fait le vide dans les hémisphères, la pression extérieure les maintient fortement appliqués l'un contre l'autre et l'on ne peut les séparer que par une traction considérable.

Hémisphères de Magdebourg. — Deux hémisphères creux en métal peuvent s'appliquer par leurs bords; une bande de cuir graissé, placée entre eux, rend possible une fermeture hermétique. L'un des hémisphères porte un tube à robinet que l'on peut visser sur la machine pneumatique (§ 179). Dès que le vide est fait à l'intérieur, on ne peut plus séparer les deux hémisphères que par une traction considérable (fig. 117). Cela tient à ce que les poussées normales reçues par les deux hémisphères appliquent fortement ceux-ci l'un contre l'autre. Si on laisse rentrer l'air, les hémisphères se séparent sans difficulté, parce que les poussées intérieures compensent alors les poussées extérieures.

Mesure approximative de la pression atmosphérique. — Pour mesurer approximativement la ***pression atmosphérique***, c'est-à-dire la force normale à laquelle se trouve soumise une surface de 1 centimètre carré en contact avec l'air, on peut employer la pompe de compression décrite plus loin au § 182.

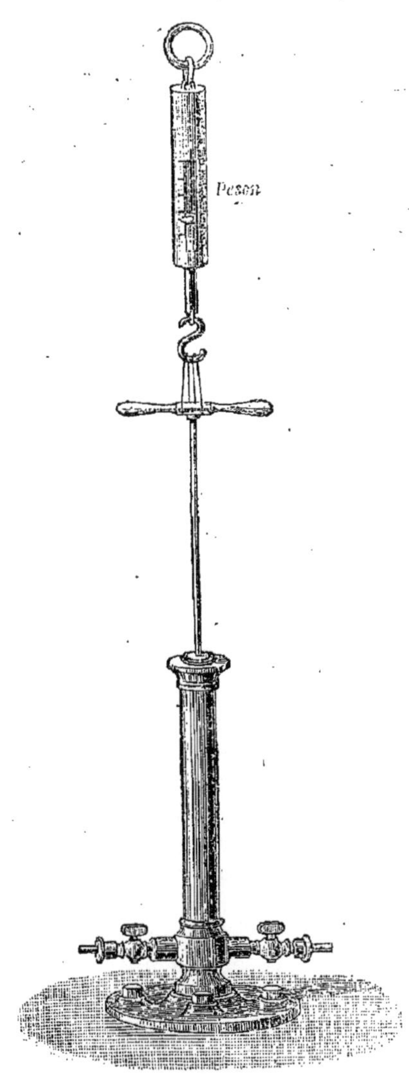

FIG. 118. — MESURE DE LA PRESSION ATMOSPHÉRIQUE.
La poussée de l'air est égale et opposée à la force nécessaire pour soulever le piston dans le corps de pompe vide.

On fixe la pompe sur le sol ou sur une table et l'on recouvre le piston d'une couche d'huile lourde pour adoucir les frottements et obtenir une étanchéité parfaite. Puis on enfonce le piston dans le corps de pompe de façon à chasser tout l'air que contient celui-ci, et l'on ferme les robinets des tubulures inférieures. Si l'on essaye alors de soulever le piston, le vide se fait au-dessous de lui et la traction qu'il faut développer est au moins égale à la poussée que l'air extérieur imprime au piston (fig. 118).

En exerçant cette traction par l'intermédiaire d'un dynamomètre ou d'une balance romaine, on constate que, si le piston a une section de 20 centimètres carrés, il est nécessaire que la traction soit au moins de 20 kilogrammes et demi.

Si on recommence l'expérience, les robinets des tubulures inférieures étant ouverts, on constate qu'il suffit d'un effort extrêmement faible pour soulever le piston.

Il résulte de là que *la poussée atmosphérique par centimètre carré est un peu supérieure à* 1 *kilogramme ou* 1000 *grammes*.

Nous décrirons plus tard (§ 146) un autre procédé qui permet de mesurer la pression atmosphérique avec beaucoup plus de précision; mais, pour l'instant, la valeur approximative que nous venons d'obtenir nous suffit.

Chaque centimètre carré de tous les corps plongés dans l'air recevant une poussée de plus d'un kilogramme, on peut se demander pourquoi le corps humain, en particulier, supporte, sans en être incommodé, une pression aussi considérable. Cela tient, en premier lieu, à ce que cette pression s'exerce dans tous les sens à la surface extérieure du corps, et, en second lieu, à ce que le corps humain est constitué en majeure partie par de petites cellules remplies de liquide. Ces cellules sont pressées de toutes parts, il est vrai; mais, les liquides étant incompressibles, elles peuvent résister sans se modifier aux efforts extérieurs.

Les scaphandriers, dans leurs travaux sous-marins, sont exposés souvent à une pression trois fois plus forte que la pression atmosphérique; les touristes, sur les hautes montagnes, à une pression beaucoup moins grande; et pourtant, les uns et les autres supportent, sans trop de troubles, le séjour dans des conditions si différentes de l'ordinaire.

138. **Autres exemples de pressions exercées par les gaz.** — On pourrait facilement multiplier les exemples de pressions exercées par les gaz.

Le gaz qui, se dégageant d'une bouteille de limonade ou de vin de Champagne, expulse violemment le bouchon et le projette au loin; les gaz qui, provenant de la combustion de la poudre dans une pièce à feu ou dans une tranchée de mine, exercent des actions si énergiques; l'air comprimé employé dans un grand nombre de moteurs; l'air que l'on refoule dans les pneus de bicyclettes ou d'automobiles pour augmenter leur rigidité et les empêcher de s'écraser sous le poids des charges supportées; autant d'exemples des pressions exercées par les gaz et des usages nombreux et divers pour lesquels on peut les utiliser.

159. **Les principes d'hydrostatique s'appliquent aux gaz.** — Nous avons vu (§ 104) que, pour les liquides, la

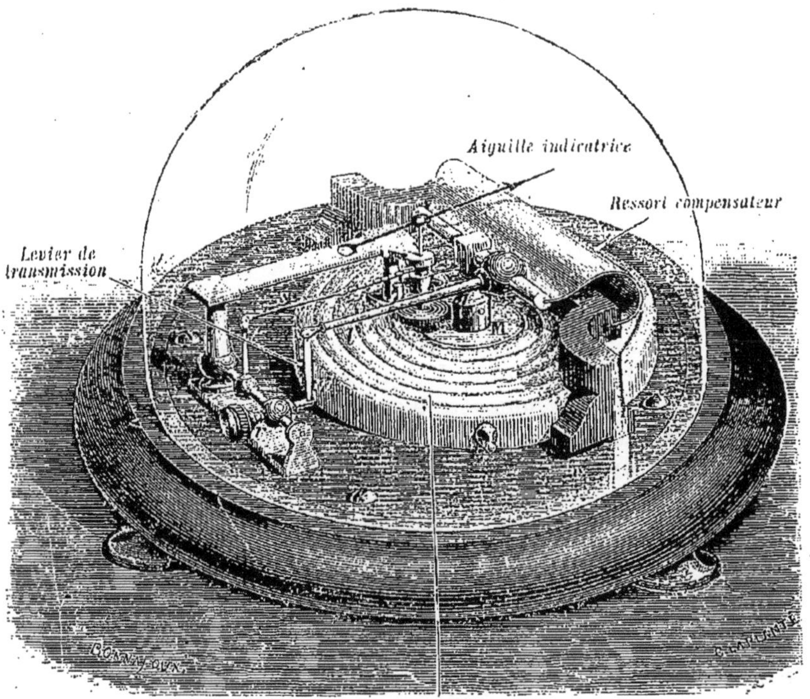

FIG. 119. — BAROMÈTRE MÉTALLIQUE DE VIDI.
Les déformations que les variations de la poussée atmosphérique impriment à la surface de la boîte vide M sont amplifiées par un système de leviers et se traduisent par les déplacements de l'aiguille indicatrice.

pression exercée en un point est indépendante de l'orientation de la surface qui supporte la pression. Il en est de même pour les gaz. C'est ce que nous constaterons facilement à l'aide d'un petit appareil connu sous le nom de ***baromètre métallique***.

Tous les touristes connaissent ce petit appareil qui n'est guère plus gros qu'une montre et dont la pièce essentielle est une petite boîte plate en maillechort, à l'intérieur de laquelle on a fait le vide et que les variations de la poussée atmosphérique déforment momentanément. Dans le modèle de Vidi (fig. 119), la boîte est circulaire et les bases présentent des cannelures concentriques qui en augmentent beaucoup la flexibilité. L'une des bases est fixée en son milieu sur le socle de l'instrument; tandis qu'au centre de l'autre s'attache un puissant ressort antagoniste qui maintient les bases écartées, malgré la pression atmosphérique qui tend à les aplatir. Lorsque la pression augmente, la face supérieure de la boîte s'infléchit et se rapproche de la base inférieure; le déplacement de l'extrémité du ressort est *amplifié* par un système de petits leviers articulés et se traduit finalement par le déplacement d'une aiguille sur un cadran divisé qui, sur la figure, a été supprimé pour rendre le dessin plus clair.

Observons le baromètre quand la boîte est horizontale; puis inclinons l'instrument; mettons même la boîte verticale, nous constaterons que l'aiguille ne bouge pas; il faut en conclure que ***la poussée excercée par l'atmosphère sur les bases cannelées est indépendante de leur orientation.***

140. **Propriétés générales d'un gaz en équilibre.** — Les autres propriétés que nous avons établies pour les liquides se vérifient également bien pour les gaz.

1° ***Dans un gaz en équilibre, la pression est la même en tous les points d'un même plan horizontal.*** — Le baromètre de Vidi peut nous servir également à cette vérification. — L'aiguille ne bouge pas, si nous déplaçons l'appareil, en le laissant dans un même plan horizontal;

2° ***Dans un gaz en équilibre, la pression augmente avec la profondeur.*** — Il suffit d'observer le même baromètre de Vidi, successivement aux différents étages d'une même maison. On voit la pression diminuer quand on s'élève. Nous reviendrons d'ailleurs plus en détail sur ce point (§§ 152 et 153)

3° ***A l'intérieur d'un gaz en équilibre, la différence des ressions a pour valeur***

$$p - p = h\varpi,$$

h désignant la différence de niveau des deux points considérés, et ϖ le poids spécifique du gaz.

C'est un point que nous étudierons en détail à propos du baromètre (Voir §§ 152 et 153).

4° *Principe d'Archimède.* — L'énoncé reste le même que celui que nous avons donné à propos des liquides (§ 127). On peut le vérifier pour les gaz de la façon suivante :

141. Principe d'Archimède dans le cas des gaz. — Au dessous d'un des plateaux d'une balance, on suspend par un long fil un gros ballon de verre mince fermé par un bouchon. On fait plonger ce ballon dans un large récipient dont la partie supérieure est recouverte d'une feuille de carton percée d'un trou, à travers lequel passe librement le fil attaché à la balance. On tare alors le ballon en plaçant des poids sur le plateau libre (fig. 120).

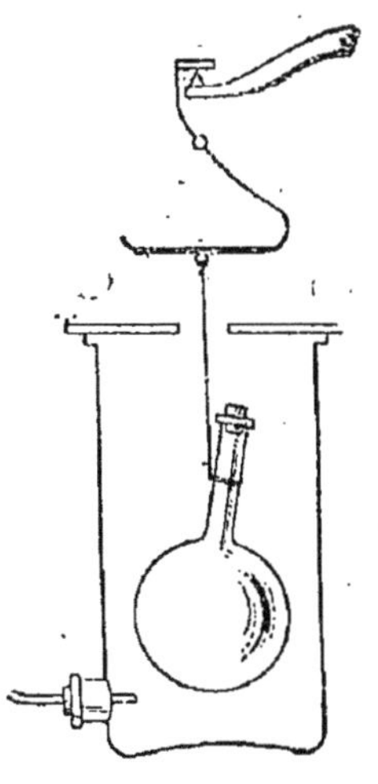

FIG. 120. VÉRIFICATION DU PRINCIPE D'ARCHIMÈDE POUR LES GAZ.
Le ballon, taré, quand le récipient extérieur est plein d'air, se soulève quand on remplit ce récipient de gaz carbonique.

Si le principe d'Archimède est exact, le ballon reçoit, de la part de l'air extérieur, une poussée verticale égale et opposée au poids de l'air déplacé. Cette poussée doit nécessairement augmenter si l'on substitue à l'air contenu dans le récipient un gaz plus lourd, et c'est précisément ce que l'expérience vérifie. En dirigeant par la tubulure inférieure un courant de gaz carbonique dans le récipient, on chasse l'air de celui-ci et l'on voit tout aussitôt le fléau s'incliner du côté de la tare. La poussée subie par le ballon est donc devenue plus forte, et, pour compenser cette augmentation, il faut mettre dans le plateau des poids égaux à la différence entre les poids de gaz carbonique et d'air déplacés par le ballon.

Un litre de gaz carbonique pèse environ 2 grammes dans les conditions ordinaires ; un litre d'air pèse $1^{gr},3$. Si donc le volume extérieur du ballon est de 3 litres, il faudra placer à côté de celui-ci $3 \times (2 - 1,3)$ ou $2^{gr},1$ pour rétablir l'équilibre dans le gaz carbonique. C'est ce que l'expérience vérifie.

142. Application. Corrections aux pesées dans l'air. — Le principe d'Archimède, dans le cas des gaz, comporte deux applications intéressantes : la ***correction aux pesées dans l'air*** et le principe des ***aérostats***.

Nous allons étudier successivement ces deux applications.

Quand on place un corps sur une balance, la force qui agit sur celle-ci n'est pas le poids réel du corps, mais ce poids diminué de la poussée de l'air; et, si nous convenons d'appeler ***poids apparent*** d'un corps le poids réel de celui-ci, diminué du poids d'un égal volume d'air, il est bien clair que la balance nous permet de constater, par double pesée, non pas l'égalité des poids réels de deux corps, mais celle de leurs poids apparents. Or, les chiffres marqués sur les poids étalonnés indiquent toujours leur poids réel : il y a donc, de ce fait, lieu d'apporter aux pesées dans l'air une légère correction dont nous nous rendrons mieux compte par un exemple numérique.

Remarquons tout d'abord que, si notre balance est sensible au milligramme, il sera inutile de calculer le volume des corps comparés à plus de 1 demi-centimètre cube près : le poids de 1 demi-centimètre cube d'air n'atteint pas, en effet, 1 milligramme et resterait inappréciable à notre balance.

143. **Exercice.** — ***On a pesé de la benzine à l'aide de poids en laiton, dont la densité est 7,5 et on a trouvé 83gr,211. On demande le poids réel de la benzine.***

Le volume des poids eux-mêmes est sensiblement égal à $\frac{83}{7,5}$ ou 11 centimètres cubes. La poussée qu'ils reçoivent dans l'air, dont le poids spécifique moyen est 0,0013, équivaut à $0^{gr},0013 \times 11$ ou $0^{gr},014$.

Leur poids apparent vaut donc $83^{gr},211 - 0^{gr},014 = 83^{gr},197$. Ce poids est égal au poids réel de la benzine diminué de la poussée de l'air. On obtiendra donc le poids réel de la benzine en ajoutant à $83^{gr},197$ le poids d'un volume d'air égal à celui de la benzine. Or, on a une valeur suffisamment précise de ce volume en divisant le poids apparent de la benzine par sa densité, 0,882, et l'on trouve ainsi $94^{cc},4$. Le poids de ce même volume d'air étant $94,4 \times 0^{gr},0013 = 0^{gr},123$, on voit que le poids réel de la benzine sera $83^{gr},197 + 0^{gr},123 = 83^{gr},320$.

La différence entre le poids réel $83^{gr},320$ et le poids observé $83^{gr},211$ atteint donc 109 milligrammes. Elle est 109 fois plus grande que le plus petit poids auquel la balance est sensible.

Remarque. — Cet exemple numérique nous montre qu'il est indispensable de faire la correction de la poussée de l'air dans toutes les pesées de précision : la négliger équivaudrait à commettre, dans l'exemple que nous avons choisi, une erreur de $\frac{1}{1000}$ sur le poids réel. Mais, si la sensibilité d'une balance de précision nous permet d'atteindre une approximation qui dépasse le millième, il n'en est pas de même des autres appareils qui pourraient servir à peser des corps ou à mesurer des forces ; en sorte que, hors le cas d'une pesée rigoureuse, il est tout à fait inutile dans la pratique de distinguer entre le poids apparent d'un corps solide ou liquide et son poids réel.

144. Calcul général de la correction de la poussée de l'air dans les pesées. — Reprenons le problème précédent sous une forme un peu plus générale.

Soit P le *poids réel* d'un corps de densité D (§ 87).

Le volume de ce corps est égal à $\frac{P}{D}$. Le poids d'air qu'il déplace est égal à $a \times \frac{P}{D}$, en désignant par a le poids d'un centimètre cube d'air dans les conditions de l'expérience.

Le corps, sur lequel on opère, est pesé *dans l'air*. Il est sollicité vers le bas par une force égale à celle qui solliciterait, *dans le vide*, un corps dont le poids P_1 aurait pour valeur :

$$P_1 = P - P \times \frac{a}{D} = P\left(1 - \frac{a}{D}\right).$$

P_1 définit le *poids apparent* du corps, dans les conditions où se fait la pesée.

De même, soit p la valeur des poids étalonnés qui ont servi à établir l'équilibre sur la balance ; soit d la densité de la substance dont ces poids ont été fabriqués. On pourra dire, comme précédemment, qu'ils ont un poids apparent p_1 égal à

$$p_1 = p\left(1 - \frac{a}{d}\right);$$

et, puisque les poids apparents, qui ont été comparés à l'aide de la balance, sont égaux entre eux, il vient

$$P\left(1 - \frac{a}{D}\right) = p\left(1 - \frac{a}{d}\right).$$

Le poids a d'un centimètre cube d'air étant égal à $0^{gr},0013$ dans les conditions normales de température et de pression, il viendra donc

$$P = p \times \frac{\left(1 - \frac{0,0013}{d}\right)}{\left(1 - \frac{0,0013}{D}\right)}.$$

Nous ne pouvons, pour l'emploi de cette formule dans la pratique, que renvoyer à ce que nous avons déjà dit plus haut, dans la remarque qui termine le paragraphe précédent.

2. — AÉROSTATS

145. **Principe des aérostats.** — Le principe des aérostats n'est pas autre chose que le principe d'Archimède appliqué aux gaz. Si l'aérostat, avec le gaz qu'il contient, avec les voyageurs, la nacelle et les appareils qu'elle renferme, pèse moins lourd que l'air déplacé, l'aérostat s'élève dans les airs, sous l'action d'une force, qu'on appelle ***force ascensionnelle***, et qui est égale à la différence entre le poids de l'air déplacé, d'une part, et le poids total de l'aérostat, d'autre part.

L'aérostat est gonflé d'un gaz plus léger que l'air, tel que l'hydrogène ou le gaz d'éclairage.

Ce gaz est contenu dans une enveloppe formée de plusieurs couches d'un tissu mince et serré, rendu imperméable par des enduits en caoutchouc ou en vernis. Elle est entourée d'un filet auquel des cordages rattachent la nacelle, dans laquelle prendra place l'aéronaute avec ses instruments de voyage et d'observation (fig. 121).

Application. — Un mètre cube d'air, dans les conditions habituelles de température et de pression, pèse près de 1300 grammes; un mètre cube d'hydrogène, dans les mêmes conditions, pèse 91 grammes. Si l'on veut qu'un ballon puisse contenir 100 kilogrammes d'hydrogène, il devra avoir un volume voisin de $\frac{100}{0,091} = 1100$ mètres cubes. Il déplace alors $1100 \times 1,3 = 1430$ kilogrammes d'air. L'excès de poids, entre l'air déplacé et le gaz de l'aérostat, est de $1430 - 100 = 1330$ kilogrammes.

Ce ballon de 1100 mètres cubes, s'il était gonflé complètement d'hydrogène au départ, ne devrait donc pas peser plus de 1330 kilogrammes, en y comprenant l'enveloppe, la nacelle les agrès, les aéronautes. L'écart entre son poids réel total et les 1330 kilogrammes dont il vient d'être question, représente sa force ascensionnelle.

Si l'on gonflait un aérostat avec du gaz d'éclairage qui pèse environ 520 grammes par mètre cube, la différence par mètre cube entre le poids d'air déplacé et le poids du gaz serait de $1300 - 520 = 780$ grammes. Pour que le ballon puisse soulever un poids total égal au précédent, à savoir 1330 kilogrammes, son volume devra être de $\frac{1330}{0,78} = 1705$ mètres cubes.

FIG. 121. — AÉROSTAT.
La force ascensionnelle de l'aérostat est la différence entre la poussée extérieure et le poids total du gaz intérieur, de l'enveloppe et des agrès.

Détails complémentaires relatifs à l'aérostation. — Le ballon ne doit être que partiellement gonflé au départ. Il est du reste librement ouvert à la partie inférieure. Il se gonfle au fur et à mesure qu'il s'élève dans l'air, puisque, dans ces conditions, la pression atmosphérique extérieure diminue (§ 140). Une fois complètement gonflé, il commence à perdre du gaz; sa force ascensionnelle se met alors à diminuer. On peut alors l'augmenter, en jetant du lest; ce que l'on fait, si l'on veut monter plus haut.

Si, au contraire, on veut descendre, on ouvre une soupape placée à la partie supérieure du ballon; du gaz sort alors de l'aérostat et se trouve remplacé par de l'air plus lourd.

Les aérostats, que nous venons d'étudier, prennent nécessairement la direction et la vitesse du vent au milieu duquel ils se trouvent.

Au contraire, les **ballons dirigeables** sont actionnés par des moteurs, que l'on cherche à rendre très puissants sous le poids le plus faible possible. Ces moteurs agissent sur

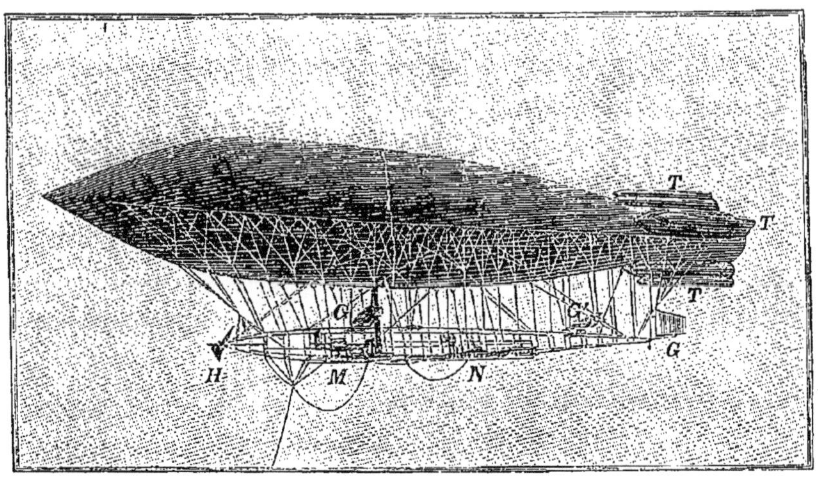

FIG. 122. — BALLON DIRIGEABLE.
Les ballons dirigeables sont actionnés par des moteurs que l'on cherche à rendre très puissants sous le poids le plus faible possible.

des hélices comparables à celles des navires proprement dits (fig. 122).

Des gouvernails permettent de même d'agir sur la direction prise par l'appareil. Il faut toutefois, pour que le ballon puisse se diriger, que la vitesse du vent ne dépasse pas une certaine valeur limite.

3. — MESURE DE LA PRESSION ATMOSPHÉRIQUE PAR LE BAROMÈTRE A MERCURE

146. **Description de l'expérience de Torricelli.** — Nous avons montré, à l'aide des ***hémisphères de Magdebourg*** et de la ***pompe à gaz*** (§ 137) que les gaz en général et l'air en particulier, exercent des pressions sur la surface des objets qui y sont plongés.

Cette étude peut se faire avec une précision beaucoup plus grande, à l'aide de la célèbre expérience de Torricelli.

Prenons un tube de verre, fermé à un bout, de 1 mètre de long environ et d'un centimètre de diamètre (fig. 123). Remplissons-le de mercure. Fermons l'ouverture avec le doigt; retournons le tube et plongeons complètement dans le mer-

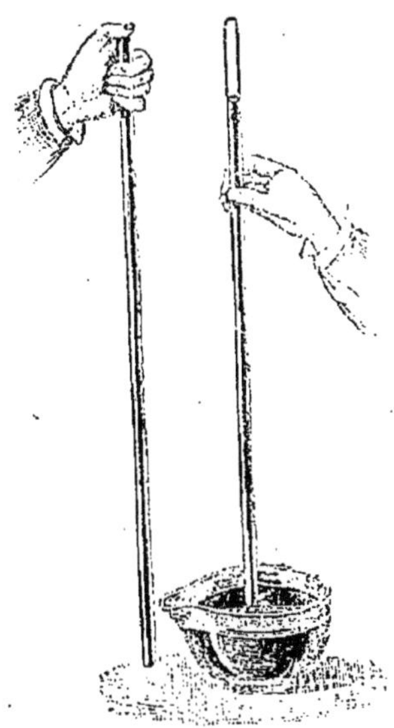

FIG. 123. — EXPÉRIENCE DE TORRICELLI.
Quand on retourne sur la cuvette un long tube rempli de mercure, le niveau se maintient dans le tube à une certaine hauteur au-dessus de la cuvette.

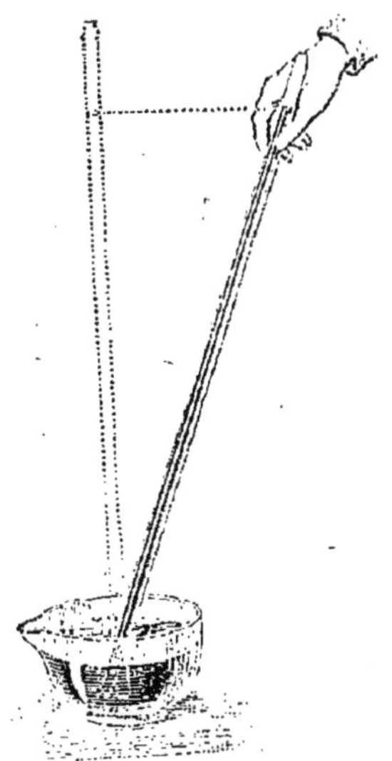

FIG. 124. — INVARIABILITÉ DE LA HAUTEUR BAROMÉTRIQUE AVEC L'INCLINAISON DU TUBE.
La hauteur verticale de mercure soulevé ne dépend pas de l'inclinaison donnée au tube. Elle ne dépend pas davantage ni de la forme ni des dimensions du tube.

cure l'extrémité qui est fermée avec le doigt. Retirons le doigt. Le mercure descend dans le tube. Il laisse donc un vide derrière lui. Le niveau du liquide se maintient d'ailleurs à une ***hauteur verticale*** de 76 centimètres environ au-dessus de la surface libre dans la cuvette.

Cette hauteur verticale reste constante, si on incline le tube (fig. 124).

Elle reste encore la même, si on reprend l'expérience avec des tubes assez larges, mais de formes et de sections différentes.

147. Théorie de l'expérience de Torricelli. — Au-dessus du mercure dans le tube ne se trouve aucune substance connue; cet espace est *vide*. Il n'y règne évidemment aucune pression.

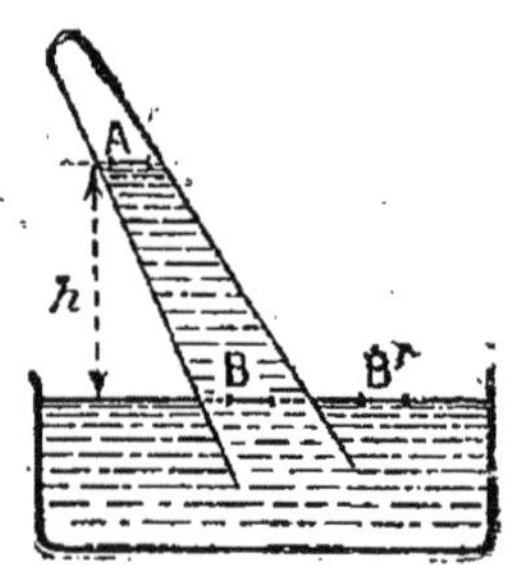

FIG. 125. — THÉORIE DE L'EXPÉRIENCE DE TORRICELLI.
Elle résulte de l'application du théorème d'hydrostatique aux deux points B et B' de la masse mercurielle.

Au contraire, chaque centimètre carré de surface libre du mercure dans la cuvette supporte une pression qui est précisément la *pression atmosphérique*.

Cette pression est la même en tous les points du plan horizontal formé par la surface libre du mercure dans la cuvette.

A l'extérieur du tube, en B' (fig. 125), elle est exercée par l'atmosphère elle-même; soit p, sa valeur.

A l'intérieur du tube, en B, elle a la même valeur, p.

La différence des pressions en B et en A a pour valeur $h\varpi$ (§ 107), (ϖ désignant le poids spécifique du mercure, égal à 13,6).

On a donc :

$$p = h \,.\, \varpi = h \times 13{,}6.$$

Donc, la hauteur h ne peut varier que si la pression p varie. Elle reste la même, quelle que soit *la forme*, quelles que soient *les dimensions* et *l'inclinaison du tube*. C'est ce que l'expérience nous a donné (§ 146).

148. Mesure précise de la pression atmosphérique. — La théorie et l'expérience précédentes nous donnent une mesure de la pression atmosphérique.

Supposons, comme il arrive à peu près en moyenne, que la hauteur observée h soit égale à 76 centimètres.

Un centimètre cube de mercure pèse 13gr,6; une colonne de mercure de 1 centimètre carré de base et de 76 centimètres de hauteur a un volume de 76 centimètres cubes et, par suite, un poids de

$$76 \times 13{,}6 = 1033 \text{ grammes (§ 108).}$$

Conclusion. — *La pression atmosphérique moyenne est de 1033 grammes par centimètre carré.*

En nombre rond, la pression atmosphérique moyenne dépasse à peine 1 kilogramme par centimètre carré.

149. **Baromètre à mercure.** — On appelle *baromètres des instruments destinés spécialement à mesurer la pression atmosphérique.*

Le dispositif de Torricelli constitue le plus précis et le plus sensible des baromètres; la mesure de la pression atmosphérique se trouve ramenée à la mesure d'une différence de niveau, qu'on peut obtenir avec une grande exactitude.

Dans ce dispositif, qui constitue le *Baromètre à mercure* :

1° *La pression atmosphérique est proportionnelle à la hauteur verticale* **h** *de mercure soulevé dans le tube au-dessus du niveau de la surface libre dans la cuvette;*

2° *A un centimètre de hauteur de mercure soulevé, correspond une pression de 13^{gr},6 par centimètre carré.*

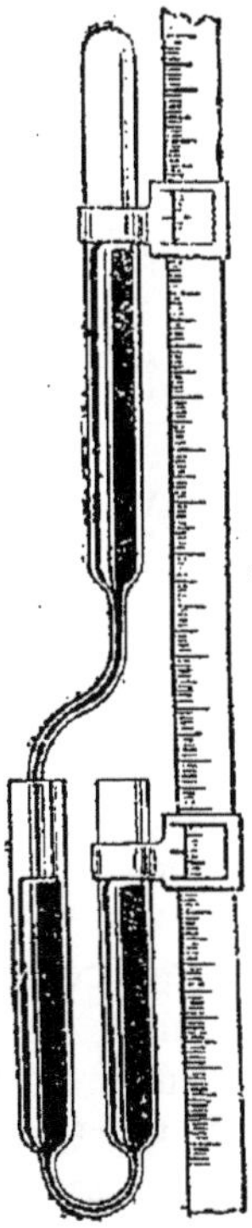

FIG. 126.
BAROMÈTRE A SIPHON.
La hauteur barométrique se lit sur l'échelle divisée; elle est égale à la distance qui sépare les curseurs quand ceux-ci ont été amenés exactement au niveau des surfaces mercurielles dans le tube et dans la cuvette.

150. **Disposition pratique du baromètre à mercure.** — On a donné au baromètre à mercure les formes les plus diverses, suivant que l'on se propose de rendre les observations plus commodes ou plus précises, ou suivant que l'on veut rendre l'appareil plus facilement transportable et moins fragile. Nous ne voyons aucun avantage, aucune utilité, à décrire dans leurs détails ces différents appareils, car le principe en est toujours le même : il nous suffira d'indiquer l'un d'entre eux et d'en expliquer l'emploi.

Une des formes les plus heureuses pour un baromètre de précision est celle que représente la figure 126 et que l'on nomme *baromètre à siphon*. L'instrument est fixe ; la cuvette est un large tube de verre de 1 à 2 centimètres de diamètre, recourbé en forme d'U et dans l'une des branches duquel plonge le tube barométrique.

La chambre barométrique est formée d'un tube de même diamètre que la cuvette; elle se trouve exactement au-dessus de la branche libre de celle-ci. Il est évident que la théorie de l'expérience de Torricelli s'applique encore ici mot pour mot ; la pression atmosphérique est donc proportionnelle à la différence des niveaux mercuriels dans le tube et dans la cuvette. On mesure cette hauteur sur une règle divisée verticale, installée près de l'appareil. Pour repérer exactement le sommet de la colonne mercurielle, on se sert d'un petit *curseur* qui glisse le long de la règle (fig. 127) et qui entraîne une bague cylindrique entourant le tube barométrique. Ce curseur est muni d'un zéro situé dans le plan inférieur de la bague. On amène celui-ci à être tangent au sommet de la colonne et on lit la position du trait sur la règle divisée. On fait la même observation sur le curseur de la cuvette et l'écart des deux lectures indique la hauteur cherchée.

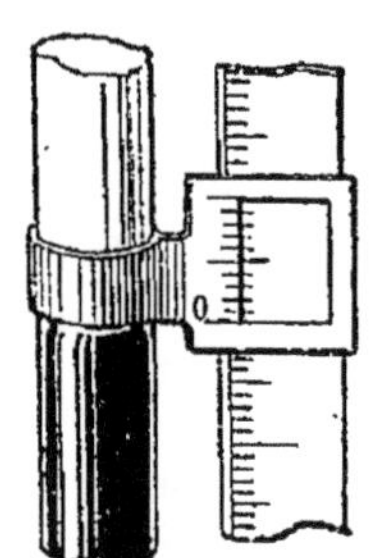

FIG. 127. CURSEUR DE BAROMÈTRE. *Le zéro du curseur se trouve dans le plan de la base inférieure de l'anneau.*

151. Le cathétomètre. — Dans les mesures de précision des hauteurs barométriques, on se sert d'un appareil spécial désigné sous le nom de *cathétomètre*. L'appareil, une fois réglé (§ 114), se réduit, en principe, à une règle divisée verticale D, le long de laquelle peut glisser une lunette L, disposée de façon que sa ligne de visée soit horizontale. On fait successivement les visées des niveaux du mercure dans la cuvette et dans la chambre barométrique.

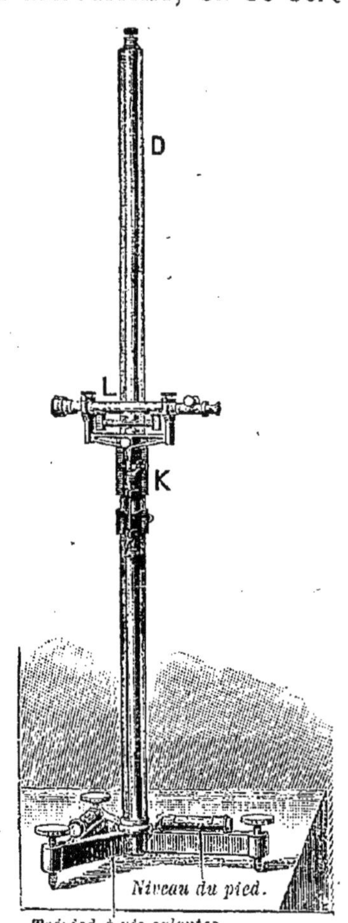

FIG. 128. — LE CATHÉTOMÈTRE. *C'est un appareil destiné à mesurer avec précision des différences verticales de niveau.*

La différence de lectures donne la hauteur verticale de la colonne mercurielle.

152. Expériences de Pascal. — Pascal a vérifié la théorie que nous venons de donner du baromètre, par les expériences suivantes :

1° ***Expérience de Rouen.*** — S'il est vrai que c'est la pression atmosphérique qui soulève le mercure à 76 centimètres de hauteur, la même pression devra soulever un liquide 13,6 fois plus léger, tel que l'eau ou le vin, à une hauteur 13,6 fois plus grande ; c'est-à-dire à

$$76 \times 13{,}6 = 1033 \text{ centimètres de hauteur ;}$$

c'est l'expérience connue sous le nom d'*expérience de Rouen.*

2° ***Expérience du Puy-de-Dôme.*** — S'il est vrai que c'est la pression atmosphérique qui soulève le mercure dans le baromètre, et si, d'autre part, comme on l'a vu plus haut (§ 140), la pression atmosphérique diminue quand on s'élève dans l'atmosphère, il doit en résulter que la hauteur de mercure soulevé diminuera quand on s'élèvera dans l'atmosphère. C'est l'expérience que Pascal fit faire *au Puy-de-Dôme* par son beau-frère Périer. La hauteur barométrique au sommet de la montagne fut trouvée, de 8 centimètres environ, inférieure à celle que l'on observait au même moment au pied de la montagne.

3° ***Expérience de la tour Saint-Jacques.*** — Si l'explication que nous avons donnée est exacte, l'expérience de Torricelli n'est qu'un cas particulier de l'expérience (§ 115) des vases communicants avec des fluides de nature différente. L'un des fluides est l'air ; l'autre est le mercure ; les hauteurs soulevées dépendent des poids spécifiques. Or, 1 litre de mercure pèse 13 600 grammes environ ; 1 litre d'air pèse un peu moins de $1^{gr},3$; le mercure pèse donc à peu près 10 000 fois plus lourd que l'air.

Supposons maintenant que l'on monte de 10 mètres dans l'atmosphère. On supprime dans l'une des branches de nos vases communicants, une hauteur de 10 mètres d'air ; l'autre branche, qui est le tube barométrique, subira un abaissement du liquide contenu, 10000 fois plus petit que cette hauteur de 10 mètres ; c'est-à-dire de 1 millimètre environ. C'est l'expérience de *la tour Saint-Jacques.* — Pour des altitudes qui ne sont pas trop grandes (inférieures à 1000 mètres, par exemple) on constate, en effet, que la colonne mercurielle baisse environ de 1 millimètre pour $10^{m},50$ d'élévation. Ce rapport est bien celui que donne l'application du théorème général d'hydrostatique et que Pascal avait prévu avant de procéder à l'expérience.

153. **Application du baromètre à la mesure des hauteurs.** — Le calcul précédent peut s'appliquer toutes les fois que l'on veut mesurer de faibles hauteurs.

Exemple. — ***Quelle est la hauteur du Puy-de-Dôme au-dessus de sa base, sachant que le baromètre marque au sommet 8 centimètres de moins qu'à la base?***

Cette hauteur est égale à 80 fois $10^{m},50$, c'est-à-dire à 840 mètres.

Ce calcul ne s'appliquerait plus, sans modification, s'il s'agissait de montagnes très élevées. En effet, au fur et à mesure que l'on s'élève, la pression atmosphérique diminue; or, nous savons que les gaz sont compressibles (§ 3); une même masse d'air occupe donc alors des volumes de plus en plus grands; autrement dit, l'air devient de plus en plus léger. Il faut donc, pour produire un même abaissement du niveau barométrique, des hauteurs d'air de plus en plus grandes.

154. **Formule de Laplace.** — La formule suivante, qui est due à Laplace, est une de celles qui donnent les meilleurs résultats :

$$Z = 18\,400^{m} (1 + 0{,}0026 \cos 2\lambda) \left(1 + 2\,\frac{t + t'}{1000}\right) \log \frac{H}{H'}.$$

Z désigne la distance verticale, en mètres, de la station A' au-dessus de la station A ;

H et H' sont les hauteurs barométriques observées au même instant, par un temps calme, en A et A';

t et t', les températures en ces deux points;

λ, la latitude du lieu.

On a construit des tables qui donnent, toutes calculées d'avance, les valeurs de Z, résultant de cette formule, pour les valeurs différentes des variables H, H', t, t' et λ.

4. — OBSERVATIONS BAROMÉTRIQUES COURANTES

155. **Baromètre de Vidi.** — Le baromètre à mercure est un appareil délicat, que l'on ne peut facilement transporter dans les excursions.

Dans ce cas, on emploie de préférence les baromètres métalliques. Nous avons déjà décrit l'un d'eux sous le nom de **Baromètre de Vidi** (§ 139).

156. **Baromètres enregistreurs.** — Le baromètre métallique se prête très bien à la construction de baromètres enregistreurs.

L'un des plus simples est celui de Richard que représente la figure 129.

Une série de boîtes vides, analogues à celles du baromètre de Vidi et pourvues de ressorts antagonistes intérieurs, sont vissées les unes sur les autres. Leurs flexions

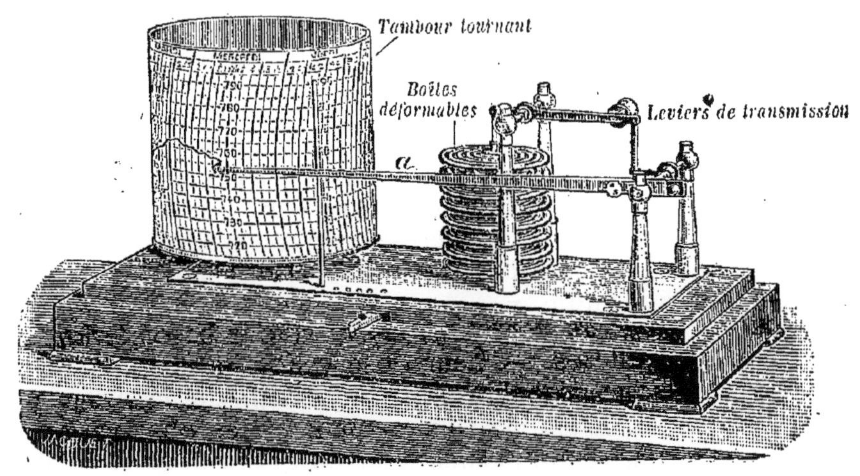

FIG. 129. — BAROMÈTRE ENREGISTREUR DE RICHARD.
L'extrémité de l'aiguille a porte une pointe chargée d'encre ; elle trace sur le tambour tournant une ligne irrégulière qui traduit les déformations que les changements de pression extérieure impriment aux boîtes élastiques.

s'ajoutent. La déformation totale est transmise à une aiguille dont l'extrémité est chargée d'encre.

Cette extrémité appuie doucement sur une feuille de papier, enroulée sur un cylindre, qui fait un tour en une semaine. — Le mouvement est entretenu par un appareil d'horlogerie.

Les jours et les heures sont repérés par des lignes imprimées sur la feuille de papier. Un autre système de lignes (lignes horizontales de la feuille de papier) permet de connaître la valeur de la pression à chaque instant.

La ligne courbe irrégulière, tracée pendant une semaine sur la feuille de papier, permet donc de suivre très facilement les variations de la pression atmosphérique pendant cet intervalle de temps.

157. **Application des baromètres métalliques.** — Les baromètres métalliques ne donnent pas une mesure directe absolue de la pression atmosphérique. — Leurs indications ont dû être comparées à un baromètre normal. — Elles doivent être contrôlées de temps à autre, par comparaison avec le baromètre normal.

Ce ne sont donc pas des appareils de précision.

Ils rendent toutefois de grands services :

1° A cause de leur *légèreté*, de leur petit volume, et de leur solidité qui les rendent facilement transportables ;

2° A cause de la *grande sensibilité* à laquelle ils peuvent facilement atteindre.

On les emploiera donc pour les observations météorologiques ou pour les ascensions aérostatiques.

158. **Variations barométriques. — Prévision du temps.** — Dans les pays voisins de l'Équateur, les variations barométriques sont très régulières dans l'intervalle d'une journée ; elles se reproduisent presque exactement, d'une journée à la journée suivante.

Dans nos pays, au contraire, les variations barométriques sont très irrégulières. — Leur observation permet de prévoir, avec quelque probabilité, l'approche du mauvais temps.

Pour cela, il est nécessaire de comparer les observations faites, en un même moment, sur un grand nombre de points du globe. — On en peut déduire la marche probable des tempêtes et des bourrasques, qui, généralement, abordent nos côtes en venant de l'Ouest ou du Sud-Ouest.

Le Bureau central météorologique publie chaque jour les observations barométriques, qui sont faites en tous les points du globe et qui lui sont transmises par le télégraphe. Ces observations sont portées sur des cartes, où l'on a réuni par des lignes continues les points du globe où la pression possède, au même instant, la même valeur. Ces lignes sont appelées lignes *isobares* (fig. 130).

Chaque jour, l'état de l'atmosphère est représenté par une configuration spéciale de ces courbes. Leur étude permet de prévoir le mauvais temps, avec quelque certitude.

Des *bourrasques* se produisent en effet dans les régions de la carte, pour lesquelles la pression est plus petite qu'en toute autre région voisine. Ces régions sont appelées *centres de basse pression*. Centres de basse pression et bourrasques se déplacent généralement, dans nos pays, en allant de l'Ouest à l'Est. Le télégraphe permet d'indiquer d'avance les points du globe que la bourrasque atteindra le lendemain et les jours suivants.

Le temps probable peut être prévu quelques jours d'avance.

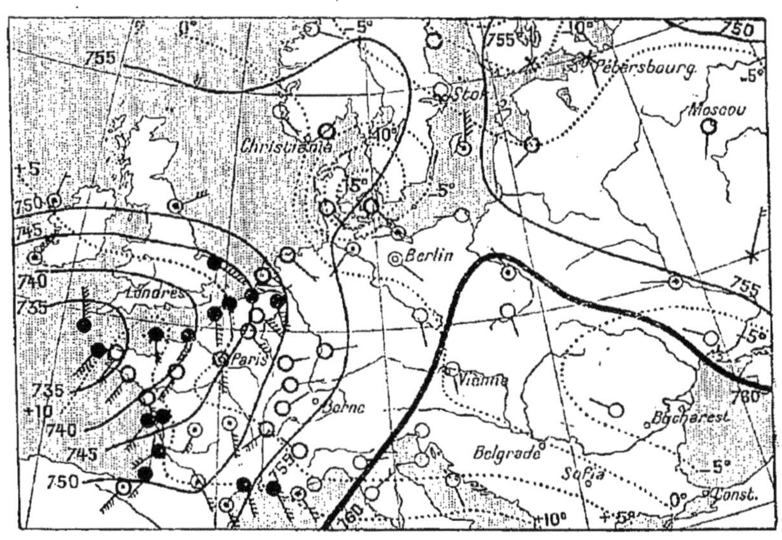

FIG. 130. — MARCHE D'UNE TEMPÊTE.
Les lignes isobares sont des courbes fermées ; le centre des faibles pressions se déplace à peu près de l'Ouest à l'Est.

Toute prévision, à plus longue échéance, est de pure fantaisie et ne mérite aucune confiance.

5. — MESURE DE LA PRESSION DANS LES GAZ

159. **Mesure d'une pression.** — On appelle *manomètre* tout appareil permettant la mesure d'une pression.

Les baromètres ne sont donc, en réalité, que des manomètres particuliers destinés à la mesure spéciale de la pression atmosphérique.

Nous savons que la pression sur une surface plane S a pour mesure la valeur du quotient $\frac{F}{S}$, F désignant la force exercée, et S la surface sur laquelle cette force s'exerce.

160. Soupape de sûreté. — Cette mesure peut se faire directement. Imaginons, par exemple, une soupape de sûreté.

La soupape de sûreté est un obturateur métallique, fermant hermétiquement une ouverture pratiquée dans la paroi d'une chaudière (fig. 131). Elle ne doit rester fermée que si la pression ne dépasse pas une valeur dangereuse.

Supposons que cette soupape ait une surface de 10 centimètres carrés. Supposons qu'elle doive supporter au moins

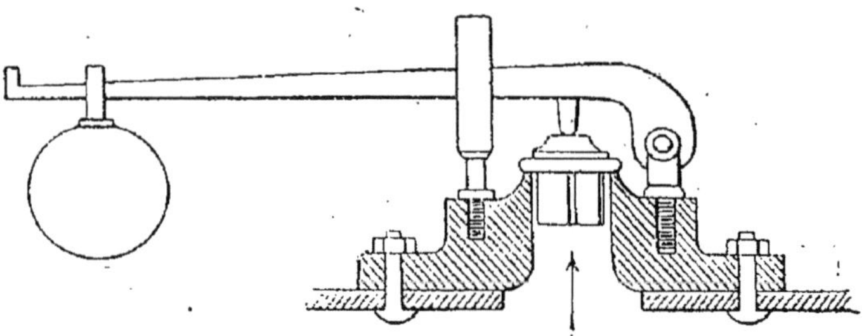

FIG. 131. — SOUPAPE DE SURETÉ.
La soupape se soulève dès que la pression dans la chaudière dépasse une certaine limite fixée d'avance.

un poids de 40 kilogrammes, pour être maintenue fermée, malgré la pression exercée par la vapeur.

Nous en déduirons que $p = \frac{40}{10} = 4$ kilogrammes par centimètre carré, représente l'excès de la pression dans la chaudière sur la pression atmosphérique extérieure.

161. Unité de pression. — On emploie souvent, en physique, comme ***unité de pression, la pression atmosphérique moyenne, correspondant à une hauteur de 76 centimètres de mercure.*** Nous avons vu (§ 148) que cette pression à laquelle on donne le nom d'***atmosphère***, est un peu supérieure à 1 kilogramme par centimètre carré; exactement $1^{kg},033$ par centimètre carré. — On emploie couramment dans l'industrie, comme ***unité usuelle de pression, la pression exercée par une force efficace de 1 kilogramme par centimètre carré.*** Les manomètres industriels sont gradués en kilogrammes par centimètre carré. Cette unité diffère peu de la précédente; et il sera souvent inutile de faire cette distinction.

Pratiquement, dans l'exemple précédent, on pourra dire que la soupape de sûreté supporte une pression efficace de

4 kilogrammes par centimètre carré, ou qu'elle supporte une pression de 4 atmosphères.

162. **Manomètre à piston.** — Les manomètres à piston sont des appareils fondés sur le même principe que la soupape de sûreté.

Un piston ferme une cavité cylindrique, contenant un

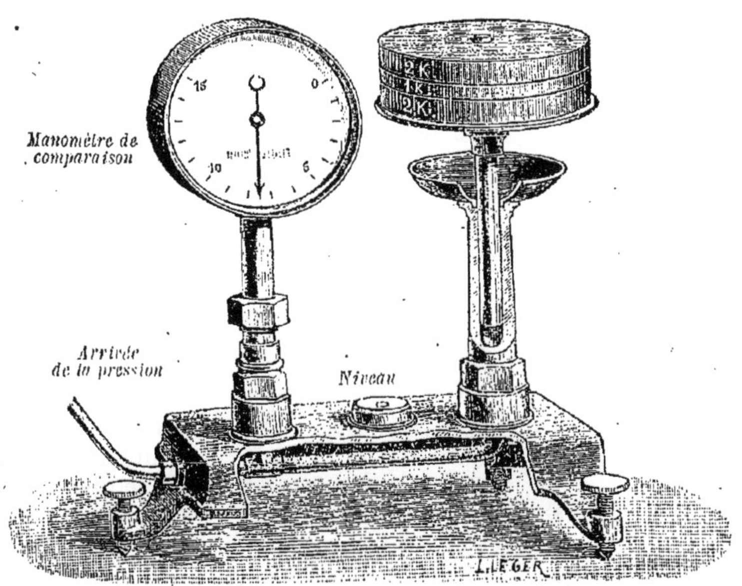

FIG. 132. — MANOMÈTRE A PISTON.
La pression se mesure en équilibrant par des poids la poussée qu'elle imprime à un piston de surface connue.

liquide (huile lourde), et communiquant avec l'enceinte où règne la pression à mesurer (fig. 132).

*Exemple. — **Supposons que le piston ait 1,2 centimètre carré de section, et qu'il pèse 4 kilogrammes. Supposons qu'on doive le charger de 5 kilogrammes pour le maintenir en équilibre. Quelle est la mesure de la pression ?***

On a évidemment $p = \frac{F}{S} = \frac{4+5}{1,2} = 7,5$ comme pression exercée par le poids du piston et sa surcharge ; c'est le cas représenté par la figure 132.

Si, de plus, on tient compte de la pression atmosphérique, qui, évidemment, s'exerce aussi sur le piston, et dont l'action vient s'ajouter à celle des poids précédents, on en déduira que la pression totale à l'intérieur de la chaudière est de $8^{atm},5$.

Description de l'appareil. — Ce qui précède permettra de comprendre facilement le principe et les détails de construction de l'appareil, tel que le représente la figure 132.

Quand l'appareil doit être employé à des pressions qui ne dépassent pas 15 ou 20 kilogrammes par centimètre carré, on réalise l'équilibre en disposant des poids dans un plateau fixé sur la tête du piston, et on charge celui-ci tant que la poussée du liquide le soulève.

Dès qu'on voit le piston s'enfoncer sous l'action d'une dernière surcharge de 100 ou de 200 grammes, on note les poids utilisés et on peut alors facilement calculer la pression, comme dans l'exemple donné plus haut.

Pour des pressions très élevées, on maintient le piston en repos à l'aide d'un levier à l'extrémité duquel on suspend des poids et dont les bras sont dans un rapport connu. — La soupape de sûreté, que représente la fig. 131, donne un exemple de ce dispositif.

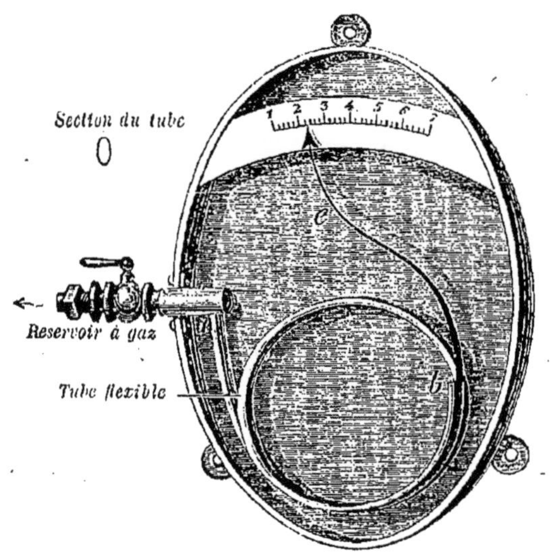

FIG. 133. — MANOMÈTRE MÉTALLIQUE.
Lorsque la pression augmente à l'intérieur du tube flexible, celui-ci se déroule et l'aiguille se déplace sur le cadran divisé.

163. **Manomètres métalliques.** — Comme les baromètres métalliques (§ 139), les manomètres métalliques reposent sur la propriété que possèdent des lames métalliques suffisamment minces de pouvoir ***se déformer*** sous l'influence des variations de pression, et de ***reprendre la même forme,*** quand la pression reprend la même valeur.

La partie principale de l'appareil est un tube métallique,

à parois élastiques, courbé en spirale. — Une extrémité est fermée et reliée à une aiguille mobile sur un cadran. — L'autre extrémité est fixe et communique avec le récipient à gaz ou à vapeur (fig. 133).

Quand la pression augmente, la spirale tend à se dérouler : l'aiguille se déplace dans un certain sens, et d'une certaine quantité. — Quand la pression varie en sens contraire, l'aiguille revient vers sa position première. — ***Quand la pression reprend la même valeur, l'aiguille reprend la même position.***

La graduation est faite en kilogrammes par centimètre carré. — Pour cela, l'appareil est observé en même temps qu'un manomètre à piston, sur une même chaudière.

Ces appareils ont un double avantage : ils ne sont pas volumineux ; ils ne sont pas fragiles.

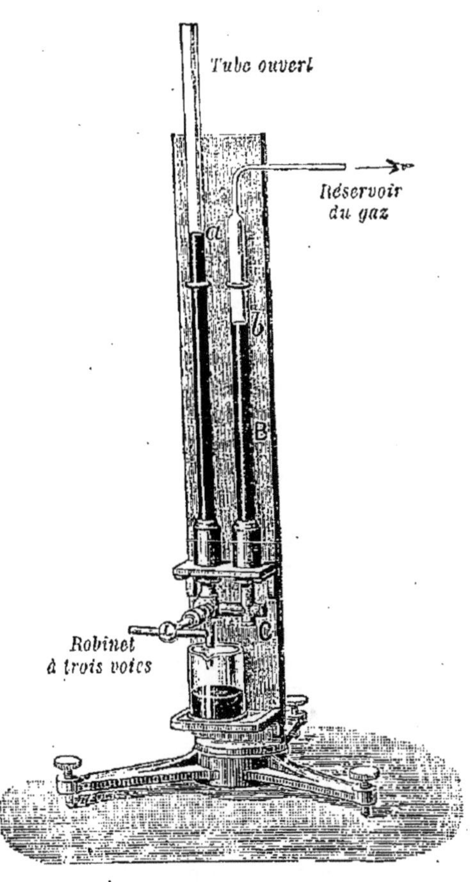

FIG. 134. — MANOMÈTRE A MERCURE, DE REGNAULT.

La pression dans le réservoir à gaz s'obtient en augmentant ou en diminuant la pression atmosphérique de la pression mesurée par la dénivellation du mercure dans les deux branches du manomètre.

164. Manomètre à mercure. — Cet appareil est uniquement destiné à mesurer la pression d'un gaz quand celle-ci ne dépasse pas 3 kilogrammes par centimètre carré. On ne saurait guère l'employer, pour les pressions plus élevées, sans lui donner des dimensions encombrantes.

Il se compose de deux larges tubes de verre communiquant à leur partie inférieure par un tube de fer C deux fois coudé, aux extrémités duquel ils sont mastiqués (fig. 134). Les deux branches contiennen du mercure; l'extrémité de la grande branche est libremen ouverte, tandis qu'on met la plus petite en communication avec le récipient qui contient le gaz.

L'emploi de cet appareil repose sur le principe général de l'hydrostatique (§ 107).

La pression du gaz en b est égale à la pression atmosphérique en a, augmentée ou diminuée de la pression produite par une hauteur de mercure égale à la dénivellation ab, suivant que, dans la grande branche, le mercure arrive plus haut ou plus bas que dans la petite.

La pression atmosphérique est mesurée par la hauteur H^{cm} du baromètre. Si la dénivellation entre les surfaces du mercure dans les deux branches est de h^{cm}, la pression p du gaz, mesurée en grammes par centimètre carré, sera

$$p = (H \pm h)\ 13{,}6.$$

Dans l'expression $H \pm h$, on prendra le signe $+$, au cas où les niveaux a et b sont disposés comme dans la figure 134. On prendrait le signe $-$, si le niveau a était inférieur au niveau b.

Dans tous les cas, la mesure d'une pression exigera l'observation de la hauteur barométrique H et celle de la différence verticale de niveau h qui règne entre les deux branches.

Remarque. — Il est bien évident que si l'on veut seulement comparer deux pressions, il sera inutile de faire le produit des quantités $(H \pm h)$ par 13,6 afin d'obtenir les valeurs absolues de chacune d'elles. Le rapport de ces pressions sera égal au rapport des hauteurs de mercure qui leur font équilibre. Aussi, dans la pratique, arrive-t-il fréquemment qu'on définisse une pression par la hauteur H' de mercure équivalente, en prenant :

$$H' = H \pm h.$$

C'est ainsi qu'on parlera d'une pression de 1 mètre de mercure, pour indiquer une pression, produite sur sa base, par une colonne mercurielle de 1 mètre de haut; cette pression vaut $100 \times 13{,}6 = 1360$ grammes par centimètre carré.

165. Manomètre à eau. — Quand il s'agit de pressions qui s'écartent très peu de la pression atmosphérique, on utilise l'*eau* comme liquide manométrique; c'est ce que nous avons déjà fait à maintes reprises (fig. 84, 85, 98 et 101).

CHAPITRE XI

COMPRESSIBILITÉ DES GAZ

1. — CAS D'UN GAZ UNIQUE

166. **Les gaz sont compressibles.** — Les propriétés que nous venons d'étudier sont communes aux liquides et aux gaz. Aussi dit-on que les liquides et les gaz sont des ***fluides.***

Les gaz se distinguent des liquides, en ce que leur volume peut varier énormément, quand on fait varier la pression qu'ils supportent. Aussi dit-on que les gaz sont ***compressibles.***

Reprenons quelques exemples :

1° Nous avons vu qu'avec un piston mobile, dans un corps de pompe, on peut réduire considérablement le volume d'une masse de gaz. C'est l'expérience du ***briquet à air*** (fig. 6) ;

2° Cette opération est l'opération même que l'on exécute avec une ***pompe à gaz,*** quand on gonfle un pneumatique de bicyclette ou d'automobile ;

3° Un ballon de caoutchouc, une vessie, gonflés d'air peuvent, quand on les serre à la main, diminuer de volume et reprennent leur volume primitif quand on cesse de les comprimer.

167. **Question à résoudre.** — Le volume d'un gaz dépend donc de sa pression. Il dépend aussi de la température à laquelle il est porté. Nous n'étudierons que plus tard ce second côté de la question (§ 281).

Actuellement, pour simplifier, nous supposerons la température du gaz invariable ; et nous nous contenterons de rechercher comment le volume du gaz dépend de la pression qu'il supporte.

C'est ce qu'on appelle ***étudier la compressibilité du gaz.*** Cette étude est une des plus importantes de la Physique.

C'est l'expérience seule qui nous permettra de résoudre cette question.

168. **Appareil simple pour l'étude de la compressibilité des gaz.** — Il va donc falloir un appareil qui nous permette de mesurer : 1° ***les volumes*** ; 2° ***les pressions.***

Un même appareil simple va suffire à ce double but;

Un tube cylindrique de verre AR (fig. 135) est fermé à sa partie supérieure par un robinet R. C'est dans ce tube que sera renfermé le gaz à étudier.

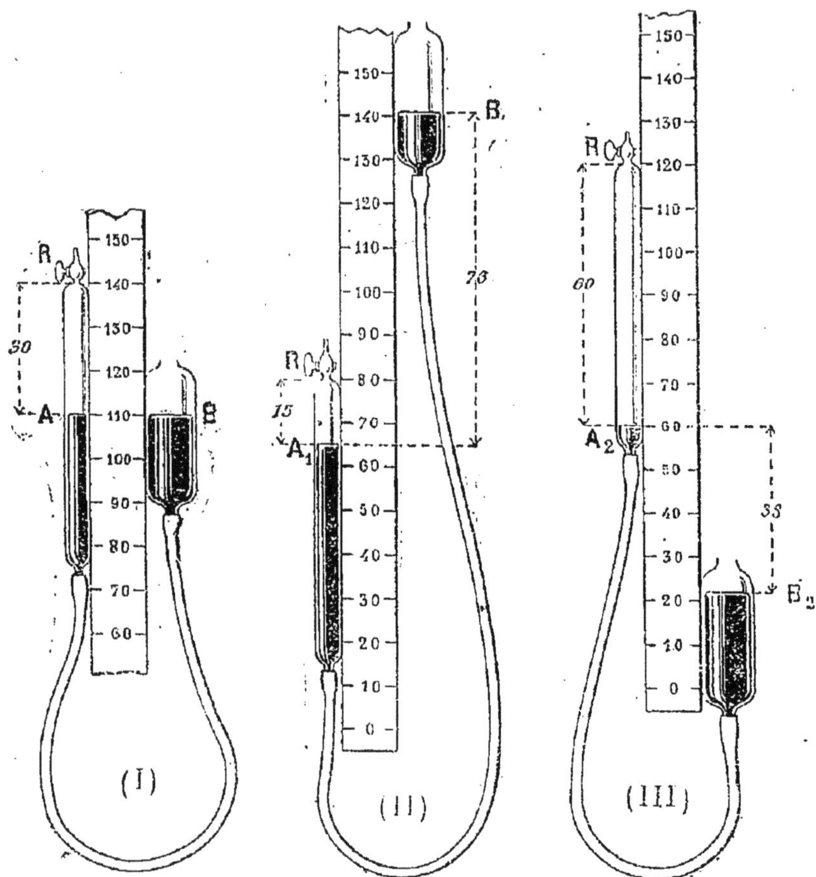

FIG. 135. — VARIATION DU VOLUME D'UN GAZ AVEC LA PRESSION.
Le volume d'un gaz, enfermé en AR sous la pression atmosphérique (I), *devient moitié moindre, quand on double sa pression* (II) · *elle devient double, au contraire, quand on réduit sa pression à moitié* (III).

Un long tube de caoutchouc met le tube AR en communication avec une cuvette B, librement ouverte et contenant du mercure. Cette partie de l'appareil constitue, comme on le voit facilement, un *manomètre à mercure* (§ 164).

Si l'on fait monter la cuvette B, on augmente la pression

supportée par le gaz contenu en AR. Inversement; si on la fait descendre, la pression supportée par le gaz diminue.

Le tube AR et la cuvette B sont placés le long d'une réglette verticale, portant des divisions en centimètres.

Le *volume* du gaz s'observe facilement sur le tube AR; la valeur de *la pression, en colonne de mercure*, est donnée par le manomètre à mercure, que constitue précisément l'appareil. Nous prendrons pour mesure des pressions les hauteurs de mercure auxquelles elles font équilibre (§ 164, remarque).

169. **Exemple d'une expérience.** — I. Nous ouvrons le robinet R. Nous amenons le niveau de la cuvette en B (fig. 135, I), à 30 centimètres au-dessous du robinet R.

La pression en R est égale à la pression atmosphérique. Lisons le baromètre. Il marque 76 centimètres, par exemple. Fermons le robinet.

Nous pouvons, dans cette première expérience, prendre pour mesures :

I. Du volume v, le nombre 30;

II. De la pression p, le nombre 76.

Nous poserons $v=30$; $p=76$.

II. Soulevons la cuvette B. La pression du gaz augmente; son volume diminue.

Cherchons à réduire le volume, dans le tube fermé, à 15 centimètres (fig. 135, II). Lisons la différence des niveaux $A_1B_1=h'$, entre le mercure de la cuvette et celui du tube à gaz. Nous trouvons $h'=76$ centimètres.

Nous aurons donc, pour cette seconde expérience (en conservant les mêmes unités de mesure que pour la première) :

$$v'=15 \qquad p'=76+76=152.$$

III. Comme troisième expérience, abaissons maintenant la cuvette. La pression du gaz diminue; son volume augmente.

Cherchons à amener ce volume à être le double du volume primitif ; soit $v''=2\times 30=60$ centimètres. Lisons la différence $A_2B_2=h''$ (fig. 135, III). On trouve $A_2B_2=38$ centimètres.

Nous aurons donc pour cette troisième expérience, à poser

$$v''=60;$$
$$p''=76-38=38.$$

170. **Conclusions.** — La seconde expérience, comparée à

la première, nous montre que, *pour réduire le volume d'un gaz à moitié, il a fallu doubler la pression.*

La troisième expérience, comparée à la première, nous montre que, *pour doubler le volume d'un gaz, il a fallu réduire sa pression à moitié.*

On opérerait de même, pour augmenter ou pour réduire le volume d'un gaz dans le rapport de 1 à 3, ou dans un rapport quelconque.

On opérerait de même pour un gaz quelconque, autre que l'air. On trouverait les mêmes résultats. D'où cet énoncé :

171. **Loi de Mariotte.** — *A une même température, le volume d'une même quantité de gaz est en raison inverse de la pression qu'elle supporte.*

Cet énoncé porte le nom de *loi de Mariotte*, du nom de son inventeur.

On l'exprime algébriquement par une relation très simple. Nous avions plus haut :

$$v = 30, \text{ pour } p = 76;$$
$$v' = 15, \text{ pour } p' = 2 \times 76;$$
$$v'' = 60, \text{ pour } p'' = \frac{1}{2} \times 76.$$

On a donc évidemment :

$$v \times p = v' \times p' = v'' \times p''.$$

Il en est toujours de même, pourvu que la température reste invariable, ainsi que la quantité du gaz sur lequel on opère.

D'où ce second énoncé :

A une même température, le produit du volume d'un gaz par sa pression reste invariable, quand la quantité du gaz reste elle-même invariable.

$$p \times v = \text{constante}.$$

172. **Autre énoncé de la loi de Mariotte.** — Quand le volume d'une certaine quantité de gaz se réduit de moitié, sa densité (§ 87) devient évidemment double.

On peut donc encore énoncer la loi de Mariotte en disant : « A une même température, si la pression d'un gaz devient double, sa densité absolue devient double également »; ou bien, d'une façon plus générale :

A une même température, la densité d'un gaz est proportionnelle à sa pression.

Remarques relatives à ce dernier énoncé de la loi de Mariotte. — *1re Remarque.* Ce dernier énoncé a, sur les précédents, cet avantage que l'on n'est plus limité par la condition d'opérer sur une masse constante de gaz. Il est bien évident, en effet, que la densité est la même pour une masse totale de gaz, ou pour une partie seulement de cette masse, quand on la prend dans les mêmes conditions.

2e Remarque. — Cet énoncé nous montre encore une autre vérification possible de la loi de Mariotte. On rechercherait, à l'aide d'une balance sensible, comment varient les poids d'un même gaz, qui rempliraient un même récipient, à la même température, mais sous diverses pressions.

On vérifierait que ces poids sont précisément proportionnels aux pressions.

173. **Applications.** — *Problème I. — Une certaine quantité d'air occupe 400 litres sous une pression de 75 centimètres de mercure. Quel volume occuperait-elle, à la pression de 3 mètres de mercure?*

La nouvelle pression étant $\frac{360}{75}=4$ fois plus grande que la première, le nouveau volume sera 4 fois plus petit que le premier; il sera donc de 100 litres.

Problème II. — Un gaz, contenu dans un récipient à parois élastiques, occupe 10 litres à la pression atmosphérique.

A quelle profondeur faudra-t-il descendre ce récipient dans l'eau, pour que le volume ne soit plus que de 2 litres et demi?

Le volume devant être réduit à $\frac{2,5}{10}=\frac{1}{4}$ du volume primitif, le gaz devra être soumis à une pression 4 fois plus forte que la pression initiale, c'est-à-dire à 4 atmosphères.

Or, quand on descend de 10 mètres environ dans l'eau (exactement $10^m,33$), la pression croît d'une atmosphère. Puisqu'elle est d'une atmosphère à la surface libre de l'eau, on devra donc descendre de 30 mètres environ (exactement $3\times 10^m,33=31$ mètres) pour obtenir le résultat demandé.

174. **La loi de Mariotte n'est qu'une loi approchée.** — Dans les expériences que nous avons décrites pour étudier la compressibilité des gaz, la pression ne dépasse guère 3 ou 4 atmosphères; mais de nombreux observateurs ont pu, à l'aide de dispositifs spéciaux, pousser les recherches sur la compressibilité des gaz jusqu'à des pressions de plusieurs centaines et même de plusieurs milliers d'atmosphères.

On a reconnu ainsi que la ***loi de Mariotte n'est qu'une loi approchée.*** — Très sensiblement exacte pour des gaz tels que l'air, l'oxygène, l'azote, quand la pression ne dépasse pas une vingtaine d'atmosphères, elle est déjà moins exacte pour le gaz carbonique; elle l'est moins encore pour le gaz sulfureux. — ***Elle est d'autant moins exacte que le gaz est plus facile à liquéfier.***

D'une façon générale, tous les gaz, autres que l'hydrogène, commencent par être un peu plus compressibles que ne l'indique la loi de Mariotte, quand la pression devient de plus en plus forte; puis, à partir de pressions plus ou moins élevées (79 atmosphères pour l'azote) finissent par devenir moins compressibles que ne l'indique la loi de Mariotte. — L'hydrogène reste toujours moins compressible que ne l'indique la loi de Mariotte.

Toutefois, si le gaz ne se liquéfie pas, et si la pression ne dépasse pas quelques atmosphères, la loi de Mariotte reste assez approchée de la réalité, pour qu'on puisse l'appliquer, sans erreur notable, dans les calculs de compressibilité des gaz. C'est ce que nous ferons.

2. — MÉLANGE DES GAZ

175. **Loi du mélange des gaz.** — ***Deux liquides en contact ne se mélangent pas toujours.*** Exemples : de l'eau et du mercure; de l'eau et de l'huile.

— Au contraire, ***deux gaz en présence l'un de l'autre se mélangent toujours intimement*** (même en dehors de toute cause d'agitation).

Ceci résulte de l'expérience suivante, due à Berthollet.

Deux ballons (fig. 136) munis de robinets, sont remplis l'un d'hydrogène, l'autre de gaz carbonique.

Les robinets sont fermés; les ballons sont vissés l'un au-dessus de l'autre, et placés dans une cave profonde, à température invariable. Le ballon à hydrogène est disposé au-dessus. (On sait que l'hydrogène est 22 fois moins lourd que le gaz carbonique.)

Après un certain temps, quand on peut être sûr que chaque gaz est bien en équilibre et qu'ils ont pris tous les deux la même température, on ouvre les deux robinets.

Toute cause d'agitation a donc été supprimée.

Quelque temps après, on ferme les robinets; on sépare

s deux ballons : on les ouvre séparément sur une cuve à ıercure.

On trouve :

1° Que, dans chacun des deux ballons, la pression est estée égale à celle sous laquelle es ballons avaient été fermés;

2° Que chacun des deux bal-ons contient les deux gaz en même proportion.

Nous sommes donc ainsi conduits à énoncer les deux lois suivantes :

Première loi. — Lorsque des gaz sont mis en contact, ils se diffusent toujours les uns dans les autres; le mélange finit toujours par devenir homogène.

Deuxième loi. — Le volume du mélange est égal à la somme des volumes des gaz mélangés, tous ces volumes étant supposés mesurés sous la pression du mélange lui-même.

Ainsi, 79 litres d'azote, sous la pression de 1 atmosphère, et 21 litres d'oxygène, sous la pression de 1 atmosphère, donnent $79 + 21 = 100$ litres de mélange, *sous la même pression* de 1 atmosphère.

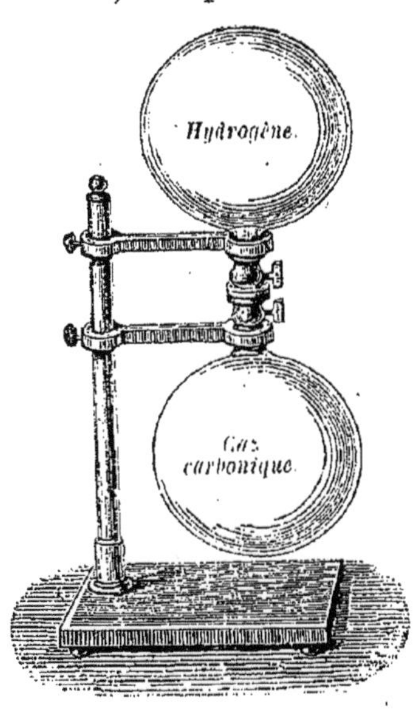

FIG. 136.
EXPÉRIENCE DE BERTHOLLET.
Deux gaz, mis en contact, se diffusent toujours l'un dans l'autre; même quand on les place dans les conditions les moins favorables au mélange, le mélange finit toujours par devenir homogène.

176. **Expression algébrique de la loi du mélange des gaz.** — Cette loi admet une traduction algébrique très simple. Soient p et v la pression et le volume d'une première masse gazeuse; p' et v', les quantités analogues, pour une seconde. Mélangeons-les de manière que la pression finale soit P et le volume final V. La température est supposée la même pour les deux gaz et le mélange.

D'après la loi de Mariotte (§ 171), le premier gaz occuperait sous la pression P un volume x, tel que :

$$p \cdot v = P \cdot x,$$

d'où

$$x = v.\frac{p}{P}.$$

De même, le second occuperait, sous la même pression P, un volume y, tel que

$$y = v'.\frac{p'}{P}.$$

L'énoncé de la deuxième loi nous donne immédiatement :

$$V = v\frac{p}{P} + v'\frac{p'}{P}.$$

ou, si l'on veut :

$$PV = pv + p'v'.$$

Le même raisonnement s'appliquerait évidemment à un nombre quelconque de gaz et donnerait

$$PV = pv + p'v' + p''v'' + \dots,$$

ou, sous une forme plus abrégée :

$$PV = \Sigma(pv);$$

le signe Σ indiquant que l'on devra effectuer la somme de tous les produits analogues au produit pv, pour chacune des masses gazeuses entrant dans le mélange.

CHAPITRE XII

POMPES A GAZ ET A LIQUIDES

1. — POMPES A GAZ

177. **Objet des pompes à gaz.** — Les pompes à gaz sont des appareils qui permettent de provoquer à volonté le passage d'un gaz d'un endroit dans un autre.

Si on les emploie à faire sortir le gaz d'un récipient où il était contenu, on les appelle *machines pneumatiques.*

Si on les emploie à refouler le gaz dans un récipient, où l'on veut accumuler ce gaz, on les appelle *pompes de compression.*

On peut d'ailleurs employer un même appareil à produire ces deux effets en même temps : retirer le gaz d'un récipient, pour le refouler dans un autre.

C'est le cas de la pompe à main que nous allons tout d'abord étudier.

La pompe à main est le type des appareils à *fonctionnement discontinu.*

Nous dirons quelques mots ensuite sur les appareils à fonctionnement continu.

178. **Pompe à main.** — La pompe à main est un appareil que l'on trouve dans tous les laboratoires. C'est la pompe à main, à peine modifiée, que tout le monde a vue fonctionner pour le gonflement des pneumatiques d'automobile.

L'appareil se compose d'un corps de pompe A (fig. 137), dans lequel se meut un piston plein P. A la partie inférieure du corps de pompe aboutissent deux tubulures E, S, munies chacune d'une soupape.

La soupape B, placée dans la tubulure E, s'ouvre vers l'intérieur du corps de pompe; la soupape C, placée dans la tubulure S, s'ouvre vers l'extérieur.

179. **Fonctionnement de la pompe à main comme machine pneumatique.** — Laissons la tubulure S ouverte à l'air. Mettons E en communication avec le récipient R'

(fig. 137) où nous voulons raréfier le gaz et où règne d'abord la pression atmosphérique.

1er *temps*. Soulevons le piston : le vide se fait au-dessous de lui ; la pression atmosphérique maintient donc fermée la

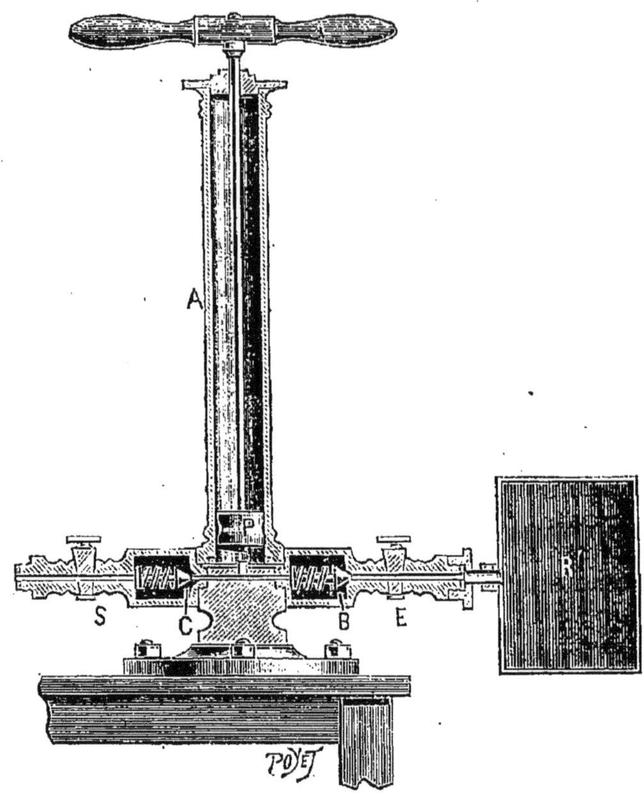

FIG. 137. — POMPE A MAIN, FONCTIONNANT COMME MACHINE PNEUMATIQUE.
La tubulure S est ouverte à l'air. La tubulure E communique avec le récipient R dans lequel on veut raréfier le gaz.

soupape C. Au contraire, la pression du gaz contenu en R' ouvre la soupape B.

Du gaz passe alors du récipient dans le corps de pompe.

2e *temps*. Baissons le piston. Tout de suite, B se ferme ; le gaz se comprime sous le piston, finit par ouvrir C et se trouve expulsé.

Le piston est revenu au bas de sa course. Nous sommes donc ramenés au même état qu'au début, sauf qu'une certaine quantité de gaz a été expulsée du récipient.

Un nouveau coup de piston poussera plus loin la raréfaction ; et ainsi de suite.

180. **Marche de la raréfaction.** — Supposons, par exemple, que le récipient ait 1 litre de capacité, et le corps de pompe 1/4 de litre.

On voit facilement que chaque coup de piston rejette uniquement le contenu du corps de pompe, c'est-à-dire le 1/5 du gaz contenu dans tout l'appareil. Il reste donc, après chaque coup de piston, les 4/5 de la quantité précédente.

Au bout de deux coups de piston, il restera donc les $\frac{4}{5}$ de $\frac{4}{5}$, c'est-à-dire $\left(\frac{4}{5}\right)^2 = \frac{16}{25}$ de la quantité initiale.

Au bout de trois coups de piston, il restera de même les $\left(\frac{4}{5}\right)^3 = \frac{64}{125}$; c'est-à-dire un peu plus de la moitié de ce qu'il y avait au début.

De même, au bout de trois autres coups de piston, il resterait un peu plus de la moitié du reste précédent ; c'est-à-dire un peu plus du quart de ce que le récipient contenait au début.

Les trois premiers coups de piston avaient enlevé la moitié du gaz ; les trois suivants n'en enlèvent que le quart.

Les quantités de gaz successivement rejetées sont donc de plus en plus faibles.

181. **Limite du vide.** — Quand bien même nous continuerions indéfiniment l'opération précédente, nous ne pourrions pas de cette façon atteindre un vide absolu, comme celui de la chambre barométrique.

Des fuites légères se produisent toujours autour du piston et des soupapes. Ces fuites s'exagèrent, à mesure que la raréfaction est poussée plus loin.

Dès que, pour cette raison, il rentre autant de gaz que la machine en expulse, on n'a plus aucun avantage à continuer la manœuvre de la machine.

Il y a donc une ***limite du vide***.

A la cause précédente d'imperfection, s'en ajoute d'ailleurs toujours une autre : le piston, quand il est au bas de sa course, ne vient pas s'appliquer exactement sur le corps de pompe.

Le petit intervalle, ainsi laissé libre entre le piston et le corps de pompe, s'appelle ***espace nuisible***.

Son existence, à elle seule, suffirait pour empêcher la raréfaction d'être complète et pour imposer une limite du vide.

Avec une bonne pompe à main, on peut réduire la pression à 5 millimètres de mercure; et cela suffit largement dans toutes les expériences de cours, où nous aurons à faire le vide.

182. **Machines de compression.** — ***Applications de l'air comprimé.*** — Laissons la tubulure E ouverte à l'air : met-

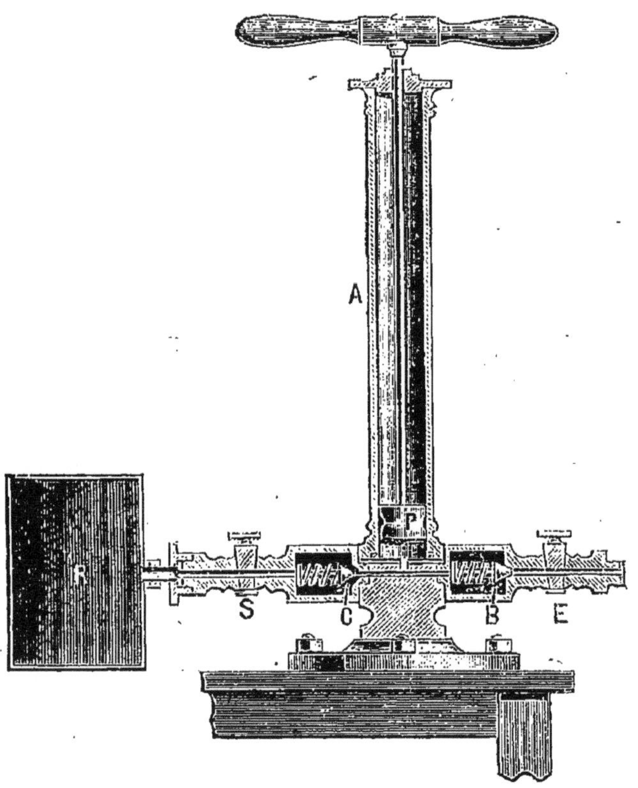

FIG. 138. — POMPE A MAIN, FONCTIONNANT COMME MACHINE DE COMPRESSION.
La tubulure E est ouverte à l'air; la tubulure S communique avec le récipient R, dans lequel on veut comprimer le gaz.

tons S en communication avec le récipient R, où nous voulons comprimer de l'air (fig. 138).

1er *temps.* Faisons descendre le piston. La pression augmente sous le piston; la soupape B reste donc fermée; la soupape C finit par s'ouvrir; et l'air qui emplissait le corps de pompe est alors refoulé dans le récipient.

2e *temps*. Relevons le piston. La soupape C est maintenue fermée par la pression qui règne dans le récipient R; la soupape B s'ouvre; le corps de pompe se remplit d'air à nouveau.

A chaque coup de piston, une même quantité d'air est refoulée dans le récipient. ***La pression croît donc proportionnellement au nombre des coups de piston.***

Toutefois, la pression ne pourra pas croître indéfiniment. On sera limité pour les mêmes raisons que plus haut :

1° les fuites autour du piston et des soupapes;

2° la présence d'un espace nuisible.

Nous n'insisterons pas davantage sur les machines de compression. Nous nous contenterons de signaler les principales applications de l'air comprimé.

Produit par une usine centrale, l'air comprimé est distribué dans les grandes villes au moyen d'une canalisation souterraine, comme le gaz d'éclairage, et sert à actionner de petits *moteurs*, qui présentent sur les appareils à gaz ou à vapeur l'avantage, capital en bien des cas, de n'exiger aucun tuyau d'évacuation.

C'est à l'air comprimé que fonctionnent les *machines perforatrices* employées au percement des grands tunnels.

Les *cloches à plongeur*, en usage dans la construction des piles de pont, sont de grands cylindres ouverts à leur partie inférieure et dans lesquels on refoule constamment de l'air comprimé. Les ouvriers placés dans la cloche peuvent ainsi travailler sur un sol sec et dans une atmosphère incessamment renouvelée.

Le *télégraphe pneumatique*, employé au transport des dépêches dans les grandes villes, se compose d'un canal souterrain réunissant les stations postales et dans lequel on fait avancer un piston creux garni de cuir, en lançant derrière lui de l'air comprimé. Les dépêches sont placées à l'intérieur du piston.

Chaque wagon d'un train de voyageurs est aujourd'hui muni d'un *frein* commandé par un piston logé dans un cylindre et disposé sous le wagon. Une petite pompe à vapeur, placée sur la locomotive, permet d'entretenir une pression suffisante dans un récipient à air comprimé. Le mécanicien actionne simultanément tous les freins et obtient l'arrêt rapide du train en injectant cet air comprimé dans les cylindres.

183. Machine de Carré. — Donnons maintenant quelques détails complémentaires sur certaines machines très employées à faire le vide.

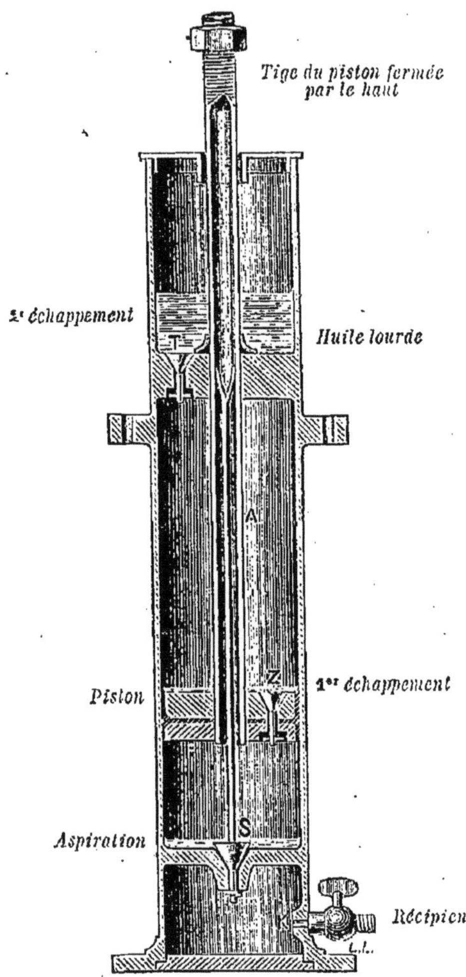

FIG. 139. — CORPS DE POMPE DE LA MACHINE DE CARRÉ.

Quand le piston s'élève entraînant avec lui la soupape S, le gaz du récipient pénètre dans le corps de pompe. Quand le piston s'abaisse, le vide se fait au-dessus de lui, favorisant ainsi l'échappement en A, par la soupape Z, du gaz précédemment aspiré. Le relèvement du piston fait enfin évacuer le gaz à travers la soupape T.

Parmi les machines à fonctionnement discontinu, la machine de Carré (voir fig. 139) présente un intérêt tout particulier. Elle permet d'obtenir une grande raréfaction, elle est robuste, commode à manœuvrer, et n'exige que peu d'entretien.

Nous n'entrerons pas dans les détails de construction de cet appareil. La figure 139, et la légende qui l'accompagne, permettront d'en comprendre facilement le fonctionnement.

Jeu de la machine. Soulevons le piston; ***la soupape Z reste fermée;*** tout l'air qui pouvait se trouver dans le haut du corps de pompe se trouve, par la soupape T, chassé à travers une couche d'huile, lorsque le piston arrive au bout de sa course.

Abaissons le piston; le vide se fait rigoureusement, en A, au-dessus du piston; la soupape S se ferme et la soupape Z ne tarde pas à se soulever sous la poussée du gaz qui, comprimé dans le bas du cylindre, pénètre alors à la partie supérieure pour être expulsé au coup suivant.

Les rentrées d'air sont rendues impossibles par une couche d'huile qui est répandue sur le couvercle.

Lorsque la raréfaction est avancée, la manœuvre n'exige quelque effort que lorsque le piston se trouve presque en haut de sa course.

Les frottements sont faibles. On actionne facilement le piston à l'aide d'un simple levier articulé (élévation ; fig. 196).

184. Machines à fonctionnement continu. — ***La pompe de Gaede.*** — Nous ne pouvons abandonner ce sujet sans dire quelques mots d'appareils permettant d'obtenir le vide

FIG. 140. — POMPE DE GAEDE, EN ÉLÉVATION.
Une rotation continue de la manivelle provoque une expulsion continue du gaz renfermé à l'intérieur du tambour.

par un fonctionnement continu. Nous prendrons comme exemple la pompe de Gaede.

La pompe de Gaede est une ***machine rotative ; elle ne comporte plus de piston.***

La partie essentielle de cette machine consiste en un récipient en fonte, à demi rempli de mercure. A son intérieur, tourne un tambour en porcelaine, que l'on peut mettre en mouvement à l'aide d'une manivelle extérieure (fig. 140).

Ce tambour est subdivisé en plusieurs chambres (fig. 141), qui se remplissent alternativement : *de mercure*, dans la moitié inférieure du récipient; *et d'air*, dans sa moitié supérieure.

L'air dont chacune de ces chambres se remplit au début de la moitié supérieure de sa course, est ensuite refoulé à l'extérieur, quand la chambre, entraînée par son mouvement de rotation, vient plonger totalement dans le mercure.

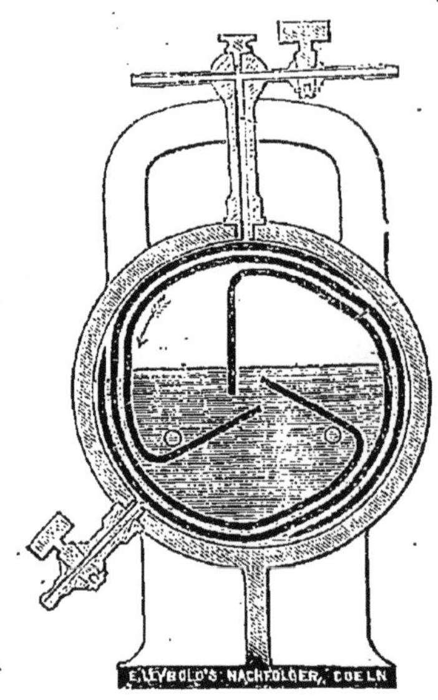

FIG. 141. — INTÉRIEUR DE LA POMPE DE GAEDE.
Le tambour est divisé en trois compartiments. Chacun d'eux se remplit alternativement : de mercure, dans la moitié inférieure de sa course; et d'air dans la moitié supérieure. Cet air est refoulé à l'extérieur par le mouvement de rotation du tambour, qui ne laisse à la portion remplie d'air qu'un espace de plus en plus réduit.

Le système présente la plus grande analogie avec les ***compteurs à gaz***. Dans le compteur à gaz, c'est l'écoulement du gaz qui produit le mouvement de rotation du tambour, dont les tours sont ensuite automatiquement inscrits sur de petits cadrans.

Dans la pompe de Gaede, au contraire, c'est une force extérieure qui produit le mouvement du tambour et provoque le refoulement du gaz à l'extérieur.

Les pompes de Gaede permettent d'obtenir rapidement et sûrement des vides poussés très loin tels que ceux (1/1000 de millimètre de mercure environ), qui doivent régner à l'intérieur des ballons de verre destinés à la production des rayons X.

2. — POMPES A LIQUIDES

185. **Diverses espèces de pompes.** — Les pompes à liquides sont des appareils dont on se sert pour élever les liquides d'une façon commode. On en construit de plusieurs systèmes. Parmi celles que nous décrirons et qui sont toutes des ***pompes à piston***, nous distinguerons les ***pompes aspirantes***,

les *pompes foulantes* et les *pompes aspirantes et foulantes*.

186. **Description d'une pompe aspirante.** — La figure 142 représente les parties essentielles de ces machines.

Dans un corps de pompe vertical peut se déplacer un piston, muni d'une soupape O, s'ouvrant du bas vers le haut.

Le bas du corps de pompe est également muni d'une soupape S, s'ouvrant du bas vers le haut.

Cette soupape met le corps de pompe en communication avec un tuyau vertical, plongeant dans la pièce d'eau. Ce tuyau est appelé *tube d'aspiration*.

Les soupapes peuvent avoir les formes et les dispositions présentées par les figures 143 et 144.

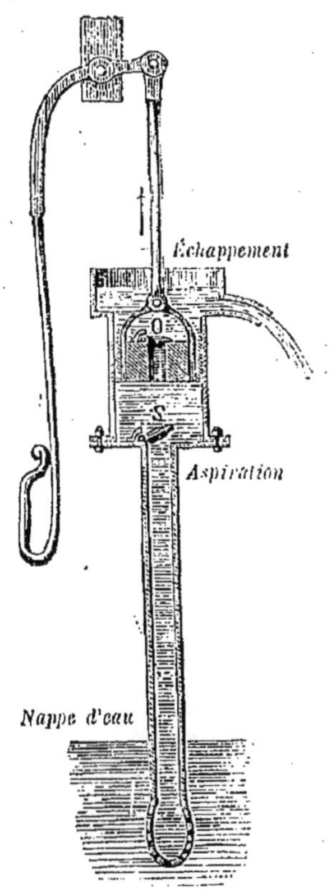

FIG. 142. — POMPE ASPIRANTE.
A chaque montée du piston, le corps de pompe se remplit d'eau, tandis qu'un volume égal du liquide s'écoule par le tube de déversement.

187. **Fonctionnement de la pompe aspirante.** — La machine doit d'abord être *amorcée*.

Voici en quoi cela consiste :

1er *temps*. Soulevons le piston. Le vide se fait au-dessous de lui ; la pression atmosphérique maintient donc fermée la *soupape O*. — Au contraire, la pression du gaz contenu dans le tuyau d'aspiration ouvre la soupape S. — Par suite, la pression diminue dans le tuyau d'aspiration ; et la pression atmosphérique force l'eau à monter à une certaine hauteur dans le tuyau.

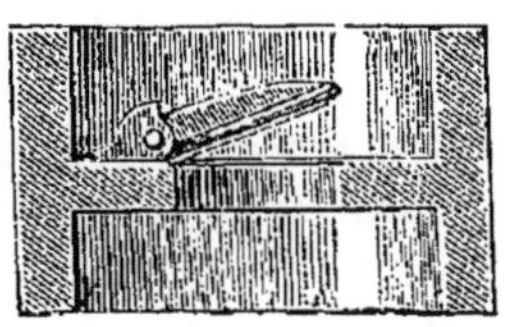

FIG. 143 et 144. — FORMES DE SOUPAPES.
Quelle que soit leur forme, ces appareils sont tels que, soumis à une force d'un certain sens, ils ferment l'orifice et, soumis à une force de sens contraire, ils le laissent librement ouvert.

2e *temps*. Baissons le piston. Tout de suite, S se

ferme; l'air contenu dans le corps de pompe se comprime et finit par ouvrir la soupape O. Cet air est donc expulsé. D'autre part, puisque S est restée fermée, l'eau s'est maintenue à la même hauteur, dans le tuyau d'aspiration, pendant tout le temps de la descente du piston.

Le piston est revenu au bas de sa course.

Nous sommes donc ramenés au même état qu'au commencement, sauf ces deux points : 1° une certaine quantité d'air a été expulsée du corps de pompe; 2° l'eau s'élève maintenue à une certaine hauteur dans le tuyau d'aspiration.

Un nouveau coup de piston chassera une nouvelle quantité d'air et fera monter l'eau à un niveau encore plus élevé.

Supposons que l'eau puisse ainsi monter jusque dans le corps de pompe. On dira, à ce moment, que la machine est *amorcée*.

Or, nous savons (§ 152) que la pression atmosphérique peut faire équilibre à une hauteur d'eau de $10^{m},30$.

Si donc le piston et la soupape joignent bien, et si le tuyau d'aspiration a moins de $10^{m},30$ ***de hauteur,*** la machine finira par s'amorcer au bout d'un certain nombre de coups de piston.

La machine étant amorcée, chaque ***descente*** du piston fait ouvrir la soupape O et maintient fermée la soupape S. L'eau qui remplit le corps de pompe passe de la partie inférieure du piston à la partie supérieure. Rien ne s'écoule par le tuyau de déversement.

Chaque ***montée*** du piston remplit d'eau le corps de pompe et fait sortir par le tube de déversement un volume d'eau égal.

L'écoulement de l'eau est donc intermittent.

188. **Travail et force dans la pompe aspirante.** — La pompe aspirante, doit, comme toute machine, satisfaire au principe de la conservation du travail (§ 23).

Supposons que le corps de pompe ait une capacité de 4 litres. Supposons que l'eau doive être élevée à 6 mètres de hauteur, et que la course du piston soit de 1 mètre.

Si l'on voulait, ***sans se servir de machine,*** monter directement la quantité d'eau déversée par un coup de piston (montée et descente), le travail à effectuer serait de $(4^{kgm} \times 6^{m}) = 24$ kilogrammètres.

Dans le cas où l'on se sert de la machine, pour obtenir le même effet, le travail doit rester le même, si la machine est supposée ***sans frottement*** (§ 34).

Or, le déplacement de la main, pendant la montée du piston, est de 1 mètre. — La force à exercer pour soulever le piston sera donc de 24 kilogrammes.

Dans la pratique, cette force sera toujours plus grande, parce que les frottements inévitables consomment toujours en pure perte une partie du travail cédé par la main.

189. **Application des principes d'hydrostatique.** — Il est intéressant de constater que ce résultat aurait pu être obtenu à l'aide des principes d'hydrostatique.

Nous aurons là une nouvelle confirmation du principe de la conservation du travail.

Le corps de pompe a une capacité de 4 litres, et le piston une course de 1 mètre. La section du corps de pompe est donc de $\frac{4000 \text{ (centimètres cubes)}}{100 \text{ (centimètres)}} = 40$ (centimètres carrés).

Considérons le piston pendant sa course ascendante. La soupape O étant fermée, les masses liquides qui sont en dessus et en dessous du piston ne communiquent pas entre elles.

Les deux faces du piston supportent des pressions de sens contraires. La face supérieure supporte une pression plus grande que la pression atmosphérique; la face inférieure supporte une pression plus petite; la différence de ces deux pressions est égale, à chaque instant, à une pression de 6 mètres d'eau.

L'effort à vaincre pour soulever le piston est donc égal au poids d'un cylindre d'eau de 6 mètres de hauteur et de 40 centimètres carrés de base. Le volume de ce cylindre est de $40 \times 600 = 24000$ centimetres cubes. — Son poids est bien de 24 kilogrammes.

190. **Principe des pompes foulantes.** — Dans les pompes foulantes, on obtient l'ascension de l'eau par une poussée directe sur un piston plein; et non plus par la pression atmosphérique.

Le fond du corps de pompe est muni d'une soupape d'aspiration (fig. 145) qui s'ouvre de bas en haut.

Il est immergé dans la nappe liquide.

A sa partie inférieure, débouche le *tuyau de refoulement.* L'ouverture de ce tuyau porte une soupape, s'ouvrant du bas vers le haut.

1er *temps.* Soulevons le piston; le cylindre se remplit d'eau par la soupape d'aspiration.

2° *temps.* Baissons le piston : l'eau est refoulée dans le canal latéral. — Elle peut monter d'autant plus haut que la poussée sur le piston est plus considérable.

La hauteur d'ascension du liquide n'est donc plus limitée comme dans la machine précédente.

De même que dans la pompe aspirante, la tige du piston est commandée par un levier.

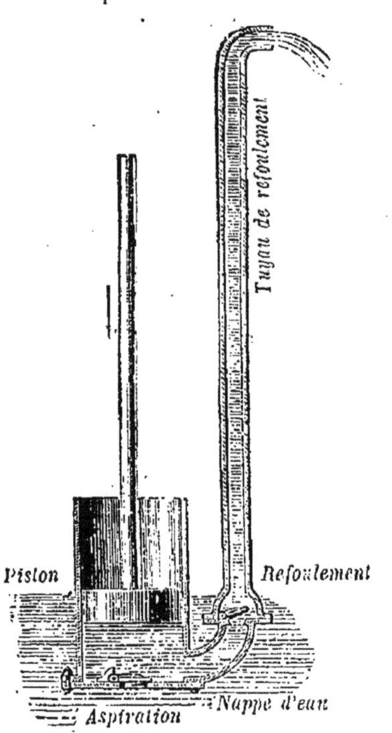

FIG. 145. — POMPE FOULANTE.
A chaque montée du piston, le cylindre se remplit d'eau qu'on refoule ensuite dans le canal latéral en appuyant fortement sur le piston.

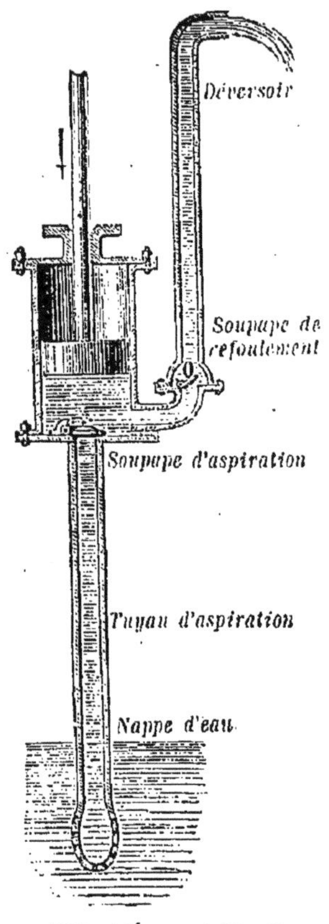

FIG. 146. — POMPE ASPIRANTE ET REFOULANTE.
L'eau, aspirée à la montée du piston, est refoulée à la descente de celui-ci.

Le travail exigé par chaque coup de piston (montée et descente) est égal au travail qui serait nécessaire pour élever directement et sans machine, du niveau de la nappe à celui du déversoir, le poids d'eau qui remplit le cylindre.

191. Principe des pompes aspirantes et foulantes. — Dans la pompe aspirante et foulante on élève l'eau à la fois par aspiration et par compression (fig. 146).

Le dispositif est le même que le précédent.

La seule différence est que le corps de pompe est placé au dessus de la nappe liquide et communique avec elle par un tuyau d'aspiration.

On peut répéter, pour cet appareil, ce qui a été dit du travail à effectuer pour les appareils précédents.

Presse hydraulique. — Comme application très importante des pompes, nous prierons le lecteur de se reporter à ce que nous avons dit précédemment de la ***presse hydraulique*** (§ 122 et suivants).

192. **Pompes rotatives.** — En dehors des appareils précédents, l'industrie moderne emploie encore très fréquemment des *pompes rotatives*, fondées sur les propriétés de la force centrifuge. Ces appareils permettent, à l'aide d'un ***mouvement de rotation continu, d'obtenir une ascension continue du liquide.*** Ils fournissent de très grands débits, mais ne donnent que d'assez faibles différences de pression. Nous n'insisterons pas sur leur principe qui d'ailleurs est en dehors de notre programme.

3. — SIPHON

193. **Principe du siphon.** — Imaginons que deux vases A et B (fig. 147), placés dans l'air et contenant un même liquide, soient réunis par un tube recourbé, rempli du même liquide.

Reportons-nous à ce que nous avons dit du principe des ***vases communicants*** (§ 111).

Il ne peut y avoir équilibre que si les surfaces libres du liquide dans les deux vases sont dans un même plan horizontal.

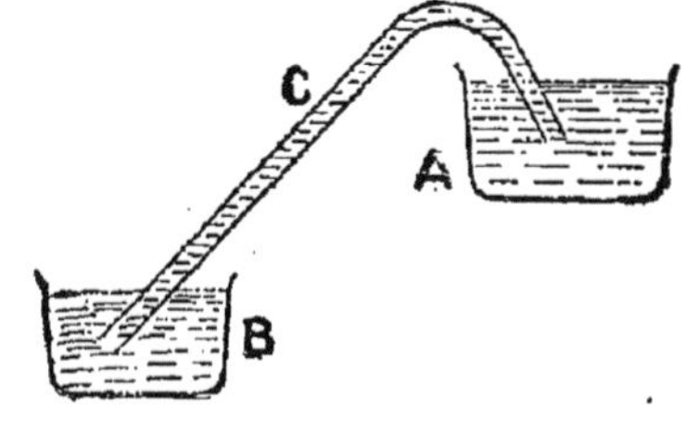

FIG. 147. — DISPOSITIF THÉORIQUE DU SIPHON.
Le liquide s'écoule du niveau le plus élevé vers le plus bas.

Si cette condition n'est pas réalisée, il y aura mouvement du liquide, dans un sens tel que le centre de gravité de la masse totale descende plus bas.

Il y aura donc écoulement, à travers le tube recourbé, du niveau le plus élevé vers le niveau le plus bas.

Ce dispositif est fréquemment utilisé pour le transvasement des liquides.

Le siphon est un simple tube C à branches inégales. La branche courte plonge dans le liquide à transvaser. On recueille le liquide à l'extrémité de la grande branche.

194. **Amorcement du siphon.** — Tout ce qui précède suppose le siphon préalablement rempli du liquide que l'on veut transvaser. On dit alors que le siphon est *amorcé*.

Le siphon ne pourrait être amorcé dans le vide; on ne pourrait pas non plus, dans l'air à la pression atmosphérique, amorcer un siphon avec du mercure, si la petite branche avait plus de 76 centimètres de hauteur.

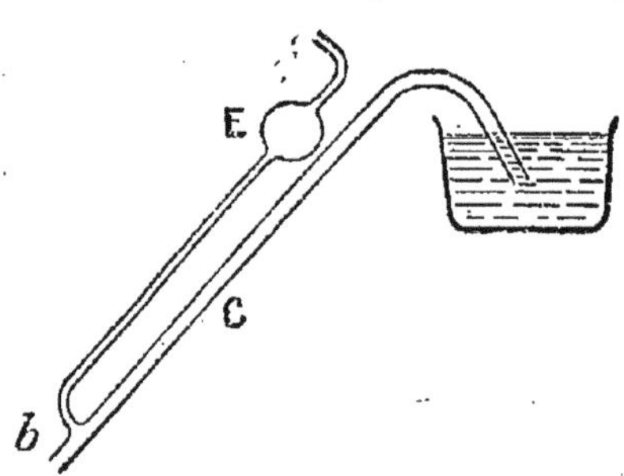

FIG. 148. — AMORCEMENT DU SIPHON. *On amorce le siphon en fermant l'extrémité b avec le doigt et en aspirant par le tube latéral jusqu'à ce que la branche C soit pleine de liquide.*

La *pression extérieure* joue donc un rôle essentiel dans l'amorcement du siphon.

On peut, pour amorcer le siphon, employer divers procédés :

1er *Procédé.* — La petite branche étant plongée dans le liquide, on ferme l'extrémité *b* de la grande avec le doigt et on aspire par un petit tube latéral, muni d'une boule de sûreté E et soudé près de *b*. Dès que le siphon est rempli, on retire le doigt et l'écoulement commence (fig. 148).

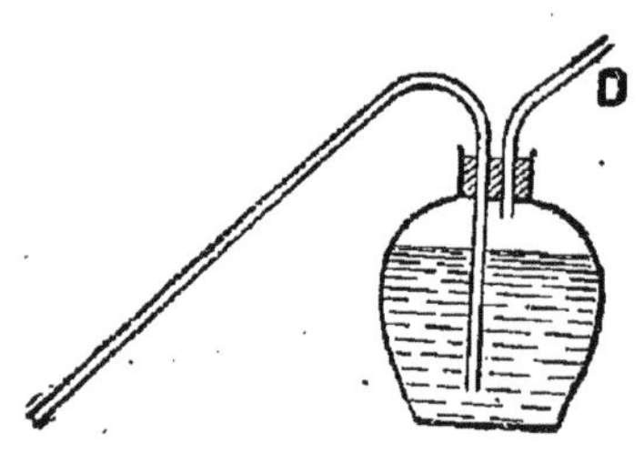

FIG. 149. — TRANSVASEMENT D'UN ACIDE.
En comprimant de l'air par le tube D, on refoule l'acide dans le siphon et celui-ci s'amorce.

2e *Procédé.* — S'il s'agit de vider une tourie d'acide, on ferme le goulot de la tourie avec un bouchon que traversent la petite branche du siphon et un tube D. Une légère pression exercée momentanément dans la tourie par le tube D suffit à faire monter l'acide dans le siphon et à produire l'amorcement (fig. 149).

DEUXIÈME PARTIE

CHALEUR

CHAPITRE I

TEMPÉRATURE

1. REPÉRAGE DES TEMPÉRATURES

195. **Première idée du chaud et du froid.** — C'est par le sens du *toucher* que nous recevons les impressions de chaud et de froid.

Quand nous disons qu'un corps est plus chaud ou plus froid qu'un autre, nous traduisons une impression qui a pour nous un sens précis.

Nous ne pourrions pas exprimer plus clairement cette impression à l'aide d'autres mots que les mots : chaud et froid.

196. **Les données du toucher sont insuffisantes.** — Toutefois, il serait impossible de faire une étude précise de la chaleur et des phénomènes qui s'y rattachent, à l'aide de ces seules impressions de froid et de chaud. En effet :

1° Nous n'avons pas assez de mots à notre disposition pour traduire les multiples impressions que nous ressentons au point de vue du chaud et du froid ;

2° Des corps très chauds ou très froids produisent des impressions très douloureuses et peuvent désorganiser nos tissus. On ne peut songer à les étudier avec le toucher ;

3° Les sensations de chaud ou de froid nous laissent des souvenirs trop fugitifs et trop peu précis. Elles nous exposeraient donc à des erreurs grossières. Chacun sait quelles divergences d'appréciation on rencontre quand il s'agit de savoir, à quelques jours de distance, si une journée est plus ou moins chaude qu'une autre ;

4° Enfin, le toucher est insuffisamment sensible.

Cela veut dire qu'il ne nous permet pas de distinguer entre deux états calorifiques voisins et certainement différents. Plaçons un récipient contenant un ou deux litres d'eau sur un fourneau à gaz et, de minute en minute, plongeons-y le doigt. D'une fois à l'autre, il nous sera impossible d'affirmer que l'eau est devenue plus chaude et, pourtant, il est bien évident qu'elle s'est échauffée.

En somme, *le toucher est insuffisant pour l'étude précise des états calorifiques d'un corps.*

197. **Euqilibre de température.** — L'expérience va nous permettre de résoudre ces difficultés.

Mettons de l'eau froide dans une cuvette; puis, plongeons-y un vase en métal contenant de l'eau chaude. Au bout d'un certain temps, nous constatons la même impression de tiédeur, soit que nous plongions le doigt dans la cuvette, soit que nous le plongions dans le vase. Ceci nous montre que l'eau froide s'est échauffée, tandis que l'eau chaude s'est refroidie.

L'expérience donne toujours le même résultat, ce qui nous permet d'énoncer la loi suivante :

Quand on met un corps, qui nous paraît froid, en contact prolongé avec un corps qui nous paraît chaud, le premier s'échauffe, le second se refroidit.

Au bout d'un certain temps, la sensation de chaud ou de froid, que nous éprouvons au contact du système des deux corps, semble rester invariable.

Nous disons que les deux corps se sont mis en ***équilibre de température.***

Nous dirons encore que celui des deux corps qui, primitivement, nous paraissait le plus chaud, se trouvait à une température plus élevée que l'autre.

Les résultats qui précèdent peuvent donc se traduire ainsi :

Quand on met en contact prolongé deux corps qui sont primitivement à des températures différentes, leurs températures tendent à s'égaliser. La température de l'un et de l'autre ne demeure invariable que quand elle est la même pour les deux corps. On dit alors que les deux corps se sont mis en équilibre de température.

198. **Principe du thermomètre.** — De ce qui précède résulte encore que :

Si la température d'un corps, plongé dans un liquide, reste

invariable, on peut être sûr que cette température est précisément celle du liquide dans lequel il se trouve plongé.

Reste à constater, autrement qu'avec le toucher, si la température d'un corps reste invariable ou non.

Si nous pouvions trouver un corps qui nous permît de faire facilement cette constatation, nous dirions que ce corps est un ***thermoscope*** [1]. L'expérience, encore une fois, va nous permettre de résoudre facilement cette question.

On constate, en effet, que ***le volume d'un corps solide augmente quand on le chauffe*** (c'est-à-dire quand sa température s'élève).

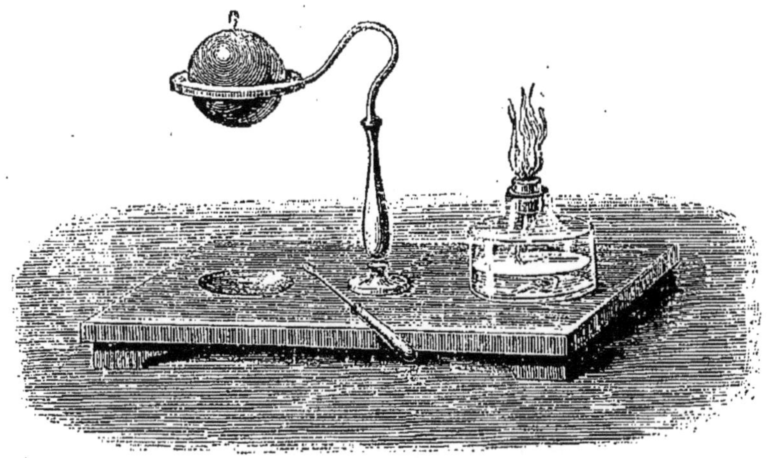

FIG. 150. — ANNEAU DE S'GRAVESANDE.
La sphère qui, à l'ordinaire, passe exactement dans l'anneau, n'y passe plus quand elle a été chauffée seule sur une lampe.

Rappelons à ce propos l'expérience de S'Gravesande.

A la température ordinaire, une sphère de cuivre passe exactement dans un anneau de même métal fixé sur un support (fig. 150). Lorsque cette sphère a été chauffée toute seule à la flamme d'une lampe à alcool ou d'un bec de gaz, elle ne peut plus passer à travers l'anneau demeuré froid; ceci nous prouve l'accroissement de volume de la sphère. Mais si l'on chauffe en même temps, et également, la boule et l'anneau, le passage peut toujours s'opérer librement; ce qui prouve d'abord qu'un solide creux se dilate; et, en outre,

1. Ce mot veut dire : *observateur des températures.*

qu'il se dilate de la même manière qu'un solide plein, de même nature et de même volume.

Le mercure et l'alcool (parmi les liquides) ***se dilatent plus encore que les solides.***

Prenons, en effet, un petit réservoir soufflé à l'extrémité d'un tube de verre très étroit. Remplissons-le de mercure ou d'alcool. Exposons-le à l'action de la chaleur; le niveau du liquide monte dans le tube étroit.

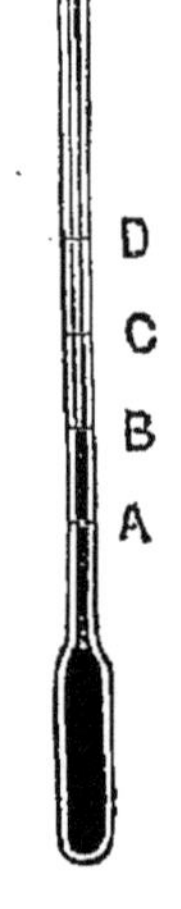

FIG. 151. REPÉRAGE DES TEMPÉRATURES. *Chacun des traits marqués sur la tige de l'appareil définit une température.*

Nous en concluons que, sous l'action de la chaleur : 1° ***le liquide se dilate;*** 2° ***il se dilate plus que son enveloppe de verre.***

Ce petit appareil sera donc à une température invariable, quand le niveau du liquide dans le tube étroit restera invariable.

Si ce résultat (***niveau invariable***) a été atteint, tandis que ce petit appareil restait plongé dans un bain liquide, nous sommes assuré que sa température invariable était précisément égale à la température, invariable aussi, du bain dans lequel il était plongé.

Ce petit appareil est un thermoscope.

199. L'appareil précédent permet de définir les températures. — Traçons maintenant des traits quelconques A, B, C,... sur le tube étroit de l'appareil précédent (fig. 151).

Installons ensuite ce petit appareil dans un récipient contenant de l'huile, que nous chauffons régulièrement sur un fourneau à gaz.

Évidemment, nous sommes bien sûr que l'huile s'échauffe progressivement, c'est-à-dire que sa température s'élève peu à peu. Le toucher, nous l'avons déjà dit, serait impuissant à nous accuser cette élévation de température d'une minute à l'autre, mais il se trouve que notre petit appareil est ***beaucoup plus sensible.*** Nous voyons, en effet, au fur et à mesure que l'huile s'échauffe, le niveau du mercure s'élever constamment dans le tube étroit et passer successivement devant les divisions qu'il porte.

Nous pouvons dire alors : plus le mercure s'élève dans la tige, plus la température de l'huile est élevée.

Laissons refroidir l'huile; nous savons, par le toucher, que sa température baisse; nous constatons, en même temps, que la colonne de mercure est constamment descendante. *Le variation du niveau du mercure a donc lieu dans le même sens que la variation de température*; et c'est pour cela que nous avons appelé notre appareil un thermoscope.

Supposons maintenant que l'huile s'échauffe ou se refroidisse de plus en plus lentement, le niveau du mercure dans l'appareil monte ou baisse de plus en plus lentement. Si la température du bain restait fixe quelque temps, le niveau du mercure dans le thermoscope resterait fixe également, pendant le même temps. D'où, cette conclusion capitale :

Chaçune des divisions du thermoscope correspond à une température bien déterminée.

Pour les reconnaître, nous inscrivons un numéro d'ordre en face de chaque division, en allant du bas de la tige vers le haut. Nous pouvons ainsi, d'une façon simple et précise, et avec une grande sensibilité, repérer les températures. Naturellement, plus la division est éloignée du réservoir, plus son numéro est élevé. Quand les divisions sont numérotées, on dit que le thermoscope est *gradué*. L'appareil est alors un *thermomètre* (1).

Nous savons donc *définir avec précision les températures* dont nous voulons parler.

Nous pouvons, en outre, en notant le trait où s'est arrêtée précédemment la colonne de mercure, *reproduire exactement une température* antérieurement observée.

Notre thermoscope nous a donné un *langage précis des températures*.

200. **Comparabilité des thermomètres.** — L'appareil précédent présenterait encore un grave inconvénient.

Les indications de divers appareils, construits par différents observateurs, n'auraient rien de comparable entre elles.

On devra donc choisir un mode particulier de division de la tige qui nous donne des *appareils comparables entre eux*.

Ces appareils devront : 1° être faciles à reproduire à volonté; 2° donner les mêmes indications numériques, si on les plonge dans un même bain.

Cette graduation une fois adoptée, notre appareil sera un véritable *thermomètre*.

1. Ce mot veut dire : *mesureur des températures*. Il n'est donc pas tout à fait correct, puisqu'il ne saurait être question de dire combien de fois une température en contient une autre (§ 209).

2. — POINTS FIXES ET ÉCHELLES THERMOMÉTRIQUES

201. **Nécessité de points fixes.** — Le problème serait notablement simplifié, si nous savions établir sur cette graduation quelques points bien déterminés, dont la fixation entraînerait la connaissance de tous les autres points de la graduation.

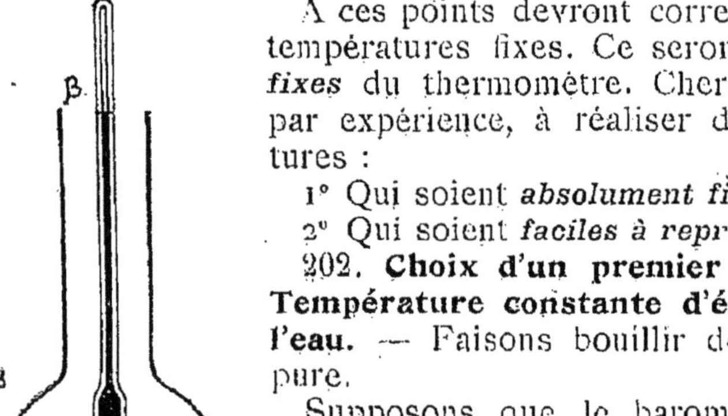

FIG. 152. GRADUATION DU THERMOMÈTRE. *On obtient le point fixe β en immergeant l'appareil dans la vapeur d'eau bouillante, sous la pression de 76 centimètres de mercure.*

A ces points devront correspondre des températures fixes. Ce seront les ***points fixes*** du thermomètre. Cherchons donc, par expérience, à réaliser des températures :

1° Qui soient ***absolument fixes;***

2° Qui soient ***faciles à reproduire.***

202. **Choix d'un premier point fixe. Température constante d'ébullition de l'eau.** — Faisons bouillir de l'eau bien pure.

Supposons que le baromètre (§ 149) marque 76 centimètres.

Plongeons notre thermomètre dans la vapeur d'eau bouillante.

Nous constatons que, pendant tout le temps de l'ébullition, le niveau du liquide dans la tige de l'appareil se maintient à un même niveau β (fig 152).

Nous dirons donc que :

Sous la pression de 76 centimètres de mercure, l'eau pure bout toujours à une même température : cette température se maintient constante pendant tout le temps de l'ébullition.

Le point β sera un premier point fixe.

203. **Choix d'un second point fixe. Température constante de la glace fondante.** — Prenons maintenant de la glace. Ajoutons-y de l'eau.

Reprenons notre thermoscope non encore gradué. Plongeons-le dans le mélange d'eau et de glace. Nous constatons que le niveau du liquide s'arrête toujours au même point de la tige, tant qu'il reste de la glace non fondue.

La seule condition est d'opérer sur de l'eau et de la glace bien pures.

Nous savons donc maintenant que :

La glace fond toujours à une même température; cette température se maintient constante pendant tout le temps de la fusion.

Cette température peut donc être choisie pour une des températures fixes de notre graduation.

Marquons le point α (fig. 153), où le liquide du thermoscope s'arrête dans la glace fondante.

Ce point α sera le second de nos points fixes.

204. **Échelles thermométriques**. — Supposons maintenant que nous divisions l'intervalle (α, β) en un nombre déterminé de parties égales.

Nous aurons une ***échelle thermométrique*** déterminée.

Chaque température sera définie par une division de la tige, et chaque division par un numéro d'ordre.

Deux appareils, construits comme nous venons de le dire, seront évidemment comparables.

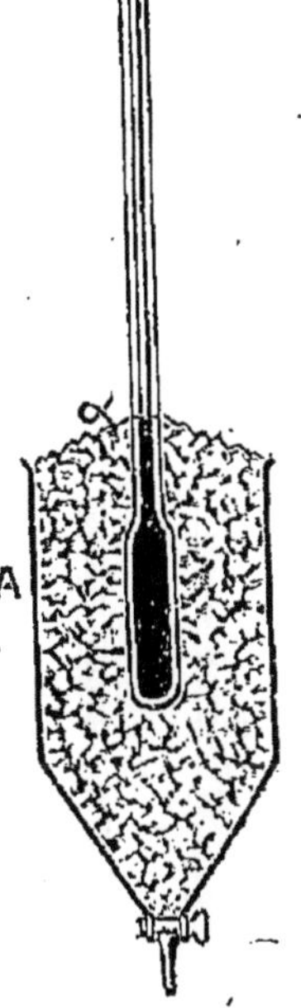

FIG. 153.
GRADUATION DU THERMOMÈTRE.
On obtient le point fixe α en plaçant l'appareil dans la glace fondante.

205. **Échelle centigrade.** — On a, dans la plupart des pays, l'habitude, qui se généralise de plus en plus :

1° De diviser l'intervalle α, β en 100 parties égales ;

2° De marquer 0 au point α ;

3° De marquer 100 au point β.

L'échelle ainsi construite s'appelle ***l'échelle centigrade des températures.***

206. **Echelle Réaumur.** — Dans ***l'échelle Réaumur***, on marque :

0, au point α ;

80, au point β.

L'intervalle α, β est divisé en 80 parties égales.

207. **Echelle Fahrenheit.** — L'échelle, habituellement employée dans les pays de langue anglaise, porte :

32, au point α ;

212, au point β.

L'intervalle α, β est divisé en 180 parties égales.

C'est *l'échelle Fahrenheit.*

208. **Exercice numérique.** — Supposons deux appareils identiques, portant :

L'un, A, la graduation centigrade;

L'autre, B, la graduation Fahrenheit (fig. 154). Supposons qu'ils soient plongés dans un même bain liquide, et que le niveau du liquide, dans chacun d'eux, s'élève à égale distance des deux points fixes.

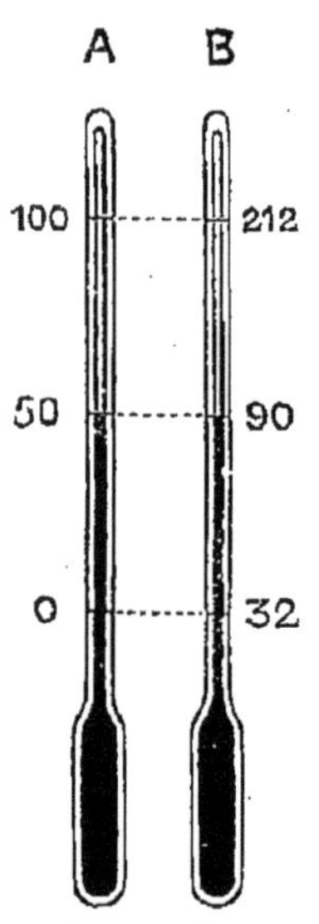

FIG. 154. COMPARAISON DE DEUX ÉCHELLES THERMOMÉTRIQUES. *Les points fixes sont marqués* 0 *et* 100 *sur l'échelle centigrade;* 32 *et* 212 *sur l'échelle Fahrenheit.*

Le thermomètre A marquera 50 degrés centigrades.

Le thermomètre B marquera un chiffre équidistant de 32 et de 212, c'est-à-dire

$$\frac{122 + 32}{2} = 122.$$

Ainsi la température de 50 degrés centigrades est la même que la température de 122 degrés Fahrenheit.

209. **La température n'est pas une grandeur mesurable.** — Quelle que soit l'échelle thermométrique que l'on adopte, le thermomètre ne sert qu'à définir avec précision une température et nullement à la *mesurer* (au sens rigoureux du mot mesure).

Cela tient à ce que *la température elle-même n'est pas une grandeur mesurable.* Nous n'avons, en effet, aucun moyen de définir une température double ou triple d'une autre.

On ne peut non plus *ajouter* deux températures l'une à l'autre. On ne peut que *repérer* chacune d'elles, c'est-à-dire indiquer comment elles sont toutes distribuées, les unes par rapport aux autres.

De là provient cette large part de convention, qui intervient dans la fixation de toute échelle thermométrique.

210 **Degré centigrade.** — Dans la suite, nous supposerons toujours que nous opérons avec l'échelle centigrade.

Chaque division de l'échelle centigrade définit un degré centigrade de température. L'échelle se prolonge au-dessus de 100 et au-dessous de 0. On affectera du signe — les divisions placées au-dessous de 0.

La température correspondant au trait 50, par exemple, sera désignée sous le nom de température de 50 degrés. On la représente souvent par la notation 50°.

Nous pourrons donc dire :

Le degré centigrade du thermomètre à mercure est l'élévation de température qui produit sur le mercure, dans le verre, le centième de l'augmentation apparente de volume que l'on observe dans le même appareil, quand on passe de la température de la glace fondante à celle de l'eau bouillante sous la pression barométrique de 76 centimètres de mercure.

3. — THERMOMÈTRE A MERCURE

211. **Construction du thermomètre à mercure.** — Ceci posé, voici comment se construit un thermomètre à mercure :

Prenons d'abord un tube de verre à parois épaisses, mais très étroit et bien cylindrique.

Pour nous assurer de la régularité du tube, introduisons-y une goutte de mercure, que nous promenons d'un bout à l'autre du tube. Cette goutte doit conserver partout la même longueur si la section du tube est partout la même.

Soufflons à une extrémité de ce tube un réservoir de dimensions convenables. Emplissons l'appareil de mercure (par un procédé qu'il est inutile de décrire ici).

Portons l'appareil à la plus haute température qu'il devra indiquer plus tard (nous chassons ainsi l'excès de mercure que l'appareil pourrait contenir).

Fermons à la lampe l'extrémité de la tige.

212. **Détermination des points fixes.** — Ceci fait, on détermine les points fixes.

1° ***Point fixe supérieur.*** — On se sert, à cet effet, du dispositif que représente la figure 152.

On place de l'eau pure dans un ballon à long col B et l'on introduit le thermomètre dans celui-ci. On porte l'eau à l'ébullition; et l'on s'arrange pour que le thermomètre, au moins dans toute la partie qui renferme du mercure, soit immergé dans la vapeur. On verra, plus tard (§ 345), que la température de celle-ci est la même que celle de l'eau.

Lorsque l'eau bout, le niveau du mercure doit venir affleu

rer en β. On repère la position en β de ce niveau dès qu'elle est devenue invariable. Si le baromètre marque 76 centimètres au moment de l'expérience, c'est au point β qu'on marquera 100° dans l'échelle centigrade.

2° *Point fixe inférieur.* — On plonge le thermomètre dans un vase contenant de la glace finement pilée, ou mieux, râpée et mouillée d'eau distillée (*glace fondante*), et on marque 0° au point de la tige où se fixe alors le niveau du mercure.

213. **Construction de l'échelle.** — Les points fixes étant ainsi déterminés, on mesure, à l'aide d'une machine spéciale (*machine à diviser*), la longueur *L* qui les sépare.

La longueur de 1 degré est alors la 100e partie de *L*; et il ne reste plus qu'à tracer les divisions de degré en degré et à les numéroter.

214. **Lecture d'une température.** — Pour prendre la température d'un bain, on y plongera le thermomètre, et on cherchera à satisfaire aux deux conditions suivantes :

1° *Le niveau du mercure dans le thermomètre reste invariable* (sans quoi, le thermomètre n'aurait pas encore pris la température du bain);

2° *Le niveau du mercure dans le thermomètre affleure à la surface du bain* (sans quoi, tout le mercure du thermomètre ne serait pas à la température du bain).

On lira alors la position du mercure dans le thermomètre; le numéro d'ordre de la division d'affleurement donnera en degrés centigrades la température du bain.

215. **Avantages et qualités du thermomètre à mercure.** — L'expérience a montré que les thermomètres à mercure ainsi construits donnaient tous très sensiblement les mêmes indications entre — 20° et + 250°.

Ils sont donc, à très peu de chose près, *comparables* entre eux; c'est la qualité essentielle que nous ayons à demander à un thermomètre.

En outre, ces appareils sont d'une observation *commode*.

En effet, en raison de la petite quantité de mercure qu'ils renferment et de la grande conductibilité de ce métal pour la chaleur, ils se mettent vite en équilibre de température avec le milieu ambiant.

Ils peuvent d'ailleurs être assez *sensibles* pour permettre de saisir une variation de température de $\frac{1}{200^e}$ de degré.

216. **Insuffisance du thermomètre à mercure.** — Toutefois, il pourra se faire que des thermomètres à mercure, fabriqués avec des verres différents, donnent des indications légèrement différentes, dont on ait à tenir compte dans certaines expériences de haute précision. — Dans ce cas, le thermomètre à mercure sera évidemment insuffisant.

De même, on pourra avoir à apprécier les températures inférieures à — 40° (température de congélation du mercure), ou supérieures à 360° (température d'ébullition du mercure). — Dans ce deuxième cas également, les thermomètres à *mercure* seraient évidemment inutilisables.

217. **Thermomètres à gaz.** — Il faudra, dans ces deux cas, avoir recours à d'autres thermomètres.

On emploie pour cela des *thermomètres à gaz* dont le principe est analogue à celui du thermomètre à mercure, mais dont le mode d'emploi est beaucoup plus délicat. Nous ne les étudierons pas ici.

Qu'il nous suffise de savoir que le thermomètre à gaz seul peut permettre de définir les très hautes et les très basses températures et que c'est à lui seul que doivent être comparés les thermomètres à mercure de précision. Aussi le désigne-t-on habituellement sous le nom de *thermomètre normal.*

218. **Zéro absolu.** — Par définition, le thermomètre normal marque 0° dans la glace fondante et 100° dans l'eau bouillante. L'échelle des températures normales est indéfinie dans le sens des températures croissantes. Au contraire, elle est limitée dans le sens des températures décroissantes. D'après le choix même des points fixes, si l'on pouvait refroidir suffisamment un gaz jusqu'à annuler son volume ou sa pression, on devrait représenter (§ 286) par — 273° la température à laquelle ce résultat aurait été atteint. Il serait donc, par définition même de l'échelle thermométrique normale, absurde de parler de températures inférieures à — 273°. Cette dernière température est souvent désignée sous le nom de *zéro absolu.*

4. — THERMOMÈTRES SPÉCIAUX

219. **Thermomètres médicaux.** — La température d'un homme en bonne santé s'écarte peu de 37°. Au-dessus de 39°, la fièvre est déjà forte. La vie ne pourrait se maintenir

quelque temps, ni au-dessous de 36°, ni au-dessus de 40°. Les thermomètres médicaux comportent des échelles qui ne s'étendent que de 34° à 42° environ. Cette portion de l'échelle est divisée en dixièmes de degré. Lorsque l'appareil a été appliqué contre le corps du malade, la colonne mercurielle reste maintenue au point atteint, grâce à un petit étranglement qui se trouve au bas de la tige et qui s'oppose au retour du mercure dans le réservoir. L'appareil peut donc alors être observé à loisir. Une légère secousse ramène au contact les deux portions du liquide thermométrique. L'appareil (fig. 155) est prêt alors pour de nouvelles observations.

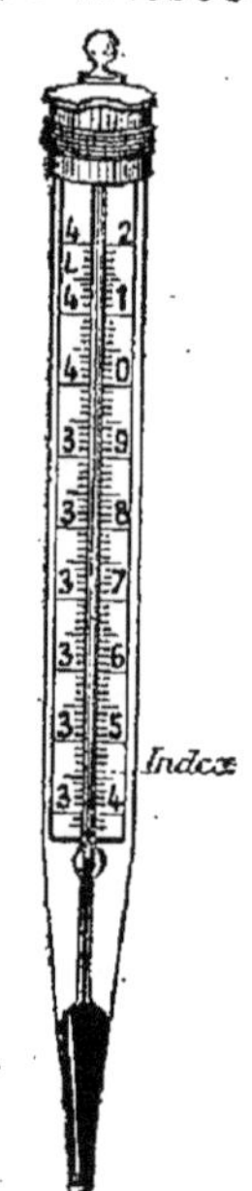

FIG. 155. THERMOMÈTRES MÉDICAUX. *L'échelle divisée ne comprend que les températures allant de 34° à 42° environ.*

220. Thermomètre à maxima et minima. — Un thermomètre à alcool (fig. 156) a sa tige verticale deux fois recourbée. Elle contient à sa partie inférieure une longue colonne de mercure en forme d'U. L'une des extrémités de cette colonne monte donc pendant que l'autre descend. Devant chaque niveau mercuriel se trouve un petit index d'émail qui, par un fil de verre, fait ressort contre la paroi du tube. Lorsque la température varie, le volume de l'alcool change; le mercure pousse alors un des index et abandonne l'autre au milieu de l'alcool où il se trouve plongé. L'un des index indique ainsi la température maxima, l'autre la température minima.

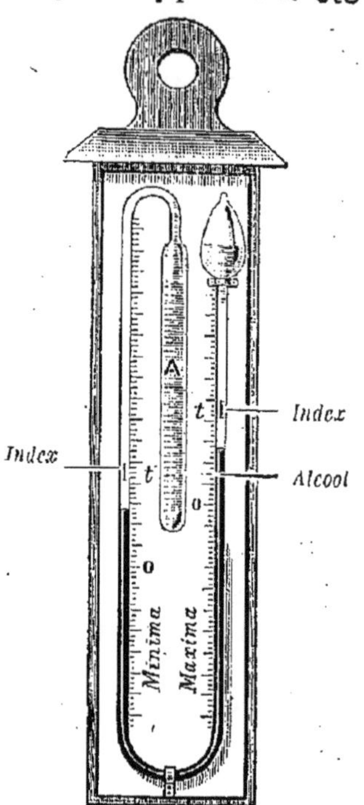

FIG. 156. — THERMOMÈTRE A MAXIMA ET A MINIMA. *Suivant que l'alcool se contracte ou se dilate, les niveaux mercuriels marchent dans un sens ou dans l'autre, et leurs positions extrêmes sont repérées par les index qu'ils poussent devant eux.*

Pour préparer l'instrument à une observation, on amène

les index au contact du mercure en agissant à l'aide d'un aimant sur un petit morceau de fer doux contenu dans chacun d'eux.

221. Thermomètre enregistreur Richard. — La pièce principale de cet appareil, employé fréquemment en météorologie, est une boîte métallique à parois élastiques, entièrement remplie de pétrole ou d'alcool. La forme de cette boîte rappelle, à la grandeur près, celle du tube d'un mano-

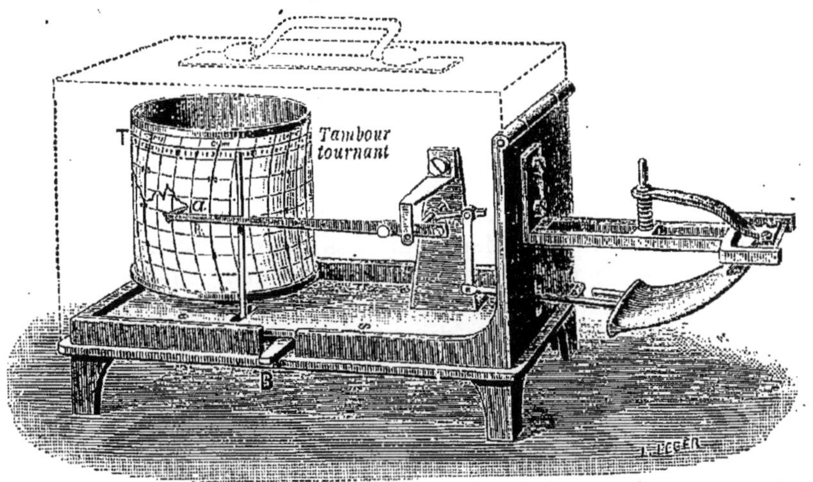

FIG. 157. — THERMOMÈTRE ENREGISTREUR.
Les déformations que les variations de température impriment au tube rempli de pétrole sont amplifiées par des leviers et s'inscrivent sur un tambour tournant.

mètre métallique (§ 163) : elle est incurvée dans le sens de la longueur et présente une section ovoïde. Lorsqu'on l'expose à une élévation de température, le pétrole se dilate plus que l'enveloppe métallique et produit à l'intérieur de celle-ci une pression énergique sous l'influence de laquelle la courbure diminue. L'une des extrémités de la boîte est fixe. Les déplacements de l'autre, amplifiés par un système de leviers, s'inscrivent sur un tambour tournant d'un mouvement uniforme et sur lequel les heures sont repérées (fig. 157).

Ces divers instruments se graduent par comparaison avec un bon thermomètre à mercure.

CHAPITRE II

CALORIMÉTRIE

1. — NOTION DE LA QUANTITÉ DE CHALEUR

222. **Qu'est-ce qu'une quantité de chaleur ?** — Prenons deux ballons, contenant chacun 1 litre d'eau, à la même température, par exemple à 0°. — Chaque ballon est muni d'un thermomètre. Chauffons chacun d'eux avec la flamme d'un bec de gaz.

Nous pourrons, après quelques tâtonnements, régler le robinet de l'un d'eux de façon que les températures des deux ballons soient égales à chaque instant.

Nous dirons que les deux flammes de gaz fournissent pendant le même temps des *quantités de chaleur égales*.

Réunissons maintenant nos deux becs de gaz sous un seul ballon rempli d'eau. Nous dirons que celui-ci reçoit, pendant le même temps, une *quantité de chaleur deux fois plus grande* que celle que recevait chacun des deux premiers.

Nous concevons donc qu'il puisse être question :

1° De deux *quantités de chaleur égales* ;

2° D'une *quantité de chaleur double* d'une autre.

223. **La quantité de chaleur est une grandeur mesurable.** — Nous pourrions de même nous faire une idée nette d'une quantité de chaleur triple, quadruple... d'une autre.

Nous pouvons donc comparer une quantité de chaleur à une autre quantité de chaleur, prise pour unité.

Les quantités de chaleur sont donc des *grandeurs mesurables*.

Nous avons vu qu'il n'en était pas de même pour les températures (§ 209).

224. **Comparaison de deux quantités de chaleur.** — On peut donc comparer deux quantités de chaleur. On pourrait, pour cela, imaginer des procédés divers.

1° Deux becs de gaz produisent séparément, pendant le même temps, des effets identiques. Nous sommes convenus de dire que *les deux becs de gaz employés ensemble fournissent une quantité de chaleur double* ;

2° On pourra dire encore qu'un bec de gaz fournit deux fois plus de chaleur en dix minutes qu'en cinq minutes. ***On pourrait donc, pour comparer des quantités de chaleur, comparer des intervalles de temps;***

3° Supposons que l'un de nos becs de gaz échauffe un litre d'eau de 0° à 50° en cinq minutes. Supposons qu'un autre foyer de chaleur, pendant le même temps, échauffe aussi de 0° à 50° une masse de deux litres d'eau. Nous dirons que cette seconde source de chaleur fournit deux fois plus de chaleur, pendant le même temps, que le bec de gaz de comparaison. ***On pourra donc, pour comparer des quantités de chaleur, comparer les masses des corps soumises à l'action de la chaleur.***

Si, au lieu de nous servir de becs de gaz, nous nous servions d'un autre combustible, la houille, par exemple, nous pourrions ***comparer les quantités de combustible*** nécessaires pour obtenir un effet déterminé. C'est ce qu'on fait habituellement dans l'industrie, où l'on évalue par ***tonnes de houille*** les quantités de chaleur que l'on devra produire.

225. **Choix d'une unité de chaleur : la calorie.** — Les procédés précédents nous ont conduits à nous faire une idée nette de ce qu'il faut entendre par quantité de chaleur.

Toutefois, ils ne seraient pas assez précis pour permettre habituellement de bonnes mesures.

Dans les mesures de précision, on convient de prendre pour unité de chaleur la quantité de chaleur qui serait nécessaire pour échauffer un gramme d'eau de 0° à 1°. On la désigne sous le nom de ***calorie.***

La calorie est donc la quantité de chaleur nécessaire pour élever de 0° à 1° la température d'un gramme d'eau.

2. — MESURES CALORIMÉTRIQUES

226. **Objet de la calorimétrie.** — On désigne sous le nom de ***calorimétrie*** l'étude des procédés qui permettent de faire des mesures exactes de quantités de chaleur.

Les appareils qui servent à ces opérations sont désignés sous le nom de ***calorimètres.***

Les quantités de chaleur sont mesurées en ***calories*** (§ 225).

227. **Principes fondamentaux sur les échanges de chaleur entre les corps.** — Les méthodes calorimétriques reposent sur des principes très simples :

Premier principe : Nous admettrons que :

S'il faut fournir à un corps une certaine quantité de chaleur pour lui faire subir une transformation déterminée (échauffement, fusion, vaporisation), la transformation inverse abandonnera exactement la même quantité de chaleur.

Un litre d'eau, qu'on chauffe de 20° à 30°, exige une quantité de chaleur égale à celle qu'il abandonne, en se refroidissant de 30° à 20°.

Un kilogramme d'eau exige, pour se vaporiser, une quantité de chaleur précisément égale à celle qu'abandonne la vapeur en se condensant et en reprenant l'état liquide.

Deuxième principe : (Principe des mélanges). Nous admettrons que :

Lorsqu'on met en contact plusieurs corps à des températures différentes, la quantité de chaleur abandonnée par ceux qui se refroidissent, est égale à la quantité de chaleur absorbée par ceux qui s'échauffent.

228. **Quantités de chaleur et élévations de température.** — L'élévation de température d'un corps dépend évidemment de la quantité de chaleur qu'on lui fournit. Comment en dépend-elle ?

C'est à l'expérience de nous l'apprendre.

Faisons l'expérience suivante : Préparons un litre d'eau à 10° et un litre d'eau à 30°. Mélangeons-les. Attendons que la température du mélange se fixe. Elle est de 20°.

Nous en concluons que, pour passer de 10° à 20°, 1 litre d'eau demande la même quantité de chaleur que pour passer de 20° à 30°.

Nous en concluons également que, pour passer de 10° à 30°, il exige deux fois plus de chaleur que pour passer de 10° à 20°.

Ces résultats peuvent s'énoncer d'une façon plus générale, en disant :

La chaleur nécessaire pour échauffer de quelques degrés un certain poids d'eau est directement proportionnelle à l'élévation de sa température.

229. **Application numérique.** — Les résultats précédents nous permettent de calculer immédiatement la chaleur nécessaire pour échauffer d'un certain nombre de degrés un poids d'eau connu.

Soit à élever 620 grammes d'eau de 12°,1 à 15°,6.

Il faudra fournir 620 (15,6 — 12,1) = 2170 calories.

230. **Principe des mesures calorimétriques.** — Le principe sur lequel reposent les mesures calorimétriques se comprendra maintenant facilement.

Il suffira que la quantité de chaleur à mesurer soit uniquement employée à échauffer un poids d'eau connu.

Le nombre de calories mises en jeu se calcule alors, comme dans l'exemple précédent, en multipliant le poids de l'eau (estimé en grammes) par le nombre de degrés dont elle s'est échauffée.

231. **Le calorimètre doit être isolé au point de vue thermique.** — Pour être précise, l'opération exige :

1° ***Que l'échauffement de l'eau provienne uniquement de la chaleur à mesurer;***

2° ***Que la chaleur à mesurer soit tout entière employée à échauffer l'eau sur laquelle on opère.***

Il est donc indispensable que les objets environnants n'enlèvent ni ne fournissent de la chaleur à la masse d'eau calorimétrique.

Le calorimètre doit être isolé (au point de vue des échanges de chaleur avec les corps voisins).

Voyons comment ce résultat peut être atteint.

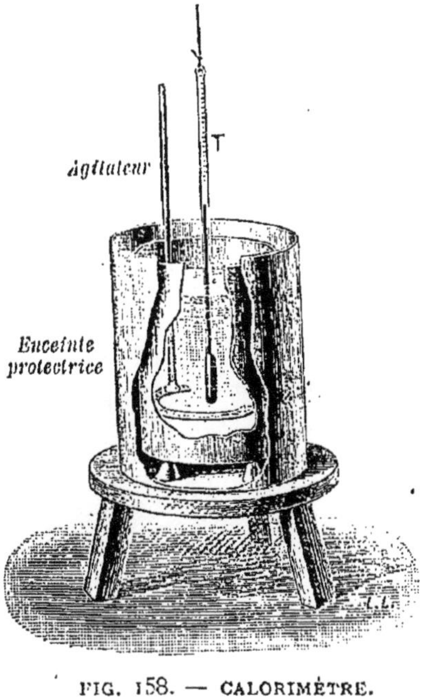

FIG. 158. — CALORIMÈTRE.
On mesure une quantité de chaleur en observant l'élévation de température qu'elle produit sur une masse d'eau connue et thermiquement isolée du milieu extérieur.

232. **Détails de construction.** — Le ***calorimètre*** dont on fait le plus habituellement usage est constitué par un vase cylindrique en laiton mince qui renferme de 500 à 2000 grammes d'eau et dans lequel plongent un ***thermomètre sensible*** et un ***agitateur*** (fig. 158).

On s'oppose aux pertes de chaleur ***par conductibilité***, en faisant reposer le calorimètre sur ***trois pointes de liège***, qui conduisent très mal la chaleur.

On diminue les pertes de chaleur ***par rayonnement*** :

1° En prenant comme vase calorimétrique un vase en laiton ***poli***, car l'expérience apprend que les métaux polis rayonnent extrêmement peu ;

2° En plaçant le calorimètre dans un autre récipient métallique, poli intérieurement, et qui servira ***d'enceinte protectrice***.

Enfin, dans les expériences de précision, on emploie souvent un dispositif indiqué par M. Berthelot (fig. 159).

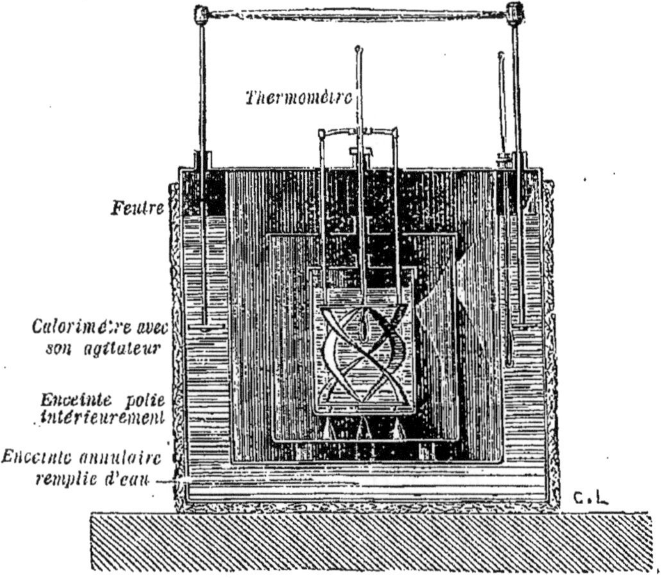

FIG. 159. — CALORIMÈTRE BERTHELOT.
Le calorimètre est plongé dans une sorte de cave artificielle, qui régularise les échanges de chaleur avec l'extérieur.

Tout l'appareil est placé au milieu d'une enceinte à double paroi, contenant 8 à 10 litres d'eau. Cette enceinte est recouverte d'une enveloppe en feutre épais. On régularise de cette façon les échanges de chaleur du calorimètre avec le milieu extérieur.

233. **Marche d'une opération.** — Suivant la nature de la question que l'on se propose d'étudier, on emploiera tel ou tel dispositif pour ***produire, au milieu du calorimètre, la quantité de chaleur à mesurer.***

On note la température du calorimètre au commencement de l'expérience. On la note à la fin. Par un ***calcul*** analogue à celui que nous avons fait plus haut (§ 229), on en déduit la quantité de chaleur prise par le calorimètre; c'est-à-dire (si le calorimètre est parfaitement isolé) la quantité de chaleur que nous voulions mesurer.

234. **Exemples**. — I. Supposons qu'il s'agisse de mesurer la ***chaleur abandonnée par un corps chaud qui se refroidit***.

Il suffira simplement d'immerger ce corps chaud dans le calorimètre, et de faire les observations indiquées.

Soit une masse de mercure, de 100 grammes, portée à 100°. Plongeons-la dans un calorimètre contenant 800 grammes d'eau à 19°,67. La température de l'eau s'élève jusqu'à 20°. La masse de mercure de 100 grammes, en se refroidissant de 100° à 20°, abandonne donc

$$800\,(20 - 19^{\circ},67) = 264 \text{ calories.}$$

II. Supposons, en second lieu, qu'on veuille mesurer la ***quantité de chaleur abandonnée par la condensation d'une certaine quantité de vapeur***.

On dirigera cette vapeur dans un serpentin en laiton mince, plongé dans le calorimètre. On fera les mêmes observations de températures, au début et à la fin de l'expérience; et on en déduira le nombre de calories dégagées par la condensation d'un certain poids de vapeur.

CHAPITRE III

CHALEURS SPÉCIFIQUES

1. — DÉFINITION DES CHALEURS SPÉCIFIQUES

235. **La même quantité de chaleur n'échauffe pas également des poids égaux de différents corps.** — Reprenons l'exemple qui nous a déjà servi (§ 222) de deux fourneaux à gaz, fournissant la même quantité de chaleur pendant le même temps.

Sur l'un et l'autre disposons un récipient en fer mince.

Dans le premier mettons deux litres d'eau ; dans le second, deux kilogrammes de mercure. Proposons-nous de les chauffer l'un et l'autre de 80 degrés.

Le premier exigera, pour cela, dix minutes, par exemple ; le second, au contraire, emploiera à peine une demi-minute.

Le même poids de mercure exige donc beaucoup moins de chaleur que l'eau, pour s'échauffer d'un même nombre de degrés.

Chaque corps se comporte donc à ce point de vue d'une façon qui lui est propre.

De l'expérience précédente on pourrait conclure : ***Pour un même poids du corps à échauffer, et pour une même élévation de température, l'eau exige plus de 20 fois la quantité de chaleur nécessaire au mercure.***

236. **Définition des chaleurs spécifiques.** — La conclusion précédente porterait toutefois sur une mesure qui comporte peu de précision.

Reprenons, au contraire, l'exemple que nous avons cité au n° 234.

Une masse de mercure de 100 grammes, portée à 100°, a été plongée dans un calorimètre contenant 800 grammes d'eau à la température de 19°,67. La température de l'eau s'est élevée à 20°.

Nous en avons conclu que le mercure avait abandonné 264 calories, en se refroidissant de 80 degrés.

Recommençons avec la même masse de mercure, le refroidissement étant maintenant de 40 degrés seulement. Nous trouverions qu'elle aurait abandonné 132 calories, c'est-à-dire deux fois moins.

Donc, dans les limites de nos expériences, *la chaleur abandonnée par un corps qui se refroidit est proportionnelle à l'abaissement de sa température*; et, par contre :

La chaleur à fournir à un corps que l'on chauffe est proportionnelle à l'élévation de sa température:

100 grammes de mercure ont abandonné 264 calories en se refroidissant de 80 degrés, ou encore 132 calories en se refroidissant de 40 degrés.

Ils abandonneraient $\frac{264}{80}=\frac{132}{40}=3^{cal},3$ en se refroidissant de 1 degré.

Un gramme de mercure, en se refroidissant de 1 degré, abandonnerait donc $\frac{3,3}{100}=0,033$ calorie.

Il exigerait la même quantité de chaleur pour s'échauffer de 1 degré.

C'est là ce qu'on appelle *la chaleur spécifique* du mercure : d'où cette définition :

La chaleur spécifique d'un corps est le nombre constant de calories qu'absorbe un gramme de ce corps, en s'échauffant de 1 degré.

237. **Chaleurs spécifiques moyennes.** — Le résultat précédent n'est cependant vrai qu'approximativement.

Des expériences, portant sur une grande étendue de l'échelle thermométrique, ont montré, par exemple, qu'un même échantillon de 1 gr. de platine exige respectivement, pour être porté, de 0°, aux températures de 100°, 200° et 300°, les quantités de chaleur indiquées par le tableau ci-contre :

ÉLÉVATIONS DE TEMPÉRATURE	QUANTITÉS DE CHALEUR POUR 1 GRAMME
0° — 100°	$3^{cal},23$
0° — 200°	6 ,58
0° — 300°	10 ,05

238. **Courbes d'échauffement.** — Un moyen commode de traduire et d'utiliser ces résultats est d'en construire un graphique.

Prenons une feuille de papier quadrillé au millimètre (fig. 160) et choisissons comme axes deux des traits rectangulaires Ox et Oy. Convenons qu'un millimètre sur Ox représentera 1° et qu'un millimètre sur Oy représentera $0^{cal},05$ (la figure 160 est faite à une échelle dix fois plus petite). Marquons sur l'axe horizontal les points qui correspondent à 100°, 200°, 300° et, sur l'ordonnée de chacun d'eux, comptons, à partir de Ox dans le sens Oy, un nombre de millimètres proportionnel à la quantité de chaleur correspondante (sur l'ordonnée relative à 200°, par exemple, il faudra prendre 6,58 : 0,05 = 131,6 millimètres). Chaque détermination sera ainsi représentée sur le quadrillage par un point particulier.

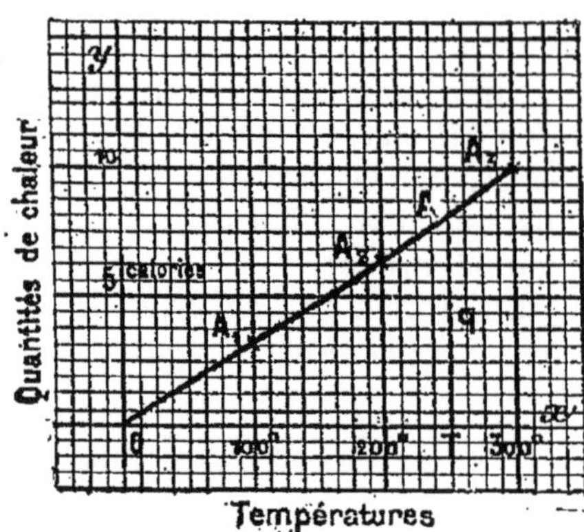

FIG. 160. — COURBE D'ÉCHAUFFEMENT DU PLATINE.
Cette courbe est presque une droite; ce qui montre que les quantités de chaleur acquises par ce métal sont sensiblement proportionnelles aux élévations de température qu'elles produisent.

La continuité du phénomène ne peut faire aucun doute : réunissons alors tous ces points par un trait continu qui passera par l'origine et nous aurons la ***courbe d'échauffement*** du platine.

La courbe ainsi obtenue est légèrement concave du côté de l'axe Oy : mais, cette concavité est excessivement faible. Sur la figure 160 (qui, il est vrai, est faite à petite échelle), la concavité est presque inappréciable et ***la courbe d'échauffement est à très peu près une ligne droite.***

On est ainsi conduit à définir ***la chaleur spécifique moyenne*** d'un corps entre deux températures T et T' :

On appelle chaleur spécifique moyenne d'un corps, entre deux températures T et T', le nombre moyen C de calories qui correspond, pour 1 gramme de ce corps, à un échauffement de 1 degré entre ces deux températures.

Si Q et Q' désignent respectivement les quantités de chaleur que demandent m grammes du corps pour passer de 0° à T^0 et de 0° à T'^0, la chaleur spécifique C

du corps entre T^0 et T'^0 sera, d'après la définition précédente,

$$C = \frac{Q' - Q}{m\,(T' - T)}.$$

Calculons, à l'aide des données numériques du paragraphe précédent, la chaleur spécifique du platine pour différents intervalles de température.

INTERVALLES DE TEMPÉRATURE	CHALEURS SPÉCIFIQUES MOYENNES
De 0° à 100°	0,0323
— 100° à 200°	0,0335
— 200° à 300°	0,0347
— 0° à 300°	0,0335

Nous obtenons ainsi le tableau ci-dessus :

On voit ainsi que ***la chaleur spécifique du platine augmente lentement avec la température; en la regardant comme constante entre 0° et 300°, on commet une erreur relative de 1/30 environ sur sa valeur véritable.***

On peut dire :

Pour élever de 1 degré la température de 1 gramme de platine, il faut, entre 0° et 300°, lui fournir une quantitié de chaleur approximativement constante que l'on nomme la chaleur spécifique du platine et qui diffère peu de $0^{cal},033$.

Des considérations tout a fait analogues découlent des expériences qui ont été faites sur l'échauffement des autres corps. ***D'une manière générale, la chaleur spécifique des solides et des liquides augmente un peu avec la température***; assez peu, cependant, pour que l'on puisse la regarder comme sensiblement invariable, pour de larges intervalles de température.

259. **Capacité calorifique ou valeur en eau d'un corps quelconque.** — On appelle ***capacité calorifique d'un corps le nombre de calories qu'il faut fournir à ce corps pour élever sa température de 1 degré.***

Ainsi 50 grammes de platine exigent, pour s'échauffer de 1 degré, un nombre de calories égal à

$$50 \times 0,033 = 1,65.$$

On dira que 1,65 est la capacité calorifique des 50 grammes de platine.

On peut dire encore que les 50 grammes de platine exigent, pour s'échauffer du même nombre de degrés, la même quantité de chaleur que 1gr,65 d'eau Donc, au point de vue de la dépense de chaleur, les 50 grammes de platine équivalent à 1gr,65 d'eau. On dit que 1gr,65 est ***la valeur en eau*** des 50 grammes de platine.

D'une façon générale, on voit que, 1 gramme d'un corps exigeant C calories pour s'échauffer de 1 degré, la masse m de ce corps exigera mC calories.

Un assemblage quelconque de corps dont les masses sont m, m', m'' ... et les chaleurs spécifiques C, C', C'' ..., aura donc, pour expression de sa capacité calorifique ou de sa valeur en eau :

$$mC + m'C' + m''C'' + \ldots .$$

2. — MESURE DES CHALEURS SPÉCIFIQUES

240. Exemple de détermination numérique. — Nous avons vu plus haut comment l'expérience (§ 236) permettrait d'obtenir une valeur approchée de la chaleur spécifique d'un corps déterminé ; du mercure, par exemple.

Reprenons en détail la marche d'une expérience sur un autre exemple. Supposons qu'il s'agisse du plomb.

Prenons un échantillon de plomb. Pesons-le ; soit 828 grammes son poids. — Portons-le dans l'appareil qui sert à fixer le point 100 du thermomètre ; il y prendra exactement la température de l'eau bouillante : 100°.

Pesons d'autre part notre calorimètre.

Soit 80 grammes le poids du vase vide. Supposons le vase en laiton. Soit 620 grammes le poids de l'eau qu'il contient. Notons la température primitive de cette eau ; soit : 12°,1.

Retirons la masse de plomb de l'étuve (§ 242) ; immergeons-la *rapidement* dans le calorimètre. Celui-ci s'échauffe et le plomb se refroidit.

La température du calorimètre monte jusqu'à 15°,6 sans aller au delà.

L'eau du calorimètre a donc reçu

$$620\,(15{,}6 - 12{,}1) = 2170 \text{ calories.}$$

Le métal du calorimètre a reçu également de la chaleur.

Si nous admettons 0,1 pour valeur approchée de la chaleur spécifique du laiton, le métal du vase a absorbé pour sa part

$$80 \times 0,1 \times (15,6 - 12,1) = 28 \text{ calories}$$ (1).

Le calorimètre et le vase ont donc absorbé en tout

$$2170 + 28 = 2198 \text{ calories.}$$

Or, le plomb s'est refroidi de $100 - 15,6 = 84^{o}4$.

Le plomb, en se refroidissant de 1 degré, n'aurait donc abandonné que

$$\frac{2198}{84,4} = 26^{cal},04.$$

Un gramme de plomb en aurait abandonné 828 fois moins, soit $\frac{26,04}{828} = 0^{cal},031$.

Nous dirons donc que la chaleur spécifique du plomb est égale à 0,031.

241. **Calcul d'une expérience dans le cas général.** — Le raisonnement précédent se généralise facilement.

Soit donc P le poids du corps étudié; T, sa température primitive; x, sa chaleur spécifique inconnue.

Soit M le poids d'eau contenu dans le calorimètre; p, le poids du vase vide; c, la chaleur spécifique du métal dont il est construit.

Soit t la température primitive de l'eau du calorimètre; et θ, la température finale, obtenue par la méthode des mélanges.

On aura (en reprenant un raisonnement identique à celui qui précède) la relation applicable à tous les cas :

$$Px\,(T - \theta) = (M + p.c)\,(\theta - t).$$

1. On voit que la chaleur absorbée par le vase lui-même (28 calories) est relativement peu considérable, par rapport à celle (2170 calories) qui a été prise par l'eau du calorimètre. Elle en est une fraction moindre que la 77e partie.

Il n'était donc pas nécessaire de connaître avec une grande précision la chaleur spécifique du métal dont est fait le calorimètre. Une erreur de $\frac{1}{10}$ sur sa valeur n'entraînerait, sur le résultat final, qu'une erreur de $\frac{1}{770}$. Or, nous ne pouvons pas prétendre à une précision de cet ordre, en particulier dans l'observation des variations de température. Il était donc parfaitement suffisant de déterminer cette chaleur spécifique du laiton par une expérience préalable moins rigoureuse; telle était celle que nous avons exposée au § 236.

242. Étuves calorimétriques. — Il ne nous reste qu'à donner quelques indications sur les étuves dans lesquelles on chauffe le corps et sur les précautions à prendre lors de l'immersion.

Ces étuves se composent le plus ordinairement d'un tube métallique vertical (fig. 161), à l'intérieur duquel on suspend le corps par un fil très fin et dont on bouche les extrémités par des tampons. Ce tube est chauffé extérieurement par un bain d'huile ou de vapeur d'un liquide bouillant. A 100°, on utilise la vapeur d'eau bouillante; pour les températures de 200° et 300°, on emploie un bain d'huile dans lequel on installe un thermorégulateur.

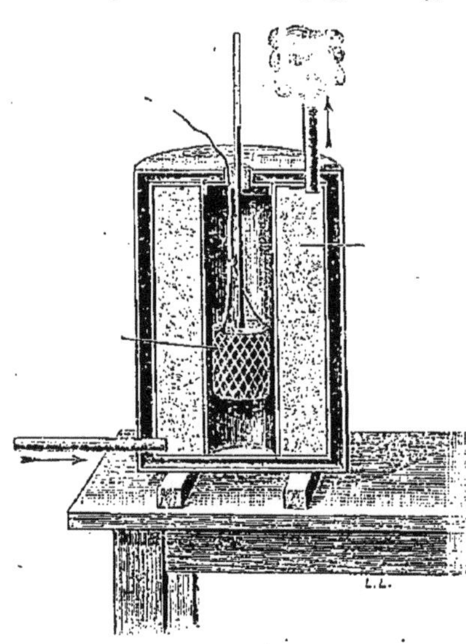

FIG. 161.
ÉTUVE POUR LA DÉTERMINATION DES CHALEURS SPÉCIFIQUES.
Le corps à chauffer est contenu dans un petit panier en fil de laiton qu'on introduit dans un tube métallique autour duquel circule de la vapeur d'eau bouillante. Dès que le thermomètre, placé près du corps, indique une température T constante, on retire le panier pour le plonger immédiatement dans un calorimètre voisin.

Il faut remarquer que, dans ce dispositif, le corps, n'étant pas directement en contact avec le bain, ne se met en équilibre de température qu'après un temps souvent fort long. Aussi convient-il de répéter l'expérience et de n'en accepter les résultats que lorsqu'ils deviennent constants après des séjours de plus en plus prolongés du corps dans l'étuve.

Le calorimètre sera placé près de l'étuve, car il est absolument essentiel que le transport du corps se fasse le plus rapidement possible. On évitera le rayonnement du foyer sur le vase calorimétrique en protégeant celui-ci par des écrans en bois, ou mieux en l'entourant d'une double enceinte (§ 232) contenant de l'eau et feutrée extérieurement.

Si le corps étudié conduit mal la chaleur, il sera indispensable d'opérer sur de menus fragments qu'on placera dans un petit panier en toile de laiton. La chaleur fournie par celui-ci devra naturellement être retranchée de celle qui est cédée au calorimètre.

243. **Résultats numériques.** — Nous donnons ci-dessous un tableau des chaleurs spécifiques les plus usuelles. On y

SUBSTANCES	Chaleur spécifique C	Poids atomique m	Produit mC
Argent	0,057	108	6,2
Arsenic	0,083	75	6,2
Bismuth	0,030	208	6,3
Cuivre	0,095	63,3	6,1
Etain	0,055	118	6,5
Fer	0,114	55,9	6,4
Iode	0,054	127	6,8
Lithium	0,94	7	6,6
Or	0,032	196	6,4
Platine	0,032	194	6,3
Plomb	0,031	206	6,4
Soufre	0,178	32	5,7
Sodium	0,293	23	6,7
Zinc	0,096	65	6,2
Phosphore blanc	0,189	31	5,9
— rouge	0,169		
Graphite	0,202		
Diamant	0,147		
Laiton	0,094		
Verre	0,198		
Glace	0,500		
Eau	1,000		
Mercure	0,033		
Alcool	0,60		
Benzine	0,43		

voit, par les exemples : de l'eau (à l'état solide et à l'état liquide); du phosphore (phosphore blanc et phosphore rouge); et du carbone (graphite, diamant) : que *la chaleur spécifique d'un corps dépend non seulement de son état physique, mais encore des différentes formes qu'il peut affecter*, quand il en possède plusieurs.

244. **Loi de Dulong et Petit.** — En regard des principaux corps simples, nous avons inscrit (en deuxième et troisième colonnes du tableau ci-dessus) leurs poids atomiques m et le produit mC correspondant.

Tandis que le poids atomique varie de 7 pour le lithium à 208 pour le bismuth, c'est-à-dire dans un rapport de 1 à 30, le produit *mC* reste compris entre 5,7 et 6,8, c'est-à-dire ne varie que dans le rapport de 1 à 1,19. Et encore doit-on remarquer que les corps pour lesquels la valeur de ce produit s'écarte le plus du nombre moyen 6,3 sont des métalloïdes, tels que le phosphore, le soufre, tous assez mal définis par leurs propriétés physiques.

On est ainsi conduit à énoncer la loi suivante, que l'on doit à Dulong et Petit : ***Le produit du poids atomique d'un corps simple par sa chaleur spécifique, à l'état solide, est un nombre constant.***

On peut dire encore : ***Les atomes de tous les corps simples solides ont même capacité calorifique*** (§ 239).

Bien que la vérification en soit grossière, — et il ne peut en être autrement puisque la chaleur spécifique d'un solide n'est pas rigoureusement invariable, — la loi de Dulong et Petit n'en est pas moins une des plus remarquables de la Physique.

245. **Grandeur relative de la chaleur spécifique de l'eau. Conséquence au point de vue des climats.** — Le tableau du paragraphe précédent nous montre que la chaleur spécifique de l'eau est environ double de celle de l'alcool, quintuple de celle du charbon et ***qu'elle est, d'une façon générale, beaucoup plus grande que celle des solides.***

A égalité de poids, un vase rempli d'eau peut emmagasiner plus de chaleur que tout autre corps et se maintenir chaud pendant plus longtemps.

La grandeur relative de la chaleur spécifique de l'eau a, dans la nature, une importance considérable. Elle nous explique, dans une certaine mesure, la différence profonde des ***climats maritimes*** et des ***climats continentaux.***

La chaleur que le Soleil verse à la surface de la Terre est absorbée par le sol et par l'eau des mers; mais elle les échauffe très inégalement l'un et l'autre.

Les roches qui constituent le sol sont, en effet, peu ***conductrices*** et la chaleur qu'elles reçoivent reste localisée dans leurs couches superficielles. ***Leur chaleur spécifique est, d'autre part, assez faible***; elle atteint à peine le quart de celle de l'eau. Pour ces deux raisons, on comprend que, pendant l'été, la température puisse atteindre à la surface du sol des valeurs relativement très élevées; il n'est pas rare que dans les régions équatoriales, elle dépasse 60°.

Mais l'eau des mers, même les plus exposées, s'échauffe beaucoup moins et cela tient à plusieurs causes. Une forte proportion de la chaleur solaire qui lui arrive est consommée par l'évaporation, le reste seulement échauffe le liquide et l'échauffe peu, parce que la chaleur spécifique de celui-ci est très grande et aussi parce que l'agitation des flots et les courants marins empêchent la chaleur de rester localisée dans les couches superficielles et la dissipent dans la masse entière de la mer. Même dans la zone tropicale, la température, au niveau des océans, reste l'été au-dessous de 31°.

En hiver, le phénomène est inverse. Alors que le refroidissement du sol des continents est à la fois énergique et rapide, celui des océans est, au contraire, lent et peu intense. Pour tout dire, ***la mer n'est pas chaude en été et elle n'est pas froide en hiver***. Naturellement le climat des rivages et des îles participe à cette constance relative de la température des mers et, à latitude égale, il est plus tempéré que celui des régions continentales.

La grandeur de la chaleur spécifique de l'eau nous explique encore pourquoi les mers profondes et agitées gèlent plus difficilement que les rivières. C'est que la provision de chaleur emmagasinée par les mers pendant l'été est énorme et se dissipe lentement, tandis que celle des rivières, dont la masse est moindre, s'épuise rapidement au contact du sol quand celui-ci se refroidit.

CHAPITRE IV

DILATATION DES SOLIDES

1. — DILATATION LINÉAIRE DES SOLIDES

246. **Expériences sur les dilatations linéaires.** — Nous savons déjà par l'expérience de S'Gravesande (§ 198) que le rayon d'une sphère solide augmente, quand on chauffe la sphère.

De même, une tige solide *augmente de longueur*, quand on la chauffe.

On le montre aisément, à l'aide du *pyromètre à cadran* (fig. 162).

L'une des extrémités d'une tige métallique est serrée en B

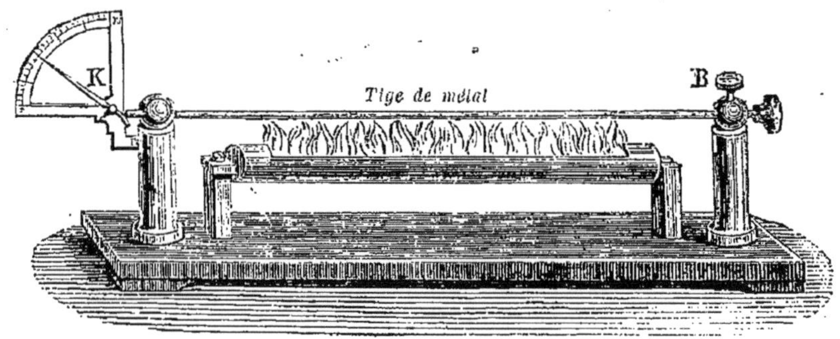

FIG. 162. — PYROMÈTRE A CADRAN.
Le déplacement de l'aiguille K montre que la tige de métal, dont l'extrémité B est fixe, se dilate quand on la chauffe.

par une vis qui la maintient immobile. L'autre extrémité vient s'appuyer librement sur le petit bras d'un levier K mobile devant un cadran. Lorsqu'on chauffe la tige en brûlant de l'alcool dans le réservoir placé au-dessous, l'extrémité du grand bras de levier se déplace sur le cadran. On constate ainsi un allongement progressif de la barre, au fur et à mesure que sa température s'élève.

Si on fait l'expérience d'abord avec une barre de fer,

ensuite avec une barre de cuivre, on constate que, dans le second cas, les déplacements de l'aiguille sont plus considérables que dans le premier. — ***Le cuivre est plus dilatable que le fer.***

Le levier revient à sa position primitive, dès que la tige se refroidit. — ***La dilatation est donc un phénomène temporaire*** (§ 253). — Les corps, après avoir été chauffés, reprennent leurs dimensions primitives, dès qu'on les ramène à la température initiale.

Les allongements observés sont d'ailleurs toujours très petits. Ainsi, une barre de fer de 2 mètres de longueur ne s'allonge que de $2^{mm},4$ seulement, quand sa température s'élève de 100 degrés.

Pareillement une barre de cuivre, de 2 mètres de longueur à 0^{0}, ne s'allonge que de $1^{mm},8$ quand sa température s'élève de 50 degrés.

Nous verrons un peu plus loin (§ 252) par quel procédé de mesure on peut étudier expérimentalement les dilatations linéaires des solides.

Il est nécessaire de faire précéder cet exposé de quelques définitions préalables.

247. **Définition des dilatations.** — Supposons qu'on ait constaté qu'une barre de fer de 2 mètres se soit allongée de $2^{mm},4$, quand on l'a chauffée de 0^{0} à 100^{0}.

Une barre de fer de 1 mètre, également chauffée, s'allongera évidemment de $1^{mm},2$.

On appelle dilatation linéaire de la barre, de 0^{0} à t^{0}, l'accroissement de longueur que subit l'unité de longueur, prise sur cette barre, quand on la chauffe de 0^{0} à t^{0}.

Ainsi, dans l'exemple précédent, l'***allongement*** de la barre de fer de 2 mètres était de $2^{mm},4$; soit $0^{cm},24$.

La ***dilatation*** de la même règle sera donnée par le rapport de $0^{cm},24$ à 2 mètres, c'est-à-dire à 200 centimètres. Elle est donc égale à $\frac{0,24}{200} = 0,0012$.

L'***allongement*** est donc représenté par une ***longueur*** ($2^{mm},4$).

La dilatation est représentée par un ***rapport***, un ***nombre*** (0,0012) qui n'est exprimé ni en centimètres, ni en millimètres, et qui restera le même, quelle que soit l'unité de longueur employée dans les mesures.

248. **Représentation graphique des dilatations.** — La dilatation, observée entre la température 0^{0} et la température

dépend évidemment de la température t. Elle est, pour tous les corps solides, d'autant plus grande que t est plus grand. — Comment dépend-elle de la température t?

Supposons que nous ayons fait un certain nombre d'expériences de mesure, et que nous voulions représenter les résultats obtenus. — Le plus simple est d'avoir recours à une ***construction graphique.***

Nous opérerons de la façon suivante :

Traçons deux droites rectangulaires (fig. 163) : la droite

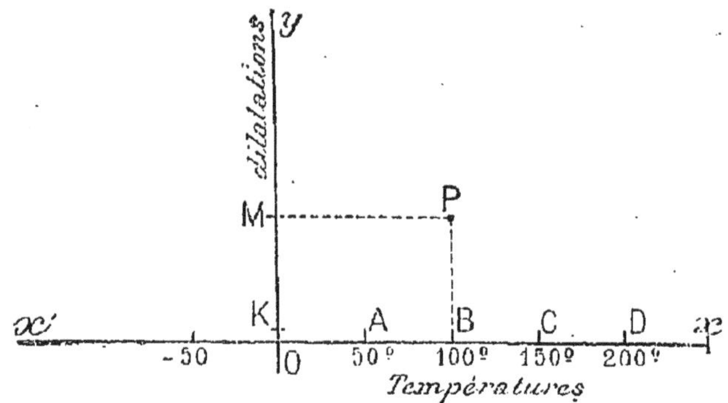

FIG. 163. — REPRÉSENTATION GRAPHIQUE D'UNE DILATATION.
L'une des ordonnées OB du point P représente la température t; l'autre OM représente la dilatation de 0° à t°.

Ox, horizontale; la droite Oy, verticale. — Nous les appellerons les deux ***axes de coordonnées.***

A partir du point O, nous compterons les températures sur la droite Ox.

Portons, à partir de O, des longueurs égales

$$OA = AB = BC = CD = \ldots.$$

Le point O correspondra à la température de la glace fondante. — Supposons maintenant que nous fassions correspondre le point A à la température de 50°; le point B correspondra à 100°; C à 150°; D à 200°; etc....

D'autre part, à partir du point O, comptons les dilatations sur la droite Oy. — Par exemple, convenons qu'une dilatation de $\frac{1}{10\,000}$ soit représentée par une longueur OK, égale à 1 millimètre, et comptée verticalement dans le sens Oy,

Une dilatation égale à $0{,}0012 = \frac{12}{10000}$ serait représentée par une longueur OM, 12 fois plus grande que OK; soit OM = 12 millimètres.

Achevons le rectangle OBPM. Le point P servira à représenter l'expérience qui a été faite sur la barre, en la chauffant de 0° à 100°.

La longueur MP = OB représente la température (100°).

La longueur BP = OM représente la dilatation (0,0012).

249. **Représentation graphique d'une série d'expériences.** — Chaque expérience particulière est donc représentée par un point particulier P.

D'une expérience à une autre, ce point varie.

Si l'on pouvait faire des expériences dans des conditions infiniment peu différentes les unes des autres, on obtiendrait une infinité de points tels que P; ***le point P décrirait une ligne continue*** (fig. 164).

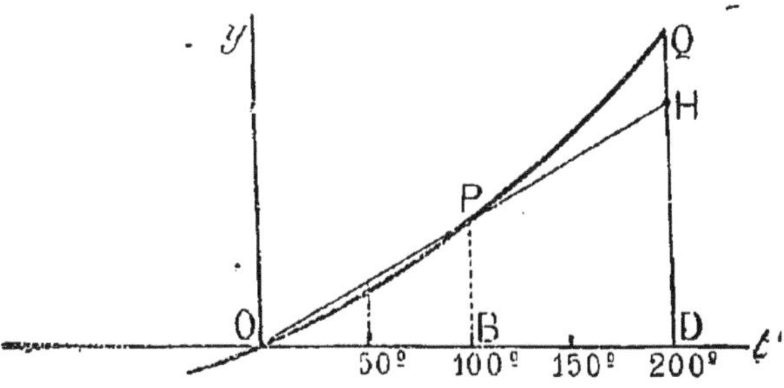

FIG. 164. — COURBE DE DILATATION.
Quand la température varie, le point figuratif P décrit une courbe continue OPQ.

Cette ligne continue sera, en général, une ligne courbe, dont la direction varie plus ou moins d'un point à un autre.

Dans la plupart des cas, on trouve que ***cette courbe présente une concavité à peine accusée du côté de l'axe positif des ordonnées.***

On peut, en général, au degré de précision des mesures, confondre cette ligne avec une droite, du moins lorsque les variations de température ne sont pas trop grandes.

Lorsqu'il en est ainsi, on doit en conclure que ***la dilatation est proportionnelle à la variation de température.***

Si donc l'expérience nous a donné une ligne droite, nous saurons que, pour le corps considéré, la dilatation est 2 fois plus grande de 0° à 100° que de 0° à 50°, et 100 fois plus petite de 0° à 1° que de 0° à 100°.

Mais, si la ligne donnée par l'expérience n'est pas une

droite, nous n'aurons plus le droit de faire un calcul aussi simple.

Si, par exemple, les dilatations sont représentées par la figure ci-contre (fig. 164), on aura DQ > 2. BP.

Or,

DQ représente la dilatation de 0° à 200°
et BP — — de 0° à 100°;

la dilatation de 0° à 200° serait donc plus de deux fois supérieure à celle de 0° à 100°; et l'excès serait donné par la petite portion de droite HQ.

Supposons donc que la ligne obtenue soit une droite. C'est ce qui aura lieu, très sensiblement :

1° s'il s'agit d'un métal;

2° si, en outre, on ne considère pas des différences de température trop élevées (si l'on reste, par exemple, dans un intervalle de température de 200 degrés).

250. **Définition du coefficient de dilatation linéaire. —** Supposons les conditions précédentes réalisées. La dilatation est alors proportionnelle à l'élévation de la température.

Elle reste la même pour une même élévation de température.

Calculons-la pour une élévation de température de 1 degré. On aura ce qu'on appelle le coefficient de dilatation linéaire du corps.

Ainsi, on ***appelle coefficient de dilatation linéaire d'un corps solide, de 0° à t°, la valeur moyenne de sa dilatation entre 0° et t° pour une élévation de température de 1 degré.***

Ou, encore :

On appelle coefficient de dilatation linéaire d'un corps solide, de 0° à t°, l'accroissement de longueur que subit l'unité de longueur de ce corps, pour une élévation de température de 1 degré, entre 0° et t°.

251. **Solution numérique des problèmes de dilatation linéaire. —** Désignons par la lettre λ le coefficient de dilatation linéaire d'une règle, c'est-à-dire l'allongement que subit, en moyenne, sur cette règle, une longueur de 1 centimètre, pour une élévation de température de 1 degré.

Soit l_0 cm la longueur de cette règle à 0°.

Quelle est sa longueur l, à la température t?

Un centimètre s'allonge de λ pour 1 degré; il s'allonge de $\lambda \times t$, pour t degrés.

La longueur l_0 cm s'allonge donc de $l_0 \lambda t$.

La longueur cherchée s'obtiendra en ajoutant cet allongement à la longueur primitive l_0. On aura donc :

$$l = l_0 + l_0 \lambda t,$$

c'est-à-dire

$$l = l_0 (1 + \lambda t),$$

expression qui permettra de résoudre facilement (§ 256) toutes les questions relatives aux dilatations linéaires.

252. Mesure du coefficient de dilatation linéaire. — Parmi les procédés de mesure du coefficient de dilatation linéaire, nous ne retiendrons que celui qui est en usage au Bureau international des Poids et Mesures. L'appareil em-

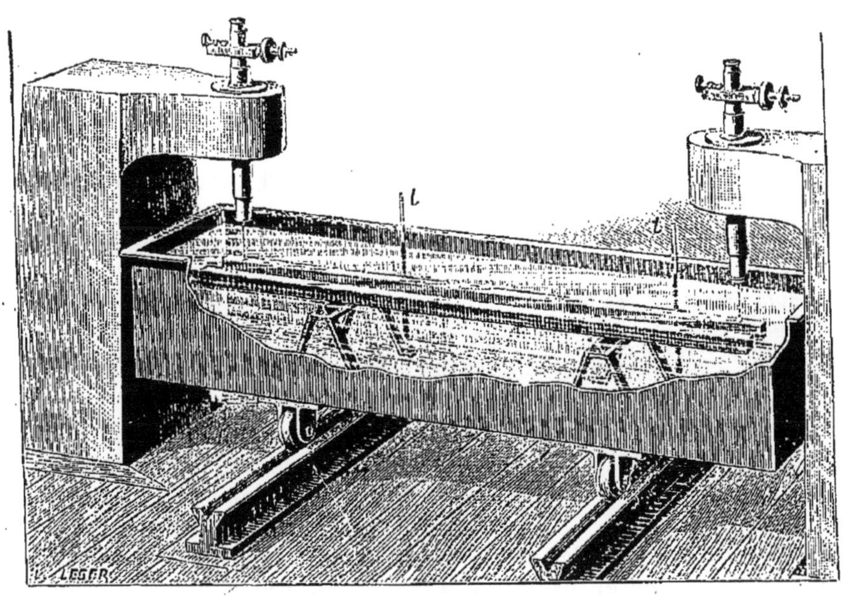

FIG. 165. — COMPARATEUR.

Pour mesurer la dilatation d'une règle, on fait varier la température de l'auge et l'on observe dans les microscopes le déplacement des traits extrêmes de la règle.

ployé porte le nom de ***comparateur***. Il sert, en particulier, à prendre des copies du mètre-étalon (§ 54).

La règle à étudier est placée sur des supports, à l'intérieur d'une auge, dans laquelle on peut faire circuler de l'eau, soit à 0°, soit à toute autre température t, bien constante et très soigneusement déterminée.

L'auge peut se déplacer sur des rails, et les extrémités de

la règle être amenées sous des microscopes invariablement fixés à de solides piliers en maçonnerie (fig. 165). Chacun de ces microscopes définit une ligne de visée.

Supposons que l'un de ces microscopes vise l'un des deux traits t, qui servent à la définition du mètre. Ce trait paraît alors superposé à un fil de visée, qui se trouve à l'intérieur du microscope. Si ce trait vient à subir un léger déplacement tt' (fig. 166), on agit sur une vis micrométrique, qui déplace le fil de visée à l'intérieur du microscope et le montre à l'œil en coïncidence avec t'. Une étude préalable de la vis (effectuée sur une longueur de 1 millimètre, tracée au voisinage des traits tt') permet de savoir à quelle valeur du déplacement tt' correspond le nombre de tours et de fractions de tours dont on a dû faire tourner la vis entre les deux visées successives.

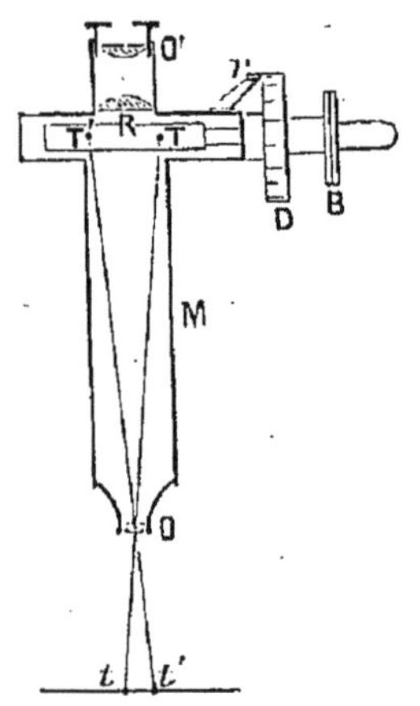

FIG. 166.
DISPOSITIF DE L'OCULAIRE MICROMÉTRIQUE.
Le déplacement tt' est proportionnel à la rotation qu'il faut imprimer à la vis micrométrique D pour amener le réticule R à coïncider avec les images T et T' que l'objectif O donne successivement du même trait.

Ceci posé, voici comment on procède :

La règle étant portée à 0°, on pointe les microscopes sur les traits principaux. On porte ensuite la règle à $t°$; plusieurs thermomètres à mercure indiquent à ce moment avec précision la température de l'auge. La règle s'est allongée ; on rétablit la visée sur les positions nouvelles des deux traits ; et l'allongement de la règle est la somme algébrique des déplacements observés pour chacun d'eux.

Il est bon de contrôler, dans le cours d'une expérience, la rigoureuse fixité des microscopes. On y parvient en pointant de temps en temps les extrémités d'une autre règle maintenue dans une auge à température constante, et qu'on substitue provisoirement à la règle étudiée : on ne doit trouver aucune variation dans la longueur de cette règle de contrôle.

Le même appareil sert aussi à comparer deux règles métriques entre elles.

On les place côte à côte dans une même auge et on amène successivement leurs extrémités sous les microscopes. On détermine ainsi les petites différences qu'elles peuvent présenter.

253. **Résultats d'expériences.** — Voici maintenant les résultats principaux que l'on peut déduire des recherches sur les dilatations linéaires, recherches qui ont été fort nombreuses, et dont nous n'avons voulu donner qu'un exemple.

A de très rares exceptions près, ***la dilatation est un phénomène temporaire*** (§ 246), c'est-à-dire que les corps solides, après avoir été chauffés, reprennent leurs dimensions primitives aussitôt qu'on les ramène à leur température initiale.

Le verre, cependant, fait exception. Après refroidissement, il conserve un résidu de dilatation, qui ne disparaît qu'à la longue. C'est là une cause d'erreur dont on doit tenir compte dans les thermomètres à mercure de précision. ***Le déplacement du zéro*** n'a d'importance, que quand le thermomètre à mercure est porté à une haute température. Il convient alors de compléter l'observation de cette température, par une détermination nouvelle du zéro du thermomètre.

Voici un tableau de quelques coefficients de dilatation linéaire :

SUBSTANCES	COEFFICIENTS DE DILATATION
Plomb.	0,00003
Argent	0,00002
Cuivre.	0,000018
Laiton	0,000019
Fer	0,000012
Platine	0,000009
Verre	0,000009
Acier au nickel (métal invar.).	0,00000088

Le cuivre et le laiton sont les plus dilatables des métaux usuels; l'acier au nickel (à 36 pour 100 de nickel) est, au contraire, le moins dilatable des corps solides actuellement connus.

254. **Applications diverses des dilatations.** — On utilise industriellement à différents usages les effets de la dilatation linéaire des métaux.

Bandage des roues. — Les roues des wagons sont en fonte et entourées d'un cercle d'acier. Pour fixer ce dernier, on le chauffe au rouge et l'on y fait pénétrer la roue de fonte froide qui, dans ces conditions, y entre juste. Par refroidissement, le bandage d'acier se contracte et adhère solidement à la roue de fonte.

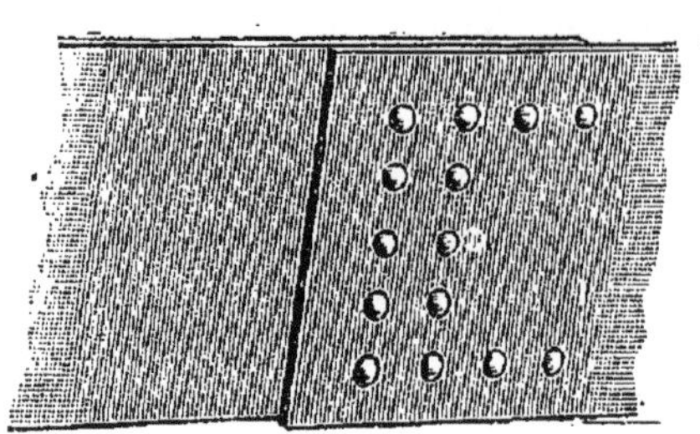

FIG. 167. — RIVETS A CHAUD.
Le rivet, appliqué à chaud, se contracte en se refroidissant; d'où résulte un serrage énergique des deux feuilles de tôle.

Rivets à chaud. — Pour la construction des chaudières à vapeur, on a à réunir deux feuilles de tôle par leurs bords à l'aide de ***rivets*** (fig. 167). Ce sont des sortes de clous dont on aplatit les deux extrémités sur chacune des deux faces de l'assemblage. Quand on rive à chaud, la contraction du rivet, revenant du rouge à la température ordinaire, provoque un serrage énergique. La rivure est plus résistante que les feuilles de tôle elles-mêmes.

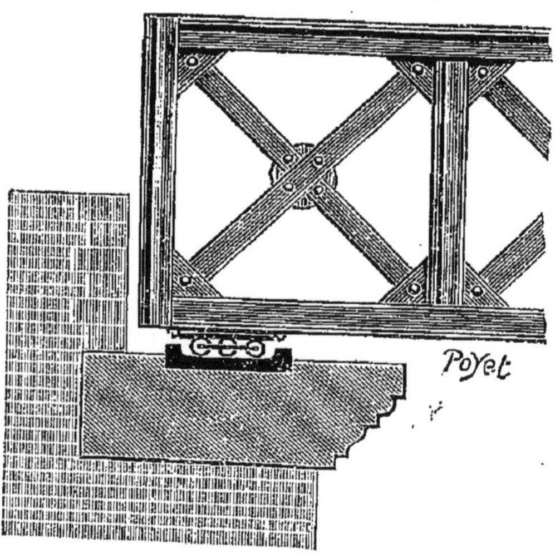

FIG. 168. — TABLIERS DES PONTS MÉTALLIQUES.
Les tabliers des ponts métalliques, à poutres droites, sont montés, à leurs extrémités, sur des galets, qui laissent un libre jeu à la dilatation.

Tabliers des ponts métalliques. — Le calcul montrerait facilement (§ 256) que, pour un pont en fer de 20 mètres de longueur seulement, une variation de température de 50°, entre les températures extrêmes de l'été et de l'hiver, entraînerait une variation de longueur voisine de 12 millimètres. On doit donc laisser un libre jeu à la dilatation des grands ponts métalliques à poutres droites. Sans quoi, les poussées énormes résultant de la dilatation risqueraient de détériorer les piles et culées du pont. C'est pourquoi les tabliers sont montés, à leurs extrémités, sur des *galets* (fig. 168). Ceux-ci roulent sur des ***sabots*** en fonte, fixés invariablement dans la maçonnerie.

Charpentes articulées — S'il s'agit d'un pont à ***poutres courbes***, on a recours à des ***charpentes articulées*** (fig. 169). C'est également le cas pour les grands édifices. Les varia-

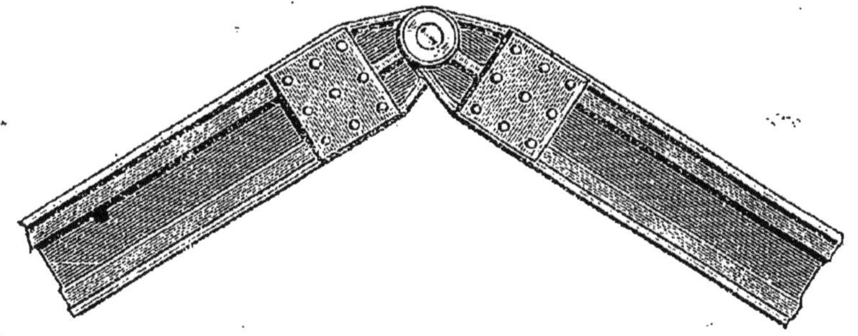

FIG. 169. — CHARPENTES ARTICULÉES.
L'effet de la dilatation se produit par un léger déplacement vertical de la jointure supérieure.

tions de longueurs, dues à la dilatation, se traduisent simplement par un léger déplacement vertical de la jointure supérieure.

Toitures en zinc. — Les feuilles de zinc, qui servent à recouvrir les toitures et les terrasses, ne doivent être clouées que sur un de leurs bords. Sinon, elles se plissent et se déforment pendant les chaleurs de l'été ; ou bien, pendant les hivers rigoureux, elles se tendent fortement, arrachent les clous de fixage, se déchirent elles-mêmes et détériorent les objets qu'elles devaient protéger.

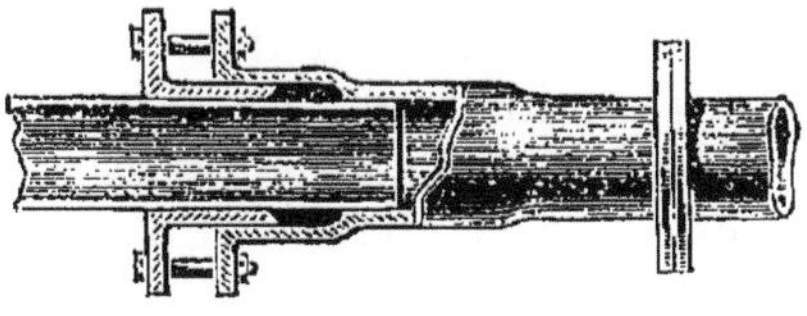

FIG. 170.
EMBOÎTEMENTS POUR CONDUITES AÉRIENNES.
Ce dispositif permet aux tuyaux de conduite de jouer légèrement les uns dans les autres sous l'effet de la dilatation.

Conduites aériennes. — Les conduites aériennes d'eau et de gaz, qui sont exposées à des variations de température assez considérables, sont maintenues sans être serrées, par des colliers dans lesquels elles peuvent librement se dilater. De distance en distance, elles présentent des ***emboîtements*** (fig. 170), munis d'étoupes qui permettent aux divers segments de s'allonger ou de se raccourcir légèrement. D'autres fois, les divers segments sont reliés par des parties souples, en forme de *boucles* (fig. 171), qui sous l'influence des changements de température, peuvent se déformer légèrement, sans compromettre la solidité de l'ensemble.

255. **Ruptures provoquées par des inégalités de dilatation.** — Un corps solide, chauffé uniformément, se dilate régulièrement en chacune de ses parties.

Chauffé inégalement en différents points de sa masse, il sera, au contraire, soumis à des efforts de traction ou de compression, qui sont énormes.

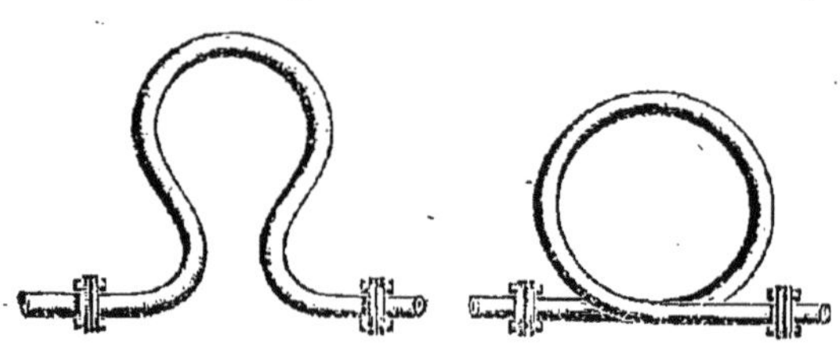

FIG. 171. — RACCORDEMENTS DE TUYAUX EN BOUCLE.
L'effet de la dilatation se traduit ici par une légère flexion dans les boucles.

Ces efforts se produiront d'autant plus que le corps sera moins bon conducteur de la chaleur et qu'il sera chauffé plus brusquement, c'est-à-dire qu'il pourra présenter de plus grands écarts de température entre ses différents points.

C'est le cas du verre. Si on chauffe sans précaution un vase en verre épais, il se brise généralement.

Il en est de même, quand on chauffe un canon de soufre, par le simple contact de la main. Les craquements qu'il fait entendre indiquent que les différentes parties de la masse se séparent les unes des autres, à l'intérieur du soufre.

Au contraire, la ***soudure du platine au verre*** résiste bien à l'action de la chaleur. La raison en est très simple; c'est que, comme nous l'avons vu, platine et verre ont très sensiblement même coefficient de dilatation 0,000009.

Tout autre métal qui aurait même coefficient de dilatation que le verre présenterait la même propriété; c'est le cas de certains alliages de nickel et d'acier (***platinite***).

256. **Exercices numériques.** — I. ***Un pont en fer a 20 mètres de long. De combien sa longueur varie-t-elle, pour des températures extrêmes de — 10° en hiver et de + 40° en été?***

Pour 1 degré, un centimètre de fer s'allonge de $0^{cm},000012$.

Pour 1 degré, 20 mètres, c'est-à-dire 2000 centimètres s'allongeront de $0^{cm},000012 \times 2000 = 0^{cm},024$.

Pour une variation de 50 degrés, l'allongement sera 50 fois plus grand, c'est-à-dire égal à $0^{cm},024 \times 50 = 1^{cm},2$.

Entre l'été et l'hiver, la longueur du pont pourra varier de 12 millimètres (§ 254).

II. ***Une barre de cuivre et une barre de fer ont toutes deux 4 mètres de longueur à 0°. Quelle différence présentent-elles à 30°?***

Entre 0° et 30°, la barre de cuivre s'allonge de $0^{cm},000018 \times 400 \times 30 = 0^{cm},216$.

Entre 0° et 30°, la barre de fer s'allonge de $0^{cm},000012 \times 400 \times 30 = 0^{cm},145$.

A 30°, la différence de longueur des barres est donc égale à $0^{cm},216 - 0^{cm},145 = 0^{cm},071$.

III. ***Dans quel rapport devraient être les longueurs de deux barres de cuivre et de fer, pour se dilater de la même quantité pour une même variation de température?***

Le coefficient de dilatation du cuivre est égal à 0,000018; celui de fer est égal à 0,000012; la dilatation du cuivre est donc une fois et demie celle du fer; la longueur de la barre de fer devra donc être une fois et demie celle de la barre de cuivre.

Nous allons maintenant, à titre d'exemple, étudier deux applications théoriques très simples, que comporte l'étude de la dilatation linéaire des solides.

257. **Correction d'une règle graduée.** — Il est bien évident que les chiffres marqués sur une règle métallique, qui a été graduée à 0°, ne feront connaître la vraie longueur qui sépare deux de ses divisions, que lorsque cette règle sera maintenue à la température de 0°.

Une longueur x comprise entre n divisions de la précédente règle, maintenue à $t°$, aura en réalité, pour valeur :

$$x = n\,(1 + \lambda t),$$

λ étant le coefficient de dilatation linéaire de la substance qui forme la règle.

Nous reviendrons sur cette question, à propos des corrections barométriques (§ 275).

258. **Pendule compensateur.** — Le balancier d'une horloge ordinaire s'allonge et, par suite, oscille plus lentement quand il fait chaud; il se raccourcit et va plus vite quand il fait froid : en sorte que l'horloge retarde en été et avance en hiver. Le pendule compensateur permet de remédier à ce grave inconvénient.

Il se compose d'une lourde lentille circulaire en métal L, suspendue par une série de tiges de laiton et d'acier alternées et dont les extrémités successives sont reliées de telle façon que, si la dilatation des tiges d'acier tend à abaisser la lentille, celle des tiges de laiton tend à lui donner un déplacement de sens contraire (fig. 172).

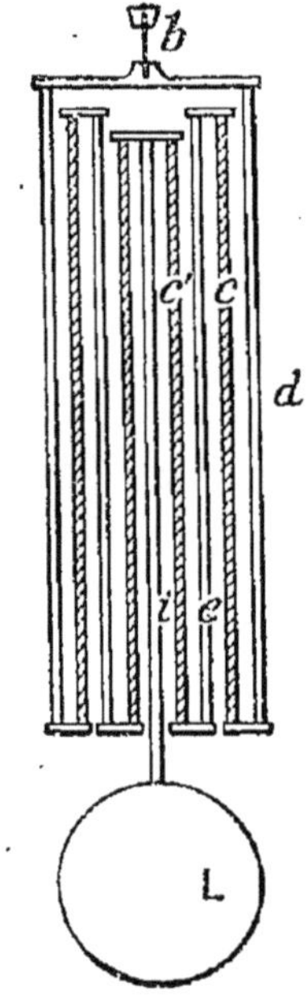

FIG. 172. — PENDULE COMPENSATEUR.
La dilatation des tiges de cuivre c, c', tend à raccourcir le pendule; celle des tiges de fer d, e, i, tend à l'allonger. Ces effets se compensent, si les longueurs des tiges sont en raison inverse des coefficients de dilatation correspondants.

L'ensemble de ces tiges est d'ailleurs relativement léger par rapport à la lentille, en sorte que la longueur du pendule est à très peu près égale à la distance du point de suspension au centre de la lentille. Il suffit que cette distance reste invariable pour que la marche de l'horloge soit indépendante de la température.

Il y aura donc compensation (§ 256, III), si l'on associe trois tiges d'acier et deux de laiton de longueurs sensiblement égales.

2. — DILATATION CUBIQUE DES SOLIDES

259. **Dilatation d'une enveloppe.** — Des remarques que nous avons faites au paragraphe 255, résulte une conséquence importante :

La dilatation du volume intérieur d'un récipient est la même que celle d'un volume égal d'un corps de même substance.

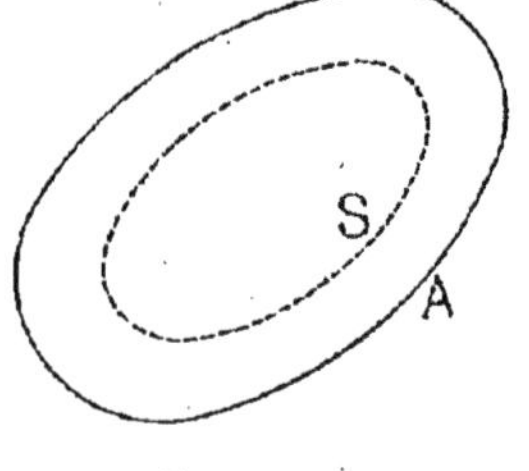

FIG. 173. — DILATATION D'UNE ENVELOPPE.
La dilatation du volume intérieur d'un récipient est la même que celle d'un volume égal du même corps remplissant la cavité considérée.

Imaginons, en effet, un solide A (fig. 173) dans lequel nous décrivons, par la pensée, la surface fermée S.

Si on le chauffe uniformément, le solide conserve sa forme et change seulement de dimensions. Il ne se forme pas de vide le long de la surface S, que nous avons imaginée, pas plus du reste qu'en aucune autre partie de la masse du corps. Sans quoi, le corps se briserait sous l'action de la chaleur.

L'augmentation de volume de la cavité, qui serait limitée par la surface S, est donc la même que l'augmentation de volume du corps solide qui s'y trouverait renfermé.

260. **Définition du coefficient de dilatation cubique des solides.** — Sans que nous ayons à reprendre ce que nous avons dit plus haut (§ 250) pour la dilatation linéaire, on comprendra qu'on appelle ***coefficient de dilatation cubique d'un corps solide, de 0° à t°, l'accroissement de volume, que subit l'unité de volume de ce corps, pour une élévation de température de 1 degré entre 0° et t°.***

261. **Relation entre les coefficients de dilatation cubique et de dilatation linéaire des solides.** — La dilatation cubique se calcule facilement, quand on connaît la dilatation linéaire.

Prenons un exemple.

Soit un cube de fer (fig. 174) qui aurait exactement une arête de 1 décimètre, à 0°. Son volume est alors de 1 décimètre cube.

Chauffons-le à 100°. Chaque arête se dilate d'une quantité égale à

$$10 \times 100 \times 0^{cm},000012 = 0^{cm},012.$$

Chaque arête a donc pour nouvelle longueur $10^{cm},012$. Le volume du cube est donc devenu égal à $(10,012)^3$.

Faisons le calcul. — Effectuons d'abord le produit de 10,012 par 10,012. On trouve 100,240144. Les derniers chiffres décimaux de ce résultat représentent des quantités trop faibles et trop incertaines pour être conservées. On peut, sans erreur sensible, prendre 100,24 pour valeur du produit $10,012 \times 10,012$.

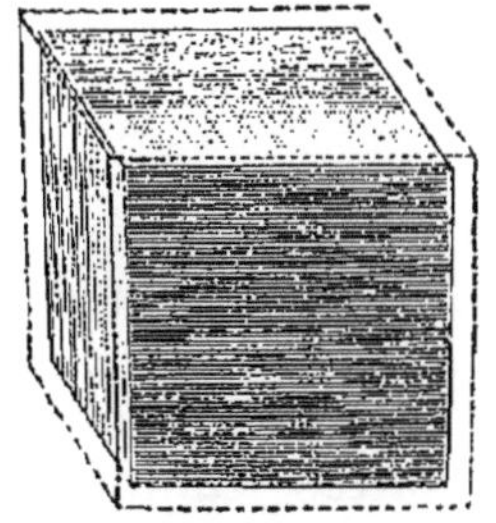

FIG. 174.
DILATATION CUBIQUE.
Un cube de substance homogène conserve la même forme quand il se dilate.

Reste à multiplier encore une fois 100,24 par 10,012. On trouve 1003,60288. Pour les mêmes raisons que plus haut, nous ne devons conserver que le premier chiffre décimal du produit. Le volume du cube peut donc être représenté par $1003^{cm^3},6$; son augmentation de volume par $3^{cm^3},6$. Le coefficient de dilatation cubique (§ 260), est donc égal à

$$\frac{3,6}{1000 \times 100} = 0,000036.$$

Nous remarquons que ce nombre est le triple du coefficient de dilatation linéaire 0,000012.

262. **Généralisation du calcul précédent.** — Le coefficient de dilatation cubique du fer est donc le triple de son coefficient de dilatation linéaire.

Il en est de même dans le cas général.

Considérons, en effet, un cube ayant à 0° une arête de 1 centimètre (et, par suite, un volume de 1 centimètre cube). Désignons par K son coefficient de dilatation linéaire, par δ son coefficient de dilatation cubique. Portons-le à 1°; son arête devient égale à $(1 + K)$ centimètres. Son volume devient égal à $(1 + \delta)$ centimètres cubes. On a donc

$$(1 + K)^3 = 1 + \delta.$$

d'où, en développant et simplifiant :

$$\delta = 3K + 3K^2 + K^3.$$

Or, K^2 et K^3 sont toujours des quantités excessivement petites, tout à fait inappréciables aux mesures.

Il reste donc pratiquement :

$$\delta = 3K,$$

d'où cette conclusion :

Le coefficient de dilatation cubique d'un solide quelconque est le triple de son coefficient de dilatation linéaire.

263. **Expression algébrique du volume d'un corps à différentes températures.** — Nous pouvons reprendre un raisonnement identique à celui que nous avons déjà fait pour la dilatation linéaire (§ 251).

Soit V_0 le volume du corps à 0°, V son volume à t°.

Nous obtiendrons :

$$V = V_0 (1 + \delta . t).$$

264. **Variation de la densité avec la température.** — Quand on chauffe un solide ou un liquide, le volume change; mais le poids ne change pas.

Si le volume pouvait doubler, la densité serait réduite à la moitié de la valeur primitive.

D'une façon générale, la densité D varie donc en raison inverse du volume. Or, le volume varie proportionnellement au facteur $(1 + \delta \cdot t)$ (§ 263). La densité varie donc en raison inverse de ce même facteur; et l'on peut écrire :

$$D = D_0 \times \frac{1}{1 + \delta \cdot t}.$$

265. **Application numérique.** — ***La densité d'un échantillon de cuivre à 0° est égale à 8,85. — Quelle est-elle à 100°, sachant que le coefficient de dilatation cubique du cuivre δ, est égal à 3 fois son coefficient de dilatation linéaire, lequel*** (§ 253) ***est égal à 0,000018 ?***

Le coefficient de dilatation cubique du cuivre étant égal à $3 \times 0{,}000018 = 0{,}000054$, il en résulte qu'une masse de cuivre, qui occupait 1 centimètre cube à 0°, occupera à 100° un volume de $1 + (100 \times 0{,}000054) = 1^{cm^3}{,}0054$. Elle pèse toujours $8^{gr}{,}85$. Un centimètre cube pèse donc maintenant $\frac{8{,}85}{1{,}0054} = 8^{gr}{,}80$.

La nouvelle densité du cuivre est donc égale à 8,80. Elle a varié de $\frac{5}{885} = \frac{1}{177}$ de sa valeur primitive.

CHAPITRE V

DILATATION DES LIQUIDES

1. — EXPÉRIENCES ET DÉFINITIONS

266. **Expériences sur la dilatation des liquides.** — Prenons un ballon rempli de liquide (fig. 175). Fermons-le avec un bouchon, traversé par un tube étroit ouvert aux deux bouts. Plongeons brusquement l'appareil dans un bain d'eau chaude.

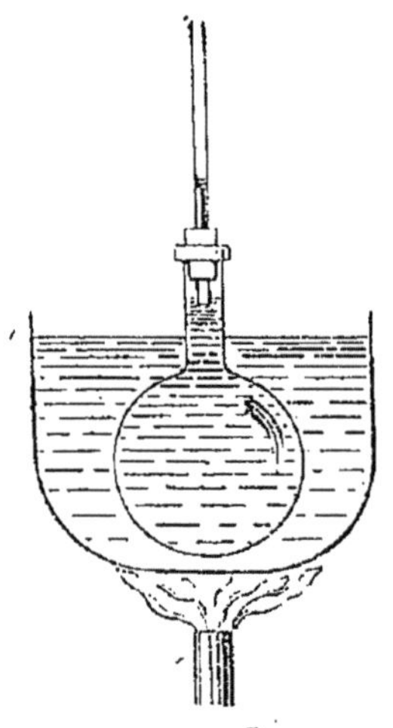

FIG. 175. DILATATION APPARENTE D'UN LIQUIDE.
Quand on immerge brusquement dans l'eau chaude un ballon plein de liquide, le niveau du liquide descend d'abord pour remonter ensuite.

Nous voyons tout d'abord le niveau du liquide baisser dans le tube, puis remonter rapidement et dépasser de beaucoup sa position primitive.

Nous constatons ainsi que :

1° ***Le ballon s'est dilaté tout d'abord***; ce qui produit l'affaissement du niveau;

2° ***Le liquide s'est dilaté à son tour.*** — Sa dilatation est beaucoup plus grande que celle du ballon;

3° Les lectures que nous ferions du niveau sur la tige de l'appareil ne nous donneraient ***que l'augmentation apparente de volume du liquide dans le ballon.***

Supposons, en effet, que le niveau du liquide, après s'être abaissé, fût revenu à son état primitif; nous n'aurions pas pu en conclure que l'augmentation de volume du liquide eût été nulle, mais seulement qu'elle eût été égale à l'augmentation de volume du ballon.

267. **Définitions.** — On pourra, pour les liquides, comme pour les solides, reprendre les définitions de la dilatation cubique et du coefficient de dilatation cubique.

Par exemple, ***le coefficient de dilatation cubique d'un liquide est l'accroissement de volume, que subit l'unité de volume de ce liquide, quand sa température s'élève de 1 degré.***

Il résulte du paragraphe précédent que le coefficient de dilatation réelle d'un liquide est nécessairement plus grand que le coefficient que l'on déduirait de la simple lecture du niveau sur le tube de l'appareil. Cette lecture ne pourrait donner que le ***coefficient de dilatation apparente.***

En fait, ***le coefficient de dilatation absolue d'un liquide est égal au coefficient de dilatation apparente, augmenté du coefficient de dilatation de l'enveloppe dans laquelle il est contenu.***

268. **Méthode générale pour la détermination du coefficient de dilatation absolue d'un liquide quelconque.** — La mesure directe du coefficient de dilatation absolue d'un liquide est très délicate.

Elle a été effectuée par Dulong et Petit, dans le cas du mercure. Nous aurons à exposer leurs expériences avec quelques détails (§269). Elles sont d'une importance capitale; et voici pourquoi.

Supposons que nous connaissions au préalable le coefficient de dilatation absolue du mercure, établi par Dulong et Petit.

Étudions la dilatation du mercure dans une enveloppe de verre. L'expérience nous donnera directement la dilatation apparente du mercure dans l'enveloppe que nous aurons choisie. Les expériences de Dulong et Petit nous ont fait connaître la dilatation vraie du mercure. Un calcul simple nous donnera la dilatation de l'enveloppe.

Étudions maintenant dans cette *même* enveloppe la dilatation d'un liquide quelconque. L'expérience nous donnera directement la dilatation apparente de ce liquide dans l'enveloppe. Et, puisque nous connaissons maintenant la dilatation de l'enveloppe, un calcul simple nous donnera la dilatation réelle du liquide étudié.

Nous sommes donc en possession d'une méthode générale qui nous permettra de déterminer :

1° La dilatation d'une enveloppe quelconque;

2° La dilatation absolue d'un liquide quelconque.

C'est cette méthode dont nous nous servirons.

Tout revient donc à déterminer d'abord le coefficient de dilatation absolue du mercure.

269. Dilatation du mercure. — Voici le principe du procédé par lequel Dulong et Petit ont déterminé directement cette dilatation jusqu'à 300°.

On sait (§ 115) que les hauteurs de deux liquides qui exercent une même pression sont en raison inverse de leurs densités; si donc on mesure les hauteurs h_0 et h_t de deux colonnes de mercure qui, à 0° et à $t°$, se font équilibre, on aura, en désignant par D_0 et D_t les densités de ce métal à ces températures, $\frac{h_t}{h_0} = \frac{D_0}{D_t}$.

La relation établie au paragraphe 264 devient alors

$$\frac{h_t}{h_0} = 1 + m.t \qquad \text{et par suite} \qquad m.t = \frac{h_t - h_0}{h_0}.$$

Dans cette relation, m représente le coefficient de dilatation cubique absolue du mercure.

Deux larges tubes de verre (fig. 176) communiquaient à

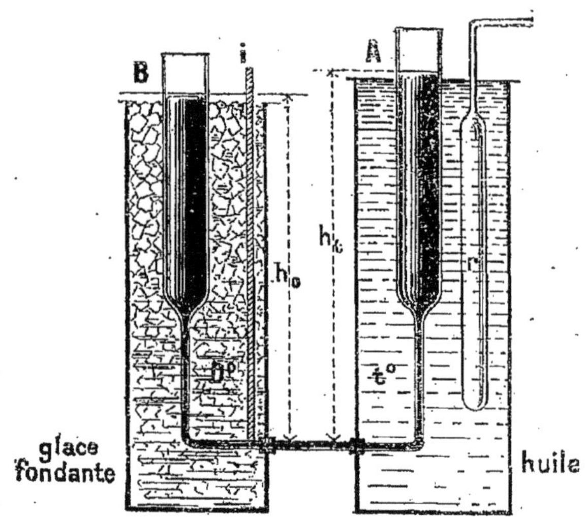

FIG. 176 — MESURE DE LA DILATATION ABSOLUE DU MERCURE.
Le rapport des densités du mercure à t° et à 0° est en raison inverse de celui des hauteurs mercurielles qui se font équilibre dans les deux branches A et B. Celles-ci communiquent entre elles par un tube étroit et horizontal. La première de ces deux branches est portée à t°, tandis que l'autre est maintenu à 0°.

leur partie inférieure par un tube rectiligne, court, de 1 millimètre de diamètre intérieur et que l'on pouvait rendre horizontal à l'aide de vis calantes qui supportaient le socle de l'appareil.

Les deux branches contenaient du mercure; l'une d'elles, B, était entourée d'un manchon renfermant de la glace fondante et par suite constamment maintenue à 0°; l'autre, A, était enveloppée d'un cylindre plein d'huile et chauffé par un foyer extérieur qui n'a pas été représenté sur la figure. La température moyenne de cette huile était donnée par un thermomètre à air (§ 217) dont le réservoir allongé *r* avait la longueur même du cylindre. On s'arrangeait d'ailleurs dans chaque détermination de façon que les niveaux du mercure dépassassent tout juste assez les manchons pour pouvoir être visés.

Pour procéder à une mesure, on opérait de façon à obtenir une température stationnaire pendant quelque temps. On notait cette température t, au thermomètre à air. On mesurait au même moment la différence des niveaux $h_t - h_0$ dans les deux tubes et la hauteur h_0 du mercure dans le tube à 0°.

La quantité $h_t - h_0$ atteint au plus 2 centimètres. La valeur de h_0 était voisine de 50 centimètres. La première de ces longueurs est donc toujours beaucoup plus petite que la seconde. Elle doit être déterminée avec un soin particulier. C'est dans le but de faire cette mesure avec précision que Dulong et Petit ont inventé le *cathétomètre*, appareil employé à mesurer de petites différences verticales de hauteur. Nous avons déjà dit quelques mots de cet appareil au § 151.

270. **Résultats des mesures de Dulong et Petit.** — Dulong et Petit ont résumé les résultats qu'ils ont obtenus, dans un graphique analogue à celui du § 249.

La courbe de dilatation du mercure présente vers le haut une concavité à peine marquée.

Le coefficient de dilatation du mercure croît donc très légèrement avec la température. Il a pour valeurs :

entre 0° et 100°. 0,000181
entre 0° et 300°. 0,000186

On adopte généralement dans les calculs la valeur approchée :

$$\frac{1}{5550} = 0,00018.$$

271. **Dilatomètre à liquides.** — Le procédé du dilatomètre à tige est celui qu'on a le plus fréquemment appliqué à

l'étude de la dilatation des liquides. Cet appareil fort simple se compose d'un réservoir de verre d'une capacité de quelques centimètres cubes; il est surmonté d'une tige étroite, cylindrique intérieurement et divisée en parties d'égal volume. Le zéro de la graduation se trouve à la naissance de la tige (fig. 177).

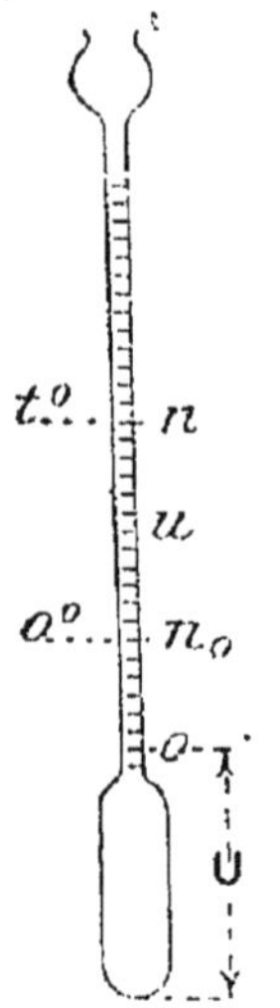

FIG. 177. DILATOMÈTRE A TIGE. *C'est une enveloppe thermométrique jaugée et calibrée, dans laquelle on observe la dilatation apparente des liquides.*

1° On commence par déterminer tout d'abord le rapport $A = \frac{U}{u}$, du volume U du réservoir, compté jusqu'au zéro, au volume u d'une division. Ce rapport est indépendant de la température.

Nous ferons comprendre la méthode sur un exemple numérique.

L'appareil est placé vide sur la balance, avec une masse connue près de lui. On fait équilibre avec de la tare; puis on remplit l'appareil de mercure jusqu'à la division 10, par exemple. Pour rétablir l'équilibre, on doit enlever 340 grammes des poids placés à côté de l'appareil. Le poids du mercure est donc alors de 340 grammes. Dans une seconde expérience, on trouve de même, le mercure atteignant à la division 160, que le poids de liquide contenu dans l'appareil est égal à 360 grammes. On en déduit immédiatement :

$$\frac{360}{340} = \frac{U + 160\,u}{U + 10\,u}.$$

Nous rappelons que U désigne le volume du réservoir compté jusqu'à la division 0, et u le volume d'une division.

Un calcul facile donne immédiatement :

$$\frac{U}{u} = 2540.$$

272. **Mesure de la dilatation d'une enveloppe.** — Reprenons l'enveloppe précédente, contenant du mercure. Plongeons-la dans la glace fondante. Supposons qu'à 0° le niveau du mercure se fixe à la division 10. Chauffons à 185°, par exemple. Le mercure affleure à la division 84. Proposons-nous de calculer le coefficient μ de dilatation de l'enveloppe.

Prenons pour unité de volume le volume d'une division de la tige à 0^0.

Au début, le volume du mercure était, à 0^0, de

$$2540 + 10 = 2550 \text{ divisions.}$$

A 185^0, son volume vrai doit être de

$$2550\left(1 + \frac{185}{5550}\right) = 2635 \text{ divisions.}$$

Or, son volume apparent n'est que de

$$(2540 + 84) = 2624 \text{ divisions.}$$

Un volume apparent de 2624 divisions à 185^0 correspond donc à un volume réel de 2635 divisions à 0^0.

La partie de l'appareil qui, à 0^0 correspond à 2624 divisions occupe donc, à 185^0, un volume réel égal à 2635.

Le coefficient de dilatation vraie de l'enveloppe est donc

$$\mu = \frac{2635 - 2624}{2624 \times 185} = 0{,}000020 \text{ (environ)}$$

pour le verre considéré.

275. **Mesure du coefficient de dilatation absolue d'un liquide.** — Reprenons la même enveloppe. Servons-nous-en maintenant pour déterminer le coefficient de dilatation absolue de l'alcool.

L'enveloppe est remplie d'alcool et plongée dans la glace fondante. Supposons que le niveau du liquide se fixe à la division 20. — Portons l'appareil à 50^0; le niveau se fixe à la division 177.

A 0^0, le liquide occupait un volume de

$$2540 + 20 = 2560 \text{ divisions.}$$

A 50^0, le volume apparent de l'alcool est

$$2540 + 177 = 2717 \text{ divisions;}$$

et son volume réel est égal à

$$2717(1 + 0{,}000\,020 \times 50) = 2720,$$

en prenant la même unité de volume que ci-dessus.

L'augmentation réelle de volume de l'alcool a donc été de $2720 - 2560 = 160$ pour un volume primitif de 2560 divisions, dont la température s'est élevée de 50 degrés.

L'augmentation de volume, que subirait l'unité de volume, pour une élévation de température de 1 degré, est donc égale à

$$\frac{160}{2560 \times 50} = 0{,}0012.$$

Telle est la valeur du coefficient de dilatation absolue de l'échantillon d'alcool que nous venons d'étudier.

274. **Résultats des mesures.** — Voici, à titre d'exemple, les coefficients de dilatation ***absolue*** de quelques liquides :

SUBSTANCES	COEFFICIENT DE DILATATION
Mercure.	0,00018
Alcool.	0,00125
Éther	0,00175

On remarquera :

1° Que ces nombres sont ***beaucoup plus élevés*** que ceux que nous avons donnés pour les solides (§ 253);

2° Qu'ils sont ***très différents entre eux***. — Le coefficient de l'alcool est 7 fois plus grand que celui du mercure; et celui de l'éther près de 10 fois plus grand.

275. **Application de la dilatation du mercure aux corrections barométriques.** — Deux observations barométriques ne sont comparables entre elles, qu'autant qu'elles ont été faites dans des conditions où la densité du mercure est restée la même. — Aussi, s'accorde-t-on à ramener les indications du baromètre à ce qu'elles seraient si le mercure était, à chaque fois, à la température de 0°.

Si l'observation est faite à la température t, la densité D du mercure, au lieu d'être D_0, est égale à $\frac{D_0}{1 + mt}$ (en appelant m le coefficient de dilatation du mercure) (§ 264). La pression p (§ 147) a pour valeur (en désignant par h la hauteur actuelle du mercure) :

$$p = hD = h\,\frac{D_0}{1 + mt}.$$

Si le mercure était observé a 0°, il s'élèverait à une hauteur x, telle que :

$$p = xD_0.$$

Comparant ces deux égalités, il vient,

$$x = h \frac{1}{1 + mt}.$$

Dans cette formule, h désigne la hauteur réelle du mercure soulevé, au moment et au lieu de l'observation. On sait qu'elle a pour valeur (§ 257) :

$$h = n(1 + \lambda t),$$

en désignant par n le nombre de divisions lues sur la règle graduée de l'appareil et par λ le coefficient de dilatation linéaire de la substance dont est faite la règle graduée de l'appareil.

Finalement, il vient donc, pour la hauteur barométrique, corrigée de la dilatation de la règle et de la dilatation du mercure,

$$x = n \frac{1 + \lambda t}{1 + mt}.$$

Exemple numérique. — Supposons la règle en laiton. Le coefficient de dilatation linéaire $\lambda = 0,000018$ est égal au dixième du coefficient de dilatation absolue, $m = 0,000180$, du mercure.

Dans l'expression ci-dessus, la correction provenant de la dilatation du mercure est toujours plus importante que celle qui provient de la dilatation de la règle.

Si, par exemple, on fait $n = 760$ millimètres et $t = 15^0$, on trouve que la correction atteint $1^{mm},84$. C'est-à-dire que, si la lecture de l'appareil se fait à 1/10 de millimètre près, la correction de température à 15^0 est plus de 18 fois supérieure aux petites erreurs de lecture que l'on est exposé à commettre, en relevant une hauteur barométrique. Il serait donc absurde de chercher à faire cette lecture à 1/10 de millimètre près, si l'on devait ensuite négliger la correction de température.

La lecture du baromètre à 1/10 de millimètre près n'a de sens que si la température est déterminée à moins de 1 degré.

2. — CAS PARTICULIER DE L'EAU

276. **Dilatation de l'eau.** — La dilatation de l'eau présente une particularité extrêmement remarquable.

Indiquons d'abord les résultats. Nous verrons ensuite comment on les a obtenus.

Chauffons de l'eau à partir de 0° : le volume, au lieu d'augmenter, diminue d'abord jusqu'à 4°.

A partir de 4°, le volume augmente comme pour les autres liquides.

A 4°, le volume de l'eau est donc plus petit qu'à toute autre température. On dit qu'il présente un minimum.

Les variations des densités sont évidemment en sens inverse de celles des volumes.

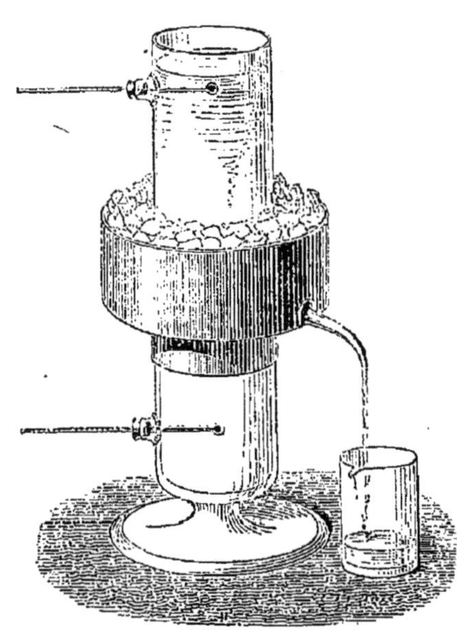

FIG. 178. — EXPÉRIENCE DE HOPE.
On observe que le thermomètre inférieur peut être à 4°, alors que celui du haut marque des températures plus élevées ou plus basses ; ce qui démontre que la densité de l'eau est maxima à 4°.

Donc, quand on chauffe de l'eau à partir de 0°, la densité augmente d'abord jusqu'à 4° et décroît ensuite.

L'eau passe donc par un maximum de densité, pour la température de 4°.

277. **Expérience de Hope.** — Ce maximum de densité peut facilement être mis en évidence, à l'aide de l'expérience suivante, due à Hope.

Une éprouvette à pied (fig. 178) est entourée d'un manchon, vers le milieu de sa hauteur.

Deux thermomètres horizontaux plongent dans l'éprouvette, l'un dans le bas, l'autre dans le haut.

L'éprouvette est remplie d'eau. Le manchon est rempli d'un mélange réfrigérant de glace et de sel.

On observe la marche des thermomètres.

Voici ce que donne l'expérience :

1re phase. — Le thermomètre inférieur baisse d'abord rapidement.

Le thermomètre supérieur reste à peu près invariable.

Le thermomètre inférieur cesse de baisser, quand il atteint 4°.

2e phase. — A partir de ce moment, le thermomètre supérieur baisse rapidement à son tour. Il atteint 4°. A ce moment, toute l'eau de l'éprouvette est à 4°. Enfin, le thermomètre supérieur continue à marquer des températures de plus en plus basses.

Ces résultats s'expliquent immédiatement. Dans la première phase de l'expérience, l'eau de l'éprouvette dont la température est encore supérieure à 4° devient plus lourde en se refroidissant. Elle tombe au bas de l'éprouvette. Le thermomètre inférieur se refroidit.

Dans la deuxième phase de l'expérience, l'eau que l'on refroidit au-dessous de 4° devient de plus en plus légère. Elle gagne la partie supérieure de l'éprouvette. Le thermomètre supérieur se refroidit. Ainsi, à 4°, l'eau est plus lourde qu'à toute autre température, plus élevée ou plus basse.

A 4°, l'eau passe donc par un maximum de densité.

Résultats relatifs à la dilatation de l'eau. — Les résultats des déterminations relatives à la dilatation de l'eau sont contenus dans la dernière colonne du tableau numérique ci-contre. On peut les traduire par un graphique : sur

TEMPÉRATURES	POIDS SPÉCIFIQUE DE L'EAU	VOLUME DE 1 KILOGRAMME D'EAU
		cm³ cm³
—10°	0,9981	1000 + 1,9
0°	0,9998	1000 + 0,2
4°	1,0000	1000
8°	0,9998	1000 + 0,2
10°	0,9997	1000 + 0,3
15°	0,9991	1000 + 0,9
20°	0,9982	1000 + 1,8
25°	0,9971	1000 + 2,9
30°	0,9957	1000 + 4,3
50°	0,9882	1000 + 12,8
100°	0,9586	1000 + 43,2

un papier quadrillé au millimètre, traçons deux axes rectangulaires (fig. 179). Convenons qu'en abscisses un millimètre représentera 1 demi-degré et en ordonnées une dilatation de 0,00001. A chaque détermination correspondra alors un point du quadrillage (§ 248) ; et si nous réunissons tous ces points par un trait continu, nous obtenons la courbe de dilatation de l'eau.

On voit sur cette courbe que l'eau offre, vers 4°, un minimum de volume et par conséquent, un maximum de densité.

Quand une masse d'eau se refroidit, son volume diminue jusqu'à 4°, pour augmenter ensuite. Cette augmentation ne s'arrête pas à 0°; elle se poursuit encore à des températures bien inférieures; et Despretz a pu l'étudier jusqu'à —20° dans un dilatomètre à tige, en profitant de ce que, dans une enve-

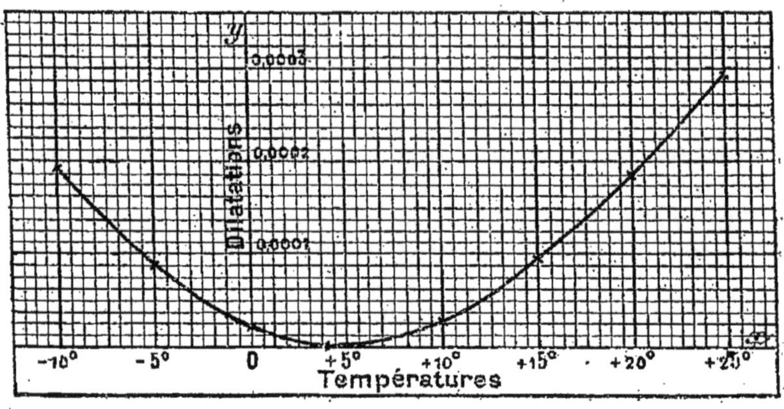

FIG. 179. — COURBE DE DILATATION DE L'EAU.
L'eau présente un minimum de volume vers 4°.

loppe de verre bien purgée d'air, l'eau peut se maintenir à l'état liquide bien au-dessous de son point de congélation (§ 306).

278. **Importance du maximum de densité de l'eau dans la nature.** — Un phénomène, analogue à celui que nous avons décrit dans l'expérience de Hope, se produit pendant l'hiver dans les lacs tranquilles et profonds.

L'eau se refroidit par la surface. Elle gagne le fond, pour être remplacée à la surface par de l'eau plus chaude qui se refroidit à son tour.

Ces mouvements de l'eau s'arrêteront quand la masse entière du liquide sera arrivée à 4°.

A partir de ce moment, si les couches superficielles continuent à se refroidir, elles restent à la surface. Ainsi :

1° L'eau d'un lac ne pourra se congeler à la surface avant que toute la masse de l'eau n'en soit descendue à 4°. ***La congélation est retardée.***

2° La congélation ayant lieu à la surface, les couches inférieures peuvent rester liquides à 4°. ***La vie aquatique peut persister sous la couche de glace superficielle.***

279. **Choix de l'unité de poids.** — Rappelons que l'on a choisi pour unité de poids ***le poids d'un centimètre cube d'eau à son maximum de densité*** (§ 70). C'est la définition du gramme dans le système métrique.

Reportons-nous d'ailleurs au tableau que nous venons de donner (p. 233) des différentes valeurs que prend le poids spécifique de l'eau aux diverses températures.

On voit, sur ce tableau, qu'entre — 10° et + 20° la densité de l'eau varie seulement de 2 pour 1000, c'est-à-dire de $\frac{1}{500}$ de sa valeur.

Cette variation est assez faible pour que, dans la plupart des applications pratiques où figurera la densité de l'eau, on puisse regarder cette densité comme égale à l'unité, si la température est comprise entre — 10° et + 20°.

280. **Exercice numérique.** — ***De combien augmente le volume d'un kilogramme d'eau en passant de 0° à 100°?*** Densité de l'eau à 0° = 00998 ; densité de l'eau à 100° = 0,9586.

Le volume d'un kilogramme d'eau à 4° est exactement 1000 centimètres cubes.

A 0°, il est égal à $\frac{1000}{0,9998} = 1000^{cm^3},2$.

A 100°, il est égal à $\frac{1000}{0,9586} = 1043^{cm^3},2$.

Donc, en passant de 0° à 100°, ce volume a augmenté de 43 centimètres cubes.

Cette variation est très appréciable, et ne saurait être négligée, même dans des opérations grossières.

Remarquons, au contraire, que de 0° à 4°, le volume a varié seulement de $0^{cm^3},2$; c'est-à-dire de $\frac{1}{5}$ de centimètre cube, c'est-à-dire encore de $\frac{1}{5000}$ du volume total. — ***Le volume de l'eau varie très peu au voisinage immédiat de la température du maximum de densité de l'eau.***

C'est la raison pour laquelle on a choisi cette température quand on a voulu définir le gramme avec précision.

CHAPITRE VI

DILATATION DES GAZ

LOI DE GAY-LUSSAC

281. **Deux formes principales de la dilatation des gaz.** — Les gaz sont beaucoup plus dilatables que les liquides. — Nous savons aussi qu'ils sont compressibles, tandis que les liquides ne le sont pas (§ 2).

On peut chauffer un gaz sous une pression constante; augmentera de volume.

On peut le chauffer, puis, en le comprimant, ramener le volume à sa valeur initiale.

Dans le premier cas, ***la pression est restée constante; le gaz que l'on a chauffé a augmenté de volume.***

Dans le deuxième cas, ***le volume n'a pas changé; le gaz que l'on a chauffé est porté à une plus forte pression.***

Examinons successivement ces deux formes d'expériences.

282. **Dilatation sous pression constante.** — Prenons un petit ballon de 100 centimètres cubes environ (fig. 180); fermons-le par un bouchon, traversé d'un tube étroit, ouvert aux deux bouts, dans lequel nous aurons introduit une goutte de mercure ou d'alcool coloré.

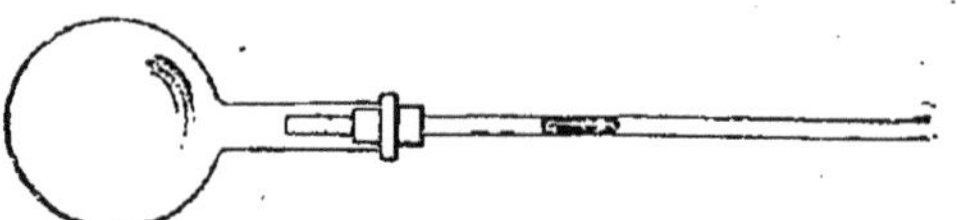

FIG. 180. — DILATATION D'UN GAZ A PRESSION CONSTANTE.
Il suffit de chauffer le ballon avec la main pour que l'index de mercure s'avance vers l'extrémité ouverte du tube.

La pression à l'intérieur du ballon restera constamment égale à celle de l'atmosphère; la goutte obéirait, en effet, à la moindre différence de poussée sur ses deux faces.

Chauffons alors le ballon avec la main. Nous voyons tout aussitôt l'index liquide s'avancer vers l'extrémité ouverte du tube. — Nous constatons ainsi une augmentation notable du volume gazeux.

283. **Définition du coefficient de dilatation d'un gaz sous pression constante.** — Le volume d'un gaz s'accroît toujours, quand on le chauffe à pression constante.

L'expérience montre que cet accroissement reste proportionnel à la variation de température.

On peut donc définir pour les gaz un ***coefficient de dilatation***.

Le coefficient de dilatation d'un ***gaz est la fraction du volume initial dont augmente le volume du gaz, quand on élève sa température de 1 degré, en maintenant sa pression invariable.***

Soient donc V_0 et V les volumes à 0^0 et à t^0 d'une même masse gazeuse sous la même pression P. Nous appellerons coefficient moyen de dilatation du gaz, de 0^0 à t^0, et sous la pression constante P, le nombre α défini par la relation :

$$\alpha = \frac{V - V_0}{V_0 t},$$

ou par la relation identique $V = V_0(1 + \alpha t)$.

284. **Augmentation de pression d'un gaz à volume constant.** — Prenons maintenant un ballon d'un demi-litre. Fermons-le par un bouchon traversé par un tube deux fois recourbé (fig. 181). Versons du mercure dans ce tube ; l'air contenu dans le ballon se trouvera emprisonné ; le tube recourbé pourra faire office de *manomètre à air libre* (§ 164).

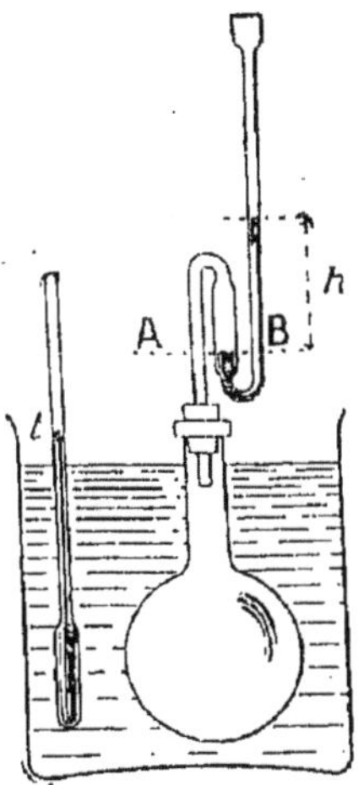

FIG. 181.
AUGMENTATION DE PRESSION D'UN GAZ A VOLUME CONSTANT.
La dénivellation dans le manomètre varie régulièrement avec la température du ballon.

Il nous indiquera la différence entre la pression qui règne dans le ballon et la pression atmosphérique. Cette différence sera à tout instant repérée par la dénivellation du mercure dans les deux branches du manomètre.

Plaçons le ballon dans la glace fondante. Supposons que le mercure se trouve alors au même niveau AB dans les deux branches ; la pression dans le ballon est justement égale à celle de l'atmosphère.

Introduisons maintenant le ballon dans l'eau tiède ; plaçons dans le même bain un thermomètre qui en donnera la température. Sous l'action de la chaleur, le volume de l'air emprisonné tend à augmenter.

Opposons-nous à cette dilatation, en versant une certaine quantité de mercure par la branche ouverte du manomètre de façon à maintenir le niveau en A, c'est-à-dire à ***laisser invariable le volume gazeux.***

Nous observerons ainsi que, pour la température t, la pression dans le ballon surpasse de h centimètres de mercure la pression atmosphérique.

La pression d'un gaz augmente donc toujours quand on le chauffe à volume constant.

En répétant la même expérience à diverses températures, on trouve que l'augmentation de pression est en raison directe de l'élévation de température et on peut alors définir pour les gaz un ***coefficient d'augmentation de pression. C'est la fraction de la pression initiale dont augmente la pression d'un gaz quand on élève sa température de 1 degré, en maintenant son volume constant.***

Soient donc P_0 et P les pressions, à 0° et à t°, de la même masse gazeuse, maintenue sous le volume constant V. Nous appellerons ***coefficient moyen d'augmentation de pression du gaz, entre 0° et t°, et pour la pression initiale P_0, le nombre β défini par la relation***

$$\beta = \frac{P - P_0}{P_0 t},$$

ou, par la relation identique : $P = P_0 (1 + \beta t)$.

Remarque. — Ce phénomène d'augmentation de pression sous volume constant est précisément celui sur lequel repose la construction et l'emploi du thermomètre normal (§ 217).

285. **Les deux coefficients α et β, précédemment définis, sont égaux entre eux, pour un gaz qui suit la loi de Mariotte.**

Considérons, en effet, une masse de gaz, qui, à 0°, occupe un volume V_0 sous la pression P_0.

Supposons qu'il s'agisse d'un gaz suivant rigoureusement la loi de Mariotte.

Chauffons cette masse de gaz à la température t :

1° *Sous la pression constante,* P_0 ; le volume est devenu

$$V = V_0 (1 + \alpha t);$$

2° ***Sous le volume constant,*** V_0 : la pression est devenue

$$P = P_0 (1 + \beta t).$$

Ainsi donc, la même masse de gaz occupe, à t.
1° Le volume $V = V_0 (1 + \alpha t)$, à la pression P_0;
2° Le volume V_0, à la pression $P = P_0 (1 + \beta t)$:
Puisque le gaz suit la loi de Mariotte, on a (§ 171) :

$$V \times P_0 = V_0 \times P,$$

c'est-à-dire : $V_0 (1 + \alpha t). P_0 = V_0 P_0 (1 + \beta t),$

c'est-à-dire encore : $\alpha = \beta.$

d'où cette conséquence :

Les deux coefficients d'augmentation de volume et d'augmentation de pression sont égaux, pour un même gaz, quand ce gaz suit la loi de Mariotte.

Il en est très sensiblement ainsi pour l'hydrogène, l'air et l'azote, par exemple.

Supposons, au contraire, que le gaz soit sensiblement plus compressible que ne l'indique la loi de Mariotte. Augmentons sa pression (nous avons, par exemple $P > P_0$); le produit PV, au lieu de rester constant, ira en diminuant. On aura donc :

$$PV_0 < P_0 V$$

c'est-à-dire : $\alpha > \beta.$

Ce cas se présente pour le gaz carbonique et pour tous les gaz facilement liquéfiables.

D'ailleurs, l'écart $\alpha - \beta$ tendra à s'annuler, quand on prendra le gaz à des températures de plus en plus hautes, ou à des pressions de plus en plus faibles, c'est-à-dire dans des conditions où il s'écarte de moins en moins de la loi de Mariotte.

286. **Lois de Gay-Lussac.** — Les premières mesures de dilatation des gaz ont été effectuées par Gay-Lussac, en opérant sous pression constante. Son appareil diffère peu, en principe, de celui que nous avons représenté fig. 180. Mais, les opérations de mesure sont trop délicates pour que nous puissions songer à les examiner ici.

Supposons qu'il s'agisse de gaz suivant la loi de Mariotte. Nous n'aurons pas à faire la distinction des deux coefficients α et β (§ 285).

Les mesures de Gay-Lussac l'ont conduit à énoncer les deux propositions suivantes :

1° *Le coefficient de dilatation d'un gaz est constant. Il ne dépend ni des limites de température entre lesquelles on opère, ni de la grandeur des pressions sous lesquelles se trouve le gaz.*

2° *Le coefficient de dilatation est très sensiblement le même pour tous les gaz, et très voisin de* $0,00367 = \frac{1}{273}$.

287. **Formule des gaz parfaits ou formule de Gay-Lussac.** — Une même conclusion découle des recherches sur la compressibilité et sur la dilatation des gaz, à savoir :

Toutes les fois qu'un gaz se trouve dans des conditions de pression et de température éloignées de celles où il pourrait se liquéfier,

1° *Sa compressibilité est sensiblement régie par la loi de Mariotte;*

2° *Sa dilatation par celle de Gay-Lussac.*

On convient de dire qu'un gaz se rapproche d'autant plus de l'***état gazeux parfait*** qu'il satisfait mieux à ces deux conditions.

Soit donc une certaine quantité d'un *gaz parfait*.

Soient V_0 et P_0 le volume et la pression de cette masse à 0°; soient d'autre part, V et P son volume et sa pression à t.

Supposons alors que, prise dans ce second état, on ramène cette masse à 0°, en maintenant par exemple sa pression P constante; son volume deviendra alors $\frac{V}{1+\alpha t}$, et on aura, en appliquant la loi de Mariotte, pour cette masse constante de gaz, prise à 0° :

$$\frac{PV}{1+\alpha t} = P_0 . V_0$$

L'expression $\frac{PV}{1+\alpha t}$ reste donc constante, pour une même masse de gaz parfait, quelles que soient les valeurs que prennent son volume, sa pression et sa température.

On peut écrire : $$\frac{PV}{1+\alpha t} = K.$$

Le nombre α a pour valeur approchée $\frac{1}{273}$; K est un nombre indépendant de P, de V et de t. Il ne dépend que de la masse et de la nature du gaz considéré.

Cette relation fondamentale porte le nom de formule de Gay-Lussac.

288. **Loi générale du mélange des gaz.** — La formule de Gay-Lussac permet de généraliser immédiatement la relation que nous avions donnée précédemment comme expression de la loi du mélange des gaz (§ 176).

La restriction que nous avions faite alors, que les gaz mélangés et le mélange lui-même doivent être pris à une même température, peut être levée maintenant.

Soit, en effet, une première masse gazeuse, occupant le volume v, sous la pression p, à la température t. Soient v', p', t' les quantités analogues pour une seconde masse gazeuse que l'on veut mélanger à la première.

La première occuperait à 0°, sous une pression P_0, un volume x tel que

$$\frac{pv}{1+\alpha t} = P_0 . x$$

La deuxième occuperait à 0°, sous la même pression P_0, un volume y, tel que

$$\frac{p'v}{1+\alpha t} = P_0 . y.$$

Le volume V', que le mélange occuperait à 0°, sous la pression P_0, est évidemment égal à $x + y$; d'où :

$$V' = \frac{1}{P_0}\left(\frac{pv}{1+\alpha t} + \frac{p'v'}{1+\alpha t'}\right);$$

c'est-à-dire $$P_0 V' = \frac{pv}{1+\alpha t} + \frac{p'v'}{1+\alpha t'}.$$

Or, si le mélange est porté à la température T et prend alors le volume V sous une nouvelle pression P, on aura évidemment, d'après la relation même des gaz parfaits :

$$P_0 V' = \frac{PV}{1+\alpha T}$$

c'est-à-dire enfin :

$$\frac{PV}{1+\alpha T}=\frac{pv}{1+\alpha t}+\frac{p'v'}{1+\alpha t'}.$$

Généralisons maintenant, pour un nombre quelconque de gaz, en reprenant la notation que nous avons déjà employée au § 176. Il viendra la relation générale cherchée :

$$\frac{PV}{1+\alpha T}=\sum\left(\frac{pv}{1+\alpha t}\right).$$

CHAPITRE VII

DENSITÉ DES GAZ

289. **Notion de la densité d'un gaz. Constance de la densité d'un gaz.** — Considérons 1 litre *d'oxygène* et 1 litre d'air, tous deux à 0°, tous deux sous la pression atmosphérique.

Le premier pèse 1gr,429; le second, 1gr,293.

Le premier pèse donc $\frac{1,429}{1,293} = 1,105$ fois plus que le second.

Chauffons-les tous les deux à 100°, sous la même pression. Les deux gaz se dilatent également, d'après la loi de Gay-Lussac (§ 286).

A 100°, les volumes sont donc restés égaux entre eux.

Doublons maintenant la pression de chacun des deux gaz. Les deux gaz se compriment également, d'après la loi de Mariotte (§ 171).

Les volumes sont tous deux réduits de moitié; ils restent donc encore égaux entre eux.

Il résulte de là que : ***deux masses de gaz qui, dans certaines conditions de température et de pression, ont des volumes égaux, ont encore des volumes égaux quand on modifie également pour toutes deux la température et la pression.***

Or, le poids d'un corps reste invariable, quand sa température et sa pression changent.

Le rapport des poids de volumes égaux des deux gaz est donc resté constant.

L'oxygène pèse donc toujours 1,105 fois plus lourd que l'air.

Nous dirons que la densité de l'oxygène est égale à 1,105.

Nous appellerons donc ***densité d'un gaz : le rapport constant entre les poids de volumes égaux de ce gaz et d'air l'un et l'autre étant pris dans les mêmes conditions de température et de pression.***

Le résultat précédent n'est rigoureux que pour un gaz parfait, c'est-à-dire qui suivrait exactement les lois de Mariotte et de Gay-Lussac. — Pour ces gaz seulement, la densité est absolument constante, c'est-à-dire indépendante de la température et de la pression.

Remarque. — Quoi qu'il en soit, on voit donc que, pour juger de la pesanteur des gaz, on les compare non pas à l'eau, comme on fait pour les solides et les liquides, mais à l'air pris dans les mêmes conditions de température et de pression.

290. **Poids d'un volume déterminé de gaz dans des conditions données.** — Considérons une même quantité d'un gaz parfait qui, à 0°, sous la pression P_0, occupe un volume V_0 et, à t^0, sous la pression P, occupe un volume V.

Désignons par μ_0 et μ les valeurs respectives de son poids par unité de volume, dans les deux cas. Puisque le poids Q de ce gaz est resté invariable, on a évidemment :

$$Q = V_0\mu_0 = V\mu.$$

Or, l'équation des gaz parfaits nous donne :

$$P_0V_0 = \frac{PV}{1+\alpha t}.$$

En substituant dans cette dernière égalité, les valeurs de V_0 et de V déduites des égalités précédentes, il vient :

$$\mu = \mu_0 \cdot \frac{P}{P_0} \times \frac{1}{1+\alpha t}.$$

Le poids d'un gaz par unité de volume est donc :

1° *Proportionnel à sa pression, P;*

2° *En raison inverse du binôme de dilatation* $1+\alpha t$, expression dans laquelle α possède la valeur $0,00367 = \frac{1}{273}$.

Supposons connu le poids du litre d'air à 0° et sous la pression de 76 centimètres de mercure. Nous verrons un peu plus loin (§ 292) qu'il est égal à $1^{gr},293$. Le poids du centimètre cube d'air, dans les mêmes conditions de température et de pression, est donc égal à $0^{gr},001293$.

Appliquons la relation précédente au cas de l'air.

Le poids d'un centimètre cube d'air, pris à t degrés et sous la pression de H centimètres de mercure, sera donc égal à

$$0^{gr},001293 \times \frac{H}{76} \times \frac{1}{1+\alpha t}.$$

Dans les mêmes conditions, V centimètres cubes d'air auront un poids égal à

$$V \times 0^{gr},001293 \times \frac{H}{76} \times \frac{1}{1 + \alpha t}.$$

Si, enfin, nous multiplions par la densité D d'un gaz autre que l'air, nous aurons, par définition, l'expression du poids Q d'une certaine quantité de ce gaz, à une température quelconque t, et sous une pression quelconque de H centimètres de mercure :

$$Q = V \cdot 0,001293 \cdot D \cdot \frac{H}{76} \frac{1}{1 + \alpha t}.$$

Cette expression donne le poids Q du gaz en grammes, lorsque V est exprimé en centimètres cubes.

Si V est estimé en litres, et si l'on remplace 0,001293 par 1,293, la valeur de Q reste encore exprimée en grammes.

291. **Résultats numériques.** — Parmi les résultats les mieux établis, citons les suivants :

GAZ	DENSITÉS
Azote	0,9670
Oxygène.	1,1052
Hydrogène.	0,06947
Anhydride carbonique (Regnault).	1,5287

La densité des trois premiers gaz est invariable, puisque ces gaz suivent très sensiblement la loi de Mariotte.

La densité du quatrième varie de quantités plus notables, avec la température et la pression.

292. **Poids spécifique de l'air dans les conditions normales.** — On emploie la locution « *conditions normales* » pour désigner la température de 0° et la pression de 76 centimètres de mercure.

Pour obtenir le poids spécifique de l'air, dans les conditions normales, on commence par *jauger* un ballon de 4 à 5 litres en déterminant le poids d'eau qu'il peut contenir (§ 90) ; on obtient ainsi son volume V^{cc}. Puis, on entoure le ballon de glace fondante et, au bout de quelque temps, on observe la pression atmosphérique et on ferme le robinet du ballon.

On suspend alors celui-ci sous le plateau d'une balance, on le tare, puis on y fait le vide. On détermine ainsi par double pesée le poids Q de l'air qu'il contenait.

Supposons, pour simplifier, qu'au moment de l'expérience le baromètre marque exactement 76 centimètres. On obtiendra alors le poids spécifique de l'air en divisant le poids Q par le volume V.

Pour un volume de 4520 centimètres cubes, par exemple, on trouverait, dans ces conditions, un poids de $5^{gr},844$. Le poids du centimètre cube d'air dans les conditions normales serait alors :

$$\frac{5^{gr},844}{4520} = 0^{gr},001293.$$

Un litre d'air pèserait 1000 fois plus, c'est-à-dire $1^{gr},293$.

Pour obtenir le poids spécifique normal d'un gaz quelconque, il suffit de multiplier celui de l'air par la densité du gaz.

Voici, pour quelques gaz, un tableau de la densité et du poids du litre normal :

GAZ	DENSITÉ D	POIDS DU LITRE $1^{gr},293 \times D$
Air	1	1,293
Hydrogène	0,06947	0,08984
Oxygène	1,1052	1,4293
Gaz carbonique	1,5287	1,977
Ammoniaque	0,5971	0,763
Chlore	2,491	3,221
Vapeur d'eau	0,6235	»

293. **Exercice.** — I. ***Quel est le poids du litre d'air à 20°, sous la pression de 2 kilogrammes?***

Considérons un litre d'air à 0°, sous la pression de 76 centimètres de mercure. Ce litre d'air pèse $1^{gr},293$.

Chauffons-le à 20°, toujours sous la pression normale : son volume augmente de $1^l \times \frac{1}{273} \times 20$ et devient par conséquent

$$1^l + 1^l \times \frac{20}{273} = 1^l,073.$$

Comprimons ensuite cette masse gazeuse de façon à porter

sa pression à 2 kilogrammes. Son volume diminuera dans le rapport même où la pression a été augmentée; il aura donc pour nouvelle valeur :

$$1^{l},073 \times \frac{1033}{2000} = 0^{l},554.$$

Mais le poids d'air considéré est toujours égal à $1^{gr},293$. Comme dans les nouvelles conditions, il occupe un volume de $0^{l},554$, le poids du litre d'air, à 20° et sous la pression de 2 kilogrammes, est égal à $\frac{1^{gr},293}{0,554} = 2^{gr},33$.

II. ***Quel serait le poids de 6 litres de gaz carbonique à 20° sous la pression de 2 kilogrammes?***

Ce poids s'obtiendra en multipliant par la densité du gaz carbonique 1,53 le poids de 6 litres d'air dans les mêmes conditions. Ce dernier étant égal à $2^{gr},33 \times 6$ (voir l'exercice précédent), le poids du gaz carbonique sera

$$2^{gr},33 \times 6 \times 1,53 = 21^{gr},39.$$

III. ***Quel serait le volume de 1 kilogramme de vapeur d'eau à 100°, sous la pression de 76 centimètres de mercure?***

On calculerait aisément qu'un litre de vapeur d'eau dans ces conditions pèse $\frac{1^{gr},293}{1,367} \times 0,623 = 0^{gr},588$.

Le volume de 1 kilogramme de vapeur d'eau serait alors

$$\frac{1000^{l}}{0,588} = 1700^{l}.$$

IV. ***Quel serait le poids de 1 mètre cube de vapeur d'eau à 20° sous la pression de 17mm,4 de mercure?***

On calculerait que le poids d'un litre de vapeur d'eau dans ces conditions est $1^{gr},293 \times 0,623 \times \frac{1}{1,073} \times \frac{17,4}{760} = 0^{gr},0172$

Le mètre cube pèsera 1000 fois plus, c'est-à-dire $17^{gr},2$.

CHAPITRE VIII

FUSION — SOLIDIFICATION

1. — NOTIONS SUR LES CHANGEMENTS D'ÉTAT

294. **Changements d'état physique.** — Nous savons déjà que la chaleur que l'on fournit à un corps peut se traduire par les effets suivants :

1° ***Élévations de température*** (§§ 235 et suivants);

2° ***Dilatations*** (§§ 246 et suivants).

Ces effets ne sont pas les seuls.

La chaleur peut provoquer, dans l'état des corps, des transformations plus profondes.

Chauffons, par exemple, du plomb ou du sel dans un tube à essai. Quand la température sera suffisamment élevée, nous les verrons l'un et l'autre se changer peu à peu en liquides : c'est le phénomène de la ***fusion***.

Si, après avoir fondu complètement le solide, nous cessons de chauffer en abandonnant le tube à essai au refroidissement de l'air extérieur, nous voyons bientôt le liquide se prendre en masse et repasser à l'état solide : c'est le phénomène de la ***solidification***.

La fusion et la solidification sont du domaine de la Physique.

De même, faisons bouillir de l'eau dans un ballon. L'eau contenue dans le ballon disparaît peu à peu ; de la vapeur d'eau sort du col du ballon, et se répand à l'extérieur. L'eau liquide se transforme donc en vapeur. C'est le phénomène de ***l'évaporation***.

Inversement, la vapeur d'eau laisse déposer des gouttelettes d'eau liquide sur les corps froids qu'elle vient à rencontrer. C'est le phénomène de la ***condensation***.

On dit que ces phénomènes : ***fusion, solidification, vaporisation, condensation*** sont des ***changements d'état physique***.

295. **Changements d'état chimique.** — Au contraire, chauffons dans notre tube à essai de petits morceaux de bois. Nous n'observons aucune fusion. Nous voyons seulement

couleur du bois se foncer peu à peu et celui-ci émettre bientôt des gaz combustibles que nous pouvons enflammer à l'ouverture du tube. Après une chauffe suffisante, il reste dans le tube de petits morceaux de charbon, que nous n'arriverons pas à fondre, même en élevant la température jusqu'à la fusion du verre lui-même.

Le bois a donc subi, dans ces conditions, un changement d'état plus profond encore que celui de la fusion.

En effet :

1° On a vu apparaître des corps nouveaux : gaz combustibles, charbon;

2° Un simple retour à la température primitive ne ramène pas les corps à leur état primitif.

On dit que ce sont des ***changements d'état chimique.***

Nous n'aurons pas à nous en occuper ici.

Nous nous occuperons donc exclusivement des changements d'état physique.

296. **Fusion franche et fusion pâteuse.** — Les corps fusibles ne fondent pas tous de la même manière :

Si nous chauffons du plomb, du sel ou du soufre, ils se liquéfient franchement dès que leur température est suffisamment élevée; le solide baigne alors au milieu d'un liquide, dès que la fusion est commencée. C'est le cas de la ***fusion franche.***

Au contraire, chauffons de la cire ou du verre. Il en sera tout autrement. Ces substances se ramollissent tout d'abord. Elles perdent peu à peu leur consistance, et ne prennent que progressivement l'état franchement liquide. C'est le cas de la ***fusion pâteuse.***

Cette dernière forme de fusion se présente surtout pour les substances dont la composition chimique, mal définie, peut varier insensiblement d'un échantillon à un autre. C'est le cas des ***mélanges de corps*** de propriétés voisines. Il en est ainsi, en particulier, pour le verre, la cire, la paraffine, le beurre, etc.

Inversement, quand le liquide refroidi repasse à l'état solide, on observe les mêmes phénomènes que pendant la fusion.

Ainsi, le soufre, l'eau, le plomb fondus repassent, quand on les refroidit, sans aucune transition intermédiaire, de l'état liquide à l'état solide.

Au contraire, la cire, la paraffine, le verre, le beurre fondus ne reprennent leur consistance solide que progressivement, sans qu'on puisse saisir le moment précis où commence la solidification, ni celui où elle est terminée.

297. **Changement de volume qui accompagne la fusion.** — Chauffons du soufre dans une large éprouvette de verre, nous le verrons bientôt fondre et donner un liquide transparent, à peine plus coloré que l'huile d'olives. Quand la fusion sera assez avancée, nous observerons que le soufre qui reste à fondre occupe le fond de l'éprouvette et qu'il est entièrement baigné par son liquide. Il faut en conclure que la densité du soufre solide est plus grande que celle du soufre fondu et, par conséquent, que le soufre augmente de volume en fondant. Cette propriété n'est pas particulière au soufre : elle est presque générale. ***La plupart des corps augmentent de volume en fondant. Il n'y a guère que la glace et le fer qui fassent exception à cette règle.***

Tout le monde sait que lorsqu'on met un morceau de glace dans un verre d'eau, la glace surnage et flotte à la surface : c'est qu'elle est plus légère que l'eau. Pour la même raison, la glace qui se forme pendant l'hiver sur les lacs profonds reste à leur surface, et c'est à cette heureuse circonstance que les plantes et les animaux qui vivent dans le fond doivent la conservation de leur existence pendant les hivers rigoureux (voir § 278).

La solidification est accompagnée d'une variation de volume inverse de celle qui accompagne la fusion. Quand on examine un canon de soufre, il n'est pas rare de voir dans la partie médiane un vide qui est dû au retrait du soufre au moment de sa solidification. De même, quand on laisse se congeler de la paraffine fondue dans un verre, la solidification survient d'abord le long des parois et à la surface libre du liquide, où le refroidissement par l'air extérieur est plus rapide. On voit alors la surface libre de la paraffine se creuser en son milieu, au fur et à mesure qu'elle reprend l'état solide.

Les changements de volume qui accompagnent la fusion ou la solidification sont d'ordinaire beaucoup plus grands que ceux qu'on observe dans la dilatation.

La densité de la glace étant $0,92 = \frac{11}{12}$, on voit que 12 litres de glace en fondant donnent seulement 11 litres d'eau. Inversement, 11 litres d'eau donnent 12 litres de glace.

298. **Efforts produits par la solidification de l'eau.**

La compressibilité de l'eau est si faible que, pour résister à l'augmentation de volume qui survient au moment de la congélation, il faudrait soumettre la glace à des pressions de plusieurs milliers de kilogrammes par centimètre carré.

Un ballon de verre, un morceau de canon de fusil entièrement remplis d'eau, solidement fermés et placés dans un mélange réfrigérant, éclatent quand l'eau se congèle.

La rupture des tuyaux de conduite par les froids rigoureux, la désagrégation des pierres poreuses (*pierres gélives*) pendant l'hiver, les désordres que les gelées apportent à la vie végétale, en provoquant le déchirement des cellules remplies de sève, sont dus à la même cause.

2. — LOIS DE LA FUSION ET DE LA SOLIDIFICATION SOUS LA PRESSION ATMOSPHÉRIQUE ORDINAIRE

299. **Point de fusion.** — Après avoir défini et décrit les phénomènes de la fusion et de la solidification, étudions-les maintenant d'un peu plus près en choisissant comme exemple l'*eau*, pour laquelle ces changements d'état sont très francs.

Plaçons de l'eau dans une éprouvette en verre; installons-y un thermomètre, puis amenons cette eau à congélation, par l'action prolongée d'un mélange extérieur de glace et de sel, analogue à ceux qu'on emploie pour glacer les sorbets.

Une fois la solidification complète obtenue, retirons du mélange réfrigérant l'éprouvette remplie de glace et abandonnons-la à la température ordinaire, 17°, par exemple. Le thermomètre implanté dans la glace marquera d'abord plusieurs degrés au-dessous de zéro; puis, sous l'action du réchauffement extérieur, la température s'élèvera peu à peu, et, à un moment donné, nous verrons apparaître de l'eau liquide dans le fond de l'éprouvette. Si nous lisons le thermomètre à cet instant, nous constaterons qu'il indique zéro.

A partir de ce moment, la fusion continue; la quantité d'eau augmente, celle de la glace diminue, mais ***la température du mélange reste constamment égale à zéro***, et il en est ainsi tant qu'il subsiste une parcelle de glace. C'est seulement lorsque l'éprouvette ne contient plus que de l'eau liquide que la température de celle-ci commence à s'élever progressivement jusqu'à atteindre celle du milieu ambiant,

300. **Point de solidification.** — Refaisons maintenant l'expérience en sens inverse, c'est-à-dire replongeons l'éprouvette dans le mélange réfrigérant de glace et de sel; et suivons les indications du thermomètre en ayant soin d'agiter le liquide. Tant que la température restera au-dessus de zéro, nulle trace de glace n'apparaîtra dans l'éprouvette; mais, aussitôt que le thermomètre sera descendu à zéro, la solidification commencera et *la température du mélange liquide et solide restera encore constamment* égale à zéro, tant qu'il restera une goutte d'eau dans l'éprouvette. Elle ne descendra au-dessous de zéro que lorsque l'éprouvette ne contiendra plus qu'un bloc de glace.

Nous pouvons répéter ces expériences *avec le même thermomètre* à un moment quelconque, et nous constaterons que la fusion et la solidification de l'eau commencent toujours à 0^0 et que, pendant toute la durée des changements d'état, la température du mélange de glace et d'eau reste invariablement égale à 0^0.

Cette température de zéro est *le point de fusion ou de solidification* de l'eau.

301. **Lois de la fusion et de la solidification.** — Les résultats que nous venons d'obtenir pour l'eau sont d'ordre général et s'appliquent aussi aux autres corps qui éprouvent la fusion franche, à cela près que chacun d'eux possède un point de fusion particulier : le mercure fond à -40^0; l'acide acétique à 17^0; le soufre à 120^0.

Nous pouvons donc énoncer les lois suivantes :

Un corps à fusion franche commence toujours, sous la pression atmosphérique, à fondre à une même température qui lui est particulière et que l'on nomme son point de fusion.

Pendant toute la durée de la fusion, la température du mélange solide et liquide se maintient invariable.

On peut dire encore, sous une forme plus générale :

Il existe, pour tout corps franchement fusible, une température particulière, que nous appellerons son point de fusion *ou* de solidification, *et pour laquelle on peut avoir dans un même récipient un mélange de liquide et de solide en toutes proportions. Au-dessous de cette température, le mélange passe entièrement à l'état solide; au-dessus, le mélange passe entièrement à l'état liquide.*

Appliquons, par exemple, ce second énoncé à l'acide acétique; il fond à 17^0. Si la température extérieure est aussi de 17°, un mélange d'acide acétique solide et liquide en proportions quelconques pourra se maintenir indéfiniment dans un même flacon; mais si la température extérieure est inférieure à 17°, le flacon finira par ne renfermer que de l'acide acétique solide; dans le cas contraire, il ne contiendra plus que de l'acide acétique liquide.

302. **Points de fusion des corps usuels.** — Voici un tableau des points de fusion des corps les plus usuels :

SUBSTANCES	POINTS DE FUSION	SUBSTANCES	POINTS DE FUSION	
Mercure	— 39°,5	Bismuth. .	265° .	
Glace.	0°	Plomb. . .	335°	
Benzine	0°	Aluminium.	600° environ	
Acide acétique .	17°	Argent . .	1000° »	Dans les fours industriels à charbon.
Phosphore . . .	44°	Cuivre . .	1050° »	
Acide stéarique.	70°	Fonte . . .	de 1100° à 1200° »	
Sodium.	90°	Or	1250° »	
		Fer	1500° »	
Alliage Darcet .	95°	Platine . .	1700°	Dans la flamme du chalumeau oxhydrique.
Soufre	120°	Silice . . .	. . . .	Dans le four électrique.
Étain.	235°	Chaux. . .	. . . .	

Les points de fusion s'étendent ainsi dans toute l'échelle des températures.

Le charbon se ramollit seulement aux températures les plus élevées.

303. **Cas des alliages.** — Les quelques centièmes de carbone qu'on allie au fer pour constituer *la fonte* en abaissent considérablement le point de fusion.

De même, l'*alliage Darcet* (8 parties de bismuth, 3 parties d'étain, 5 de plomb) se liquéfie à une température beaucoup plus basse que le plus fusible des métaux qui entrent dans sa composition. Il fond, en effet, dans l'eau bouillante.

C'est le cas de la plupart des alliages : ils fondent, en général, à une température plus basse que les métaux constituants.

3. — LOIS DE LA FUSION ET DE LA SOLIDIFICATION SOUS DES PRESSIONS VARIABLES

304. **La température d'équilibre dépend de la pression extérieure.** — Tous les résultats précédents ont été obtenus en opérant sous la pression atmosphérique ordinaire.

L'influence de la pression sur le point de fusion a été mise en évidence par de nombreux expérimentateurs.

Dans le cas le plus général, le point de fusion s'élève quand la pression augmente. — Pour quelques corps très peu nombreux, en particulier pour l'eau, une pression énergique abaisse, au contraire, le point de fusion.

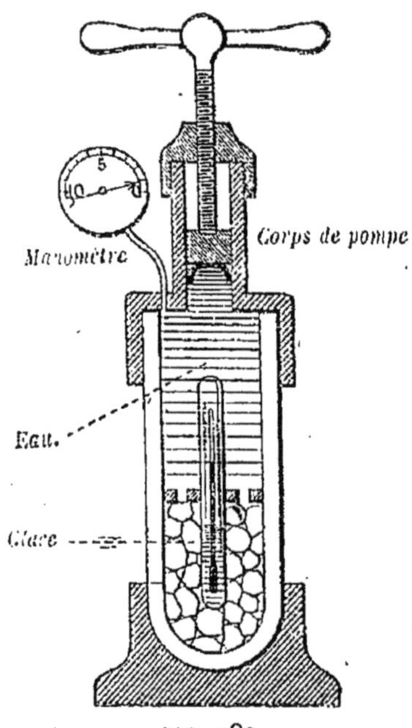

FIG 182.
EXPÉRIENCE DE LORD KELVIN.
La température d'un mélange de glace et d'eau s'abaisse quand on augmente la pression.

Sans qu'il soit nécessaire de recourir à un raisonnement très rigoureux, on comprend assez bien qu'une pression énergique, tendant à produire une diminution de volume, doit rendre plus difficile la fusion des corps qui augmentent de volume en fondant et facilite, au contraire, celle des corps qui, comme la glace, diminuent de volume.

Autrement dit, une pression énergique élèvera le point de fusion de la plupart des corps; elle abaissera, au contraire, le point de fusion de l'eau.

La question a été l'objet d'importantes recherches.

Cas de l'eau. — Citons tout d'abord les expériences classiques de lord Kelvin sur l'eau.

Dans un tube de verre épais (fig. 182), on introduit de la glace que l'on maintient, au fond, par une rondelle de plomb. Cette rondelle supporte, d'ailleurs, un thermomètre sensible qui plonge dans la glace et qui est contenu dans un étui en verre mince, destiné à protéger le réservoir thermométrique contre les déformations que pourraient lui faire subir les variations de pression extérieure. On achève de remplir le tube épais avec de l'eau; on le ferme par une garniture métallique, qui est munie d'un petit corps de pompe dans lequel se meut un piston plongeur à vis. Le mélange, glace et eau, prend tout d'abord la température 0°, qui est le point de fusion de la glace sous la pression ordinaire. Mais si l'on fait descendre le piston, on exerce dans l'appareil une pression énergique et lord Kelvin a constaté *qu'une pression de 13 atmosphères amenait le thermomètre à — 0°,1.*

Cas général. — La paraffine et le blanc de baleine augmentent de volume en fondant et Bunsen a montré que, pour ces deux substances, le point de fusion s'élève sous l'action d'une pression énergique.

M. Amagat a repris l'étude de la question et l'a considérablement étendue : il a observé notamment que la benzine, qui se solidifie à 0° sous la pression ordinaire, se solidifie à + 22° sous une pression de 700 atmosphères environ.

305. **Représentation graphique des résultats précédents. Courbe de fusion.** — Chaque état d'équilibre entre le solide et le liquide de fusion correspond à une température et à une pression déterminées.

Traçons deux axes rectangulaires : portons les températures en abscisses, les pressions en ordonnées.

Les diverses conditions de température et de pression auxquelles pourra se trouver exposé le système en équilibre seront ainsi représentées, chacune par un point différent du plan. — Les états d'équilibre successifs nous donneront donc une série de points que nous pourrons relier par un trait continu : la courbe C ainsi tracée sera la ***courbe de fusion*** du corps considéré.

Dans le cas de l'eau, cette courbe C monte de droite à gauche (fig. 183).

Pour la benzine et pour la plupart des corps, la courbe monte, au contraire, de gauche à droite (fig. 184).

Ces graphiques vont nous permettre une importante remarque : considérons, par exemple, celui qui se rapporte à l'eau. Le point A nous représente une pression de 1 atmosphère et une température inférieure à 0°. Dans ces conditions, nous savons que l'état stable de l'eau est l'état solide, c'est-à-dire qu'une masse d'eau en équilibre stable est tout entière à l'état de glace. — Au contraire, le point A' figure une pression de 1 atmosphère et une température supérieure à 0°; ces conditions sont telles qu'une masse d'eau est tout entière en équilibre à l'état liquide.

Pour le point M, enfin, qui est situé sur la courbe, on peut avoir en équilibre un mélange *en proportions quelconques* de glace et d'eau liquide.

On voit donc que la courbe C partage le plan en deux régions :

A gauche de la courbe, les points du plan définissent des conditions où une masse d'eau est tout entière à l'état solide.

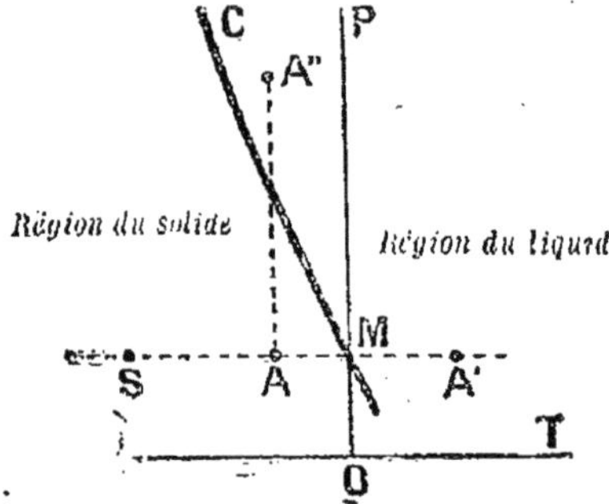

FIG. 183. — COURBE DE FUSION DE LA GLACE.
La courbe de fusion monte de droite à gauche, pour les corps qui diminuent de volume en fondant.

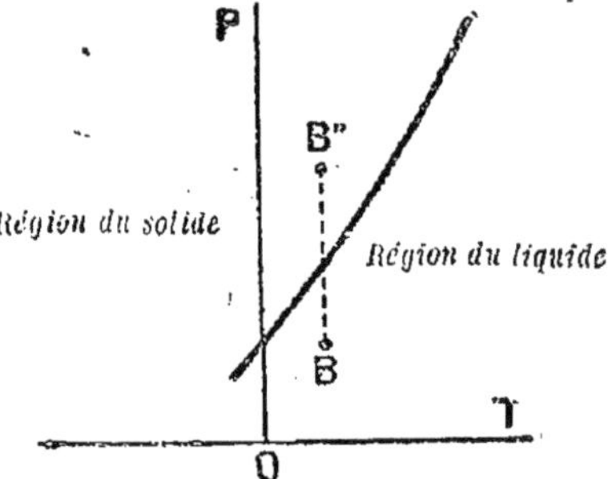

FIG. 184. — COURBE DE FUSION DE LA BENZINE.
La courbe de fusion monte de gauche à droite, pour les corps qui augmentent de volume en fondant.

A droite de la courbe, les conditions sont telles qu'une masse d'eau est tout entière à l'état liquide.

Pour les points de la courbe C, une masse d'eau peut être formée d'un mélange de solide et de liquide, en proportions quelconques.

Lorsque, en passant de certaines conditions à d'autres, une masse d'eau change entièrement d'état, le point figuratif franchit la courbe de fusion.

On voit, en particulier, qu'on peut faire fondre de la glace à température constante en élevant la pression (le point figuratif passe alors de A en A''), ou bien à pression constante en élevant la température (le point figuratif passe alors de A en A').

Les mêmes conclusions s'appliquent à la benzine et à la généralité des autres corps.

306. **Surfusion.** — Lorsqu'on chauffe un solide jusqu'à son point de fusion, ***il fond toujours.***

Inversement, au contraire, quand on refroidit un liquide,

l ne reprend pas ***nécessairement*** l'état solide, à cette même empérature. Souvent même, on peut le refroidir bien au-lessous sans obtenir sa congélation. Ce phénonène porte le nom de ***surfusion***.

On montre la ***surfusion de l'eau*** à l'aide de 'appareil que représente la figure 185. C'est un petit flacon à moitié rempli d'eau pure bouillie et dans lequel est assujetti un thermomètre; en le refroidissant avec précaution dans un mélange de glace et de sel, on peut facilement amener l'eau liquide à — 10°, le point figuratif se trouve alors en S (fig. 183) dans la région du solide.

Il est donc possible de conserver l'eau liquide dans des conditions où normalement elle devrait être solide.

Seulement, elle ne se trouve pas alors dans un état d'équilibre véritablement stable. — Agitons, en effet, le flacon qui contient de l'eau surfondue. Une solidification partielle se produit aussitôt; et, grâce à la chaleur que produit la congélation, le thermomètre ***remonte aussitôt à la température normale d'un mélange d'eau liquide et de glace, c'est-à-dire à 0°.***

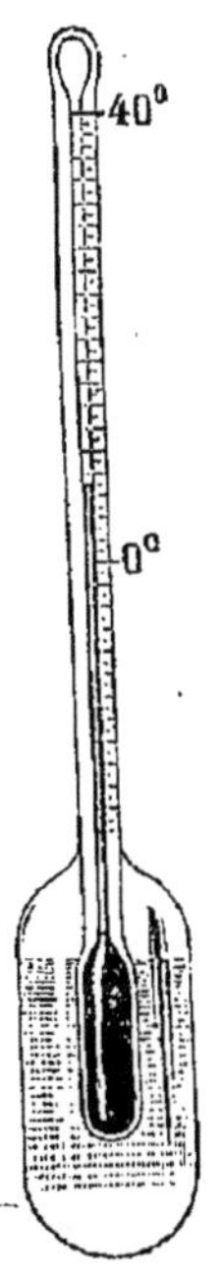

FIG. 185. SURFUSION DE L'EAU. *L'appareil contient de l'eau bien pure. En le refroidissant, dans un mélange de glace et de sel, on peut amener l'eau à — 10° sans la congeler.*

Quand un liquide est enfermé dans un récipient de petites dimensions, tel qu'un tube capillaire, par exemple, il entre facilement en surfusion. C'est en profitant de ce phénomène que l'on a pu étudier la dilatation de l'eau, dans un dilatomètre à tige (§ 277), pour des températures très inférieures à 0°.

Les végétaux doivent à la surfusion de pouvoir, dans une certaine mesure, résister aux gelées; mais, par contre, lorsque la congélation survient, l'augmentation du volume du liquide aqueux qui remplit les cellules est si brusque que celles-ci éclatent immédiatement.

On n'arrive pas quelquefois à faire cesser par l'agitation seule cette sorte d'équilibre instable dans lequel se trouve un liquide surfondu; mais on y parvient toujours ***en projetant dans le liquide une parcelle du solide correspondant*** et la température revient encore au point de fusion de celui-ci.

Si, après avoir fondu du phosphore sous une couche d'eau dans un tube de verre chauffé au bain-marie, on le laisse se refroidir lentement, il entre en surfusion et sa température descend de plusieurs degrés au-dessous de son point de fusion qui est 44°; mais, si l'on vient à y plonger une baguette de verre avec le bout de laquelle on a préalablement touché un morceau de phosphore blanc solide, le liquide surfondu se prend immédiatement en masse.

307. **Regel et plasticité apparente de la glace.** — L'abaissement du point de fusion de la glace, sous l'influence de la pression, permet d'expliquer facilement le phénomène du regel et les expériences sur la plasticité apparente de la glace.

Regel. — Deux morceaux de glace se soudent lorsqu'on les presse fortement l'un contre l'autre : on a donné le nom de ***regel*** à ce phénomène et voici comment on l'explique.

Prenons de la glace en fragments et soumettons-la à une pression P assez énergique pour que son point de fusion soit inférieur à zéro. Elle fondra alors ***partiellement***, jusqu'à ce que, par suite de l'absorption de chaleur due au changement d'état, la température du mélange glace et eau ait atteint ce nouveau point de fusion. Si, à ce moment, la pression P vient à cesser, l'eau étant portée à une température inférieure à 0° et se trouvant en contact avec de la glace, ne peut rester surfondue et se recongèle, soudant ainsi les fragments de glace les uns aux autres.

Expériences de Tyndall. — I. On entasse de petits morceaux de glace entre les deux pièces d'un solide moule en bois qu'on comprime ensuite fortement à la presse hydraulique. Lorsque, après la détente, on ouvre le moule, on le trouve rempli par un bloc de glace, transparent et bien homogène : c'est ainsi qu'on fait les lentilles ou les prismes de glace qu'on utilise dans certaines expériences d'optique (fig. 186).

Sous des pressions énergiques, la glace se comporte donc comme une substance ***plastique***. Ce fait permet de comprendre comment la neige se transforme par compression en ces masses transparentes et dures qui constituent les glaciers, et comment ces derniers, à leur tour, s'écoulent lentement en descendant les vallées et en se moulant sur les accidents du sol.

II. L'expérience suivante sur le regel est particulièrement

facile et saisissante : sur un bloc de glace, soutenu par deux supports, on place un fil de fer fin tendu par deux poids. Grâce à la pression, la glace fond sous le fil ; elle se reforme

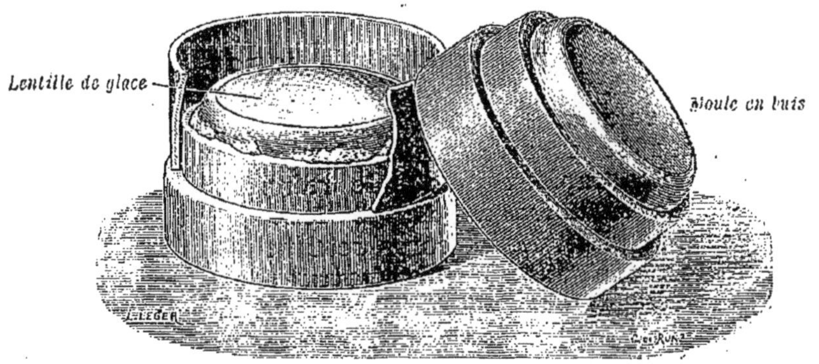

FIG. 186. — EXPÉRIENCE DE TYNDALL.
De petits morceaux de glace comprimés fortement entre deux pièces de bois se soudent en un bloc homogène quand la pression disparaît.

ensuite derrière lui et, au bout de quelque temps, le fil a traversé complètement le bloc de glace, sans y laisser de discontinuité.

4. — CHALEUR DE FUSION

308. **La fusion absorbe de la chaleur. — La solidification dégage de la chaleur.** — Prenons un mélange d'eau et de glace ; sa température est de 0°. — Supposons que la température extérieure soit supérieure à 0° ; soit, par exemple, 17°.

La glace fond ; mais, ***cette transformation n'est pas instantanée.*** Il est évident que, pendant tout le temps que la glace met à fondre, elle ***reçoit de la chaleur des corps environnants.***

Chauffons maintenant ce mélange d'eau et de glace sur un foyer ; la transformation de la glace en eau sera plus rapide ; elle ne sera jamais instantanée. La transformation est d'autant plus rapide qu'on a fourni à la glace une plus grande quantité de chaleur pendant le même temps.

Mais, toujours, cette chaleur fournie est employée autrement qu'à échauffer la glace ou l'eau, puisque le thermomètre reste à 0°.

Il ne suffit donc pas, pour fondre complètement un corps, de l'échauffer jusqu'à son point de fusion : il faut encore lui fournir de la chaleur depuis le moment où apparaît le liquide jusqu'à la fin du changement d'état. Nous devons en conclure que ***la fusion elle-même absorbe de la chaleur***; en d'autres termes, un corps à l'état liquide contient plus de chaleur qu'à l'état solide.

Semblablement, pour solidifier un liquide, il ne suffit pas de le refroidir jusqu'à son point de solidification, il faut encore lui enlever de la chaleur pendant tout le temps que la congélation se produit, et le changement d'état s'opère d'autant plus rapidement que le refroidissement est plus intense. ***La solidification dégage donc de la chaleur*** : en reprenant l'état solide, un corps restitue au milieu extérieur toute la chaleur qu'il lui avait empruntée en fondant.

Il n'y a pas de changement d'état sans absorption ou sans dégagement de chaleur correspondants.

309. **Définition de la chaleur de fusion.** — Il nous faut maintenant définir avec précision la chaleur de fusion.

Supposons qu'un ballon contienne, à un moment donné, 126 grammes de glace et 74 grammes d'eau; puis, qu'à un autre moment il renferme 125 grammes de glace et 75 grammes d'eau. Dans les deux cas, ***sa température sera de 0°***; mais, en passant du premier état au second, il aura absorbé un certain nombre de calories qui représentent la chaleur de fusion de la glace, c'est-à-dire la chaleur nécessaire pour fondre 1 gramme de glace sans changement de température. En revenant du second état au premier, le ballon restituera exactement ce même nombre de calories.

D'une manière générale, nous appellerons donc ***chaleur de fusion d'un corps le nombre φ de calories qu'il faut fournir à 1 gramme de solide, préalablement porté à la température de fusion, pour le transformer en liquide à cette même température.*** En revenant à l'état solide dans les mêmes conditions, le liquide restitue cette même chaleur au milieu ambiant.

La fusion de m grammes du solide exige qu'on lui fournisse $m\varphi$ calories.

310. **Mesure de la chaleur de fusion de la glace.** — Proposons-nous de mesurer la chaleur de fusion de la glace.

Choisissons un morceau de glace pure de 30 à 50 grammes, bien transparent, bien exempt de bulles. — Plaçons-le quelque temps dans de la glace fondante, pour que sa température soit exactement 0°. — Retirons-le; essuyons-le rapidement avec du papier buvard et introduisons-le dans un calorimètre. Soit 22° la température du calorimètre avant introduction de la glace, et 2 kilogs le poids d'eau qu'il renfermait avant l'expérience. La température du calorimètre descend et se fixe quelque temps à 20°. C'est la température la plus basse obtenue. Pesons le calorimètre : son poids a augmenté de 40 grammes; le poids de glace introduit était donc de 40 grammes.

La chaleur perdue par le calorimètre est égale à

$$2000\,(22 - 20) = 4000 \text{ calories.}$$

La chaleur employée pour échauffer de 0° à 20° les 40 grammes de glace, une fois fondus, est égale à

$$40 \times 20 = 800 \text{ calories.}$$

La différence 4000 — 800 = 3200 calories représente donc la chaleur prise au calorimètre pour effectuer la fusion de la glace. Or, il y a eu 40 grammes de glace fondus.

La fusion d'un gramme de glace nécessite donc

$$\frac{3200}{40} = 80 \text{ calories.}$$

80 calories est donc la chaleur de fusion de la glace.

311. **Mesure de la chaleur de fusion d'un corps quelconque.** — Supposons un corps qui soit solide à la température ordinaire.

Une masse m de ce corps est portée à une température T', supérieure à sa température de fusion T. On la projette dans le calorimètre où elle se refroidit et se solidifie en abandonnant successivement les trois quantités de chaleur suivantes

1° $mc'(T' - T)$, en passant de la température T' à la température T, tout en restant liquide;

2° La quantité de chaleur $m\,\phi$, en se solidifiant, à la température de solidification T;

3° La quantité de chaleur $mc\,(T - \theta)$, en passant, à l'état solide, de la température T à la température finale θ du calorimètre.

La somme de ces diverses quantités de chaleur est égale au nombre de calories $\mathfrak{M}\,(\theta - t)$ gagnées par le calorimètre On a donc :

$$\mathfrak{M}\,(\theta - t) = mc'\,(T' - T) + m\phi + mc\,(T - \theta).$$

Quand on connaît la chaleur spécifique c à l'état solide, il suffit de deux expériences faites dans les conditions précédentes, à des températures initiales T' différentes, pour avoir deux équations, d'où l'on tirera les deux inconnues : la chaleur de fusion, ϕ, et la chaleur spécifique c' du corps à l'état liquide.

312. **Grandeur de la chaleur de fusion de la glace.** — Le tableau suivant donne la chaleur de fusion de quelques corps usuels.

SUBSTANCES	CHALEUR DE FUSION	SUBSTANCES	CHALEUR DE FUSION
Phosphore. . . .	5,0	Acide acétique . .	41,0
Soufre	9,4	Azotate de sodium.	64,0
Plomb	5,4	Glace	80,0
Étain.	14,2		

On voit que la glace a une chaleur de fusion supérieure à celle des autres corps. Il est à peine besoin d'insister sur l'importance de cette particularité. Elle nous explique que les neiges et les glaciers puissent persister pendant l'été sur les montagnes élevées sans être fondus par le rayonnement solaire. La quantité de chaleur que nécessite la fusion des énormes masses de glace accumulées pendant l'hiver est, en effet, tellement considérable que cette fusion est toujours lente et partielle.

Si la chaleur de fusion de la glace était moindre, les glaciers disparaîtraient à l'approche de l'été, certains grands fleuves seraient changés en torrents redoutables à la fin du printemps et réduits à sec pendant les fortes chaleurs.

Rapprochons ces résultats de ceux que nous avons exposés à la fin du chapitre III; nous comprendrons que l'eau qui recouvre la surface terrestre joue le rôle essentiel de régulateur des climats. Elle doit ce rôle : 1° à sa grande chaleur spécifique; 2° à sa grande chaleur de fusion.

313. **Exercices numériques.** — I. *Dans un calorimètre contenant 800 grammes d'eau à 20°, on immerge un morceau de glace à 0° pesant 25 grammes. On demande la température qu'aura le calorimètre quand toute la glace sera fondue.*

Pour fondre les 25 grammes de glace, il faut d'abord leur fournir 25×80 calories. Pour amener ensuite les 25 grammes d'eau ainsi obtenue, de 0° à la température finale θ, il faudra encore fournir $25 \times \theta$ calories. Toute cette chaleur est empruntée au calorimètre dont la température s'abaisse de 20° à $\theta°$ et qui abandonne ainsi $800\ (20 - \theta)$ calories. On a donc

$$800\ (20 - \theta) = 25 \times 80 + 25\,\theta.$$

En résolvant cette équation très simple, on trouve $\theta = 17°$.

II. ***Sur un bloc de glace à 0°, on verse 500 grammes de plomb liquide pris à sa température de fusion, c'est-à-dire à 335°. On demande le poids de glace fondue. On donne la chaleur spécifique du plomb qui est 0,031.***

En se solidifiant à 335°, les 500 grammes de plomb abandonnent 500 fois la chaleur de fusion, c'est-à-dire $500 \times 5{,}4$ calories. En se refroidissant ensuite de 335° à 0° les 500 grammes de plomb, maintenant à l'état solide, abandonnent encore $500 \times 0{,}031 \times 335$ calories. Toute cette chaleur est employée à fondre la glace, à raison de 80 calories par gramme de glace fondue.

Le poids d'eau obtenue sera donc égal à

$$\frac{500 \times 5{,}4 + 500 \times 0{,}031 \times 335}{80} \text{ grammes;}$$

on trouve ainsi 98gr,5.

314. **Distinction entre la fusion franche et la fusion pâteuse.** — La variation de volume qui accompagne la fusion permet d'établir une distinction très nette entre la fusion franche et la fusion pâteuse.

On peut étudier cette variation de volume par une méthode qui rappelle celle du dilatomètre à tige.

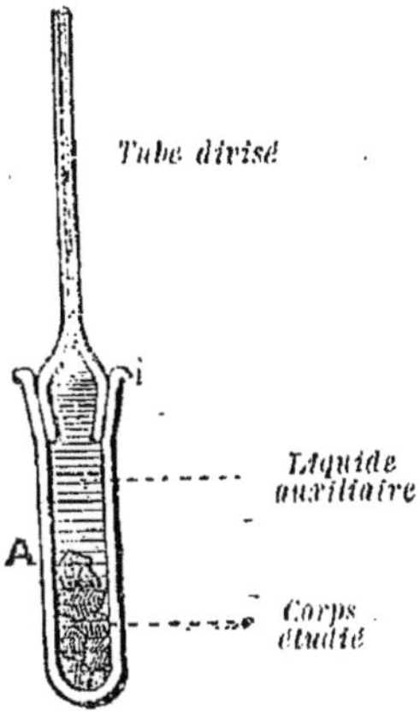

FIG. 187. — APPAREIL POUR DÉTERMINER LA VARIATION DE VOLUME QUI ACCOMPAGNE LA FUSION.
Le corps étudié est placé dans un dilatomètre à tige que l'on achève de remplir avec un liquide auxiliaire.

Supposons que le corps soit solide à la température ordinaire. On en met une certaine masse ***M*** dans un tube en verre A que l'on achève de remplir avec un liquide qui soit sans action sur le corps étudié (fig. 187); puis on ferme le tube A avec un bouchon creux rodé à l'émeri, auquel est soudée une tige de thermomètre calibrée. On porte ensuite le réservoir A dans un bain dont on élève très lentement la température et on note simultanément la température du bain et la division de la tige en regard de laquelle se trouve le niveau du liquide. On trace ensuite un graphique, en portant en abscisses les températures et en ordonnées les divisions correspondantes de la tige calibrée.

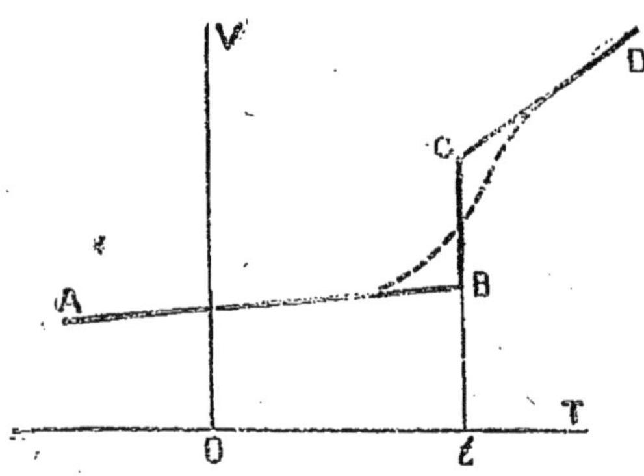

FIG. 188. — VARIATION DE VOLUME DANS LA FUSION.
Les courbes de dilatation du solide et du liquide se séparent brusquement dans la fusion franche et se raccordent dans la fusion pâteuse.

On obtient ainsi la ligne ABCD de la figure 188. Cette ligne est formée de trois parties nettement distinctes :

1° La partie AB permettrait de calculer la dilatation du solide, quand on connaît celles du récipient et du liquide auxiliaire (§§ 272 et 273);

2° La partie BC représente l'augmentation brusque de volume de la masse considérée, quand elle passe, à la température de fusion *T*, de l'état solide à l'état liquide;

3° Enfin, la partie CD de la courbe permettrait de calculer la dilatation du corps à l'état liquide.

Appliquons le même procédé à un corps qui subit la fusion pâteuse. Les deux courbes AB et CD, au lieu de présenter des points d'arrêt, comme dans le cas de la fusion franche, se raccordent comme l'indique la ligne pointillée de la même figure. A aucun moment, la température n'est restée invariable. Le corps est passé de l'état solide à l'état liquide, en franchissant toute une série d'états intermédiaires. C'est le cas du verre et de la paraffine.

CHAPITRE IX

VAPORISATION

1. — VAPORISATION PROPREMENT DITE ET SUBLIMATION

315. **Ce qu'on entend par vaporisation.** — Tout le monde sait que si, par un temps sec, on expose au soleil un récipient largement ouvert, contenant de l'eau, la quantité du liquide diminue peu à peu dans le récipient et finit par disparaître complètement.

Il en est de même si on prolonge suffisamment l'ébullition de l'eau contenue dans un vase.

Dans les deux cas, *l'eau s'est vaporisée*. Elle a pris l'état gazeux et s'est diffusée dans l'air environnant.

La plupart des liquides peuvent, quand on les chauffe, prendre l'état gazeux.

Ce changement d'état a reçu le nom de *vaporisation*.

316. **Nature des vapeurs.** — Les vapeurs ne diffèrent pas des gaz.

Si on leur donne un nom spécial, c'est uniquement pour rappeler qu'on les obtient habituellement en partant de corps qui ne sont pas gazeux dans les conditions ordinaires.

317. **Condensation des vapeurs.** — Le passage inverse de l'état gazeux à l'état liquide se nomme *condensation*. On l'observe aisément, car une vapeur suffisamment refroidie finit toujours par se condenser. Si l'on place au-dessus d'un récipient où l'on fait bouillir de l'eau un corps froid, la surface de celui-ci se recouvre aussitôt de gouttelettes d'eau liquide, dues à ce que le refroidissement de la vapeur en a provoqué la condensation.

318. **Sublimation.** — En général, si on chauffe un corps solide, il fond d'abord, ne se vaporise qu'ensuite.

L'état liquide est donc habituellement intermédiaire entre l'état solide et l'état gazeux.

Il n'en est cependant pas toujours ainsi.

Chauffons légèrement de l'iode dans un ballon. Nous voyons celui-ci se remplir d'une vapeur violette, très lourde, qui est de la vapeur d'iode. Nous n'apercevons pas trace de liquide dans le ballon.

De même la neige carbonique (voir § 370) exposée à l'air se transforme en gaz et disparaît totalement, sans qu'on puisse apercevoir la moindre trace de fusion.

On dit que l'iode et que la neige carbonique se sont sublimés.

On désigne donc par ***sublimation le phénomène du passage direct de l'état solide à l'état gazeux.***

Inversement, la vapeur d'iode, au contact d'une paroi froide, repassera à l'état solide, en donnant de petits cristaux plats, violacés et brillants.

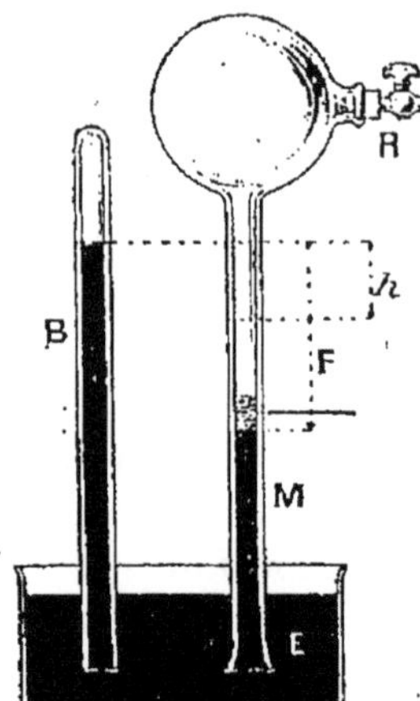

FIG. 189. — VAPORISATION D'UN LIQUIDE DANS LE VIDE. *A la température ordinaire, un liquide se vaporise jusqu'à ce que la pression de sa vapeur ait acquis une certaine valeur F qu'elle ne dépasse pas.*

Les cristaux d'iode sont donc obtenus par ***sublimation.***

Nous n'étudierons en détail que le phénomène de vaporisation proprement dit, c'est-à-dire le passage de l'état liquide à l'état gazeux.

2. — VAPEURS SATURANTES ET VAPEURS NON SATURANTES

319. Formation des vapeurs dans le vide. — Nous supposerons d'abord que la ***vapeur se forme dans le vide.***

Nous emploierons pour cette étude l'appareil suivant :

Un tube M (fig. 189) de 80 centimètres de long et $1^{cm},5$ de diamètre intérieur, est terminé à la partie supérieure par un ballon d'un demi-litre environ. Ce ballon est muni d'un robinet R.

L'extrémité ouverte E du tube plonge dans une cuve à mercure, à côté d'un baromètre B.

Avec une bonne machine pneumatique, faisons le vide dans le ballon; puis fermons le robinet R.

Le mercure monte alors dans le tube M, sensiblement au même niveau que dans le baromètre B.

A l'aide d'un petit dé en verre, introduisons quelques gouttes d'éther dans l'entonnoir E.

Cet éther s'élève à travers la colonne mercurielle; puis, on constate que le niveau du mercure baisse brusquement dans le tube M, d'une quantité *h*.

A la surface du mercure dans le tube M, on n'aperçoit pas de trace de liquide transparent; donc, pas trace d'éther liquide.

Tout l'éther s'est donc vaporisé immédiatement dans le vide qui se trouvait à la partie supérieure du tube M.

La vapeur d'éther ainsi formée nous est rendue manifeste par la pression qu'elle exerce à la surface du mercure dans le tube M. Cette pression est équivalente à celle qu'exerce une colonne de mercure, de hauteur *h*.

320. **Vapeurs non saturantes.** — Recommençons l'expérience. Introduisons à nouveau de l'éther goutte à goutte dans le tube M.

On voit la pression augmenter peu à peu, à chaque nouvelle introduction du liquide volatil.

On constate en même temps qu'il n'y a pas de liquide transparent en excès, à la surface supérieure du mercure dans le tube M.

Chaque nouvelle introduction de liquide a donc donné de nouvelles quantités de vapeur et une nouvelle augmentation de pression.

On dit que la *vapeur n'est pas saturante*.

321. **Vapeurs saturantes.** — Toutefois, il arrive un moment où, pour de nouvelles introductions d'éther, le niveau mercuriel ne baisse plus dans le tube M.

A partir de ce moment, l'éther introduit dans le tube M s'accumule simplement à la surface du mercure dans le tube M.

La vaporisation est donc limitée.

Au moment où ces phénomènes apparaissent, on dit que la *vapeur est devenue saturante*.

322. **Loi des vapeurs non saturantes.** — Des expériences précédentes résulte l'énoncé suivant :

1° *A une même température, la pression de la vapeur dans le vide peut prendre successivement toutes les valeurs, depuis la valeur* 0 *jusqu'à une certaine valeur maxima F.*

2° *Cette valeur maxima F est atteinte, dès que la vapeur reste en contact permanent avec un excès du liquide générateur.*

323. **Lois des vapeurs saturantes.** — On pourrait reprendre l'expérience précédente sur un ballon de volume différent.

Les résultats resteraient les mêmes. La vaporisation s'arrêterait dès que la vapeur d'éther aurait acquis la même pression F que dans la première expérience.

Concluons donc :

La tension maxima de la vapeur est indépendante de l'espace offert à la vaporisation.

Ce résultat est d'une importance capitale. Nous allons le retrouver par un procédé plus simple et plus instructif.

Dans un baromètre disposé sur une cuve profonde (fig. 190) introduisons une petite quantité d'éther qui gagne d'abord le sommet de la colonne mercurielle et se vaporise instantanément dans la chambre barométrique. Le niveau du mercure se déprime et, lorsqu'il reste à sa surface un excès du liquide volatil, la vapeur est saturante (*a*).

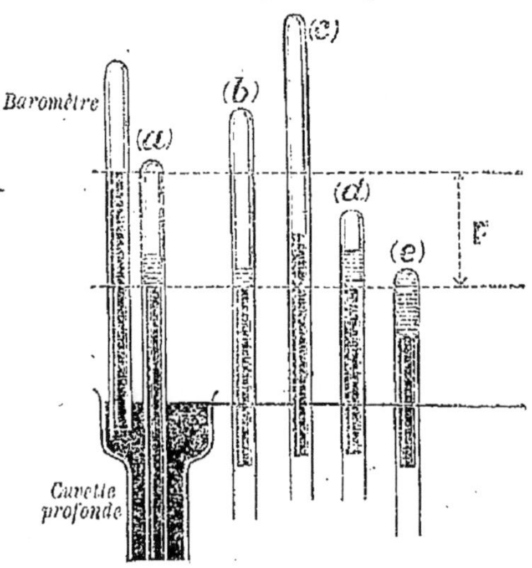

FIG. 190. — ÉQUILIBRE D'UN LIQUIDE VOLATIL ET DE SA VAPEUR.
Cet équilibre exige que, pour une température donnée, le système soit à une pression déterminée.

Soulevons alors le tube de façon à augmenter l'espace offert à la vapeur : nous constaterons que le niveau du liquide reste invariable, c'est-à-dire que la pression ne change pas, tant qu'il reste du liquide à la surface du mercure (*b*). Par conséquent, une nouvelle vaporisation se produit au fur et à mesure que nous soulevons le tube.

La pression ne commence à diminuer que lorsqu'il n'y a plus de liquide (*c*), et nous pouvons alors vérifier que, si nous doublons ce volume, la pression diminue sensiblement de moitié; ce qui signifie qu'***une vapeur non saturante se comporte comme un gaz*** (§ 170).

Si maintenant nous enfonçons à nouveau le tube dans la cuvette, la pression de la vapeur augmente jusqu'à ce que du liquide apparaisse sur le mercure : à partir de ce moment, elle reste constante, c'est-à-dire que la vapeur se condense au fur et à mesure que son volume diminue (*d*). Nous arrivons même à la condenser complètement. Et si nous continuons alors à enfoncer le tube (*e*), la partie supérieure de celui-ci se trouvera remplie de liquide à la température ordinaire sous une pression supérieure à *F*.

324. **Conclusions générales.** — Résumons les résultats précédemment obtenus. Nous aurons les énoncés suivants :

1° *Sous une pression inférieure à une certaine valeur F, le corps volatil existe entièrement à l'état gazeux (cas des vapeurs non saturantes).*

2° *Sous la pression F, le corps volatil peut exister à l'état de vapeur et à l'état de liquide, en proportions quelconques.*

3° *Sous cette pression F, une augmentation de volume se traduit uniquement par une évaporation partielle du liquide. Une diminution de volume se traduit uniquement par une condensation partielle de la vapeur.* La pression *F* reste invariable, tant que, à une même température, liquide et vapeur sont en présence l'un de l'autre.

4° *Sous une pression supérieure à F, le corps ne peut exister qu'à l'état liquide.*

3. — VARIATION DE LA TENSION MAXIMA D'UNE VAPEUR AVEC LA TEMPÉRATURE

325. **La tension maxima *F* augmente avec la température.**

Reprenons le tube qui nous a servi dans l'expérience précédente, et supposons qu'il contienne à la fois du liquide et une certaine quantité de sa vapeur. Si nous venons à chauffer la partie du tube occupée par ce système, nous observons que le niveau du mercure s'abaisse immédiatement.

Nous concluons que :

La tension maxima F croît en même temps que la température.

326. **A la même température, chaque espèce de vapeur possède une pression maxima particulière.** — Sur une même cuve à mercure, installons quatre tubes barométriques (fig. 191) ; le mercure s'élève dans tous les quatre au même niveau. Dans le second tube, introduisons à l'aide d'une pipette *un peu d'eau* ; dans le troisième, *un peu d'alcool*, et enfin, dans le dernier, *un peu d'éther*. Ces liquides se vaporisent ; mais si, dans chaque cas, la quantité du liquide est suffisante, il

en reste un excès à la surface du mercure et la vapeur produite possède alors sa pression maxima. Celle-ci se mesurera en observant la dépression qu'aura éprouvée la colonne mercurielle dans chacun des tubes, c'est-à-dire la différence de niveau qui se sera établie entre ceux-ci et le premier tube où a été conservé le vide barométrique; chaque centimètre de mercure correspondant à une pression de 13gr,6 par centimètre carré.

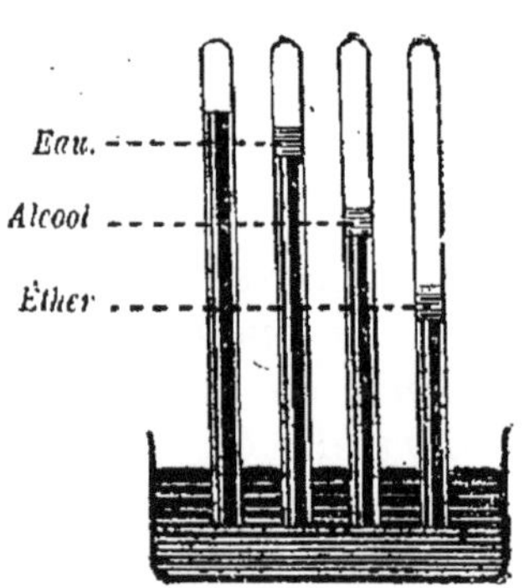

FIG. 191. — PRESSION MAXIMA DES VAPEURS.
Chaque espèce de vapeur possède, pour une même température, une pression maxima particulière.

Si la température est de 20°, on trouve ainsi que la pression maxima de la vapeur d'eau équivaut à 17 millimètres de mercure; celle de l'alcool à 44 millimètres et celle de l'éther à 450 millimètres.

Les divers liquides ont donc des pressions maxima de vapeur très différentes.

327. **En quoi consiste le problème des tensions de vapeurs.** — Chaque liquide a donc une manière propre à lui de se transformer en vapeur. Chaque liquide exigera donc une étude expérimentale spéciale.

D'autre part, pour chaque liquide, à chaque température nous avons vu que les phénomènes obtenus dépendaient uniquement de la valeur de la pression maxima F.

Enfin, cette pression maxima F, qui ne dépend pas du volume offert à la vapeur, dépend de la température et ne dépend que d'elle. La seule question qui nous reste à étudier est donc celle-ci :

Comment la tension maxima d'une vapeur dépend-elle de la température?

Nous étudierons cette question dans le cas particulier de l'eau.

328. **Mesure de la tension maxima de la vapeur d'eau jusqu'à 20 centimètres de mercure.** — La méthode que nous emploierons pour étudier cette variation est celle qui résulte immédiatement des expériences que nous venons de décrire; elle consiste à prendre un récipient clos ne contenant que de l'eau et sa vapeur et à déterminer les diverses valeurs qu'y prend la pression, lorsqu'on porte le système à diverses températures.

Les dispositifs sont quelque peu différents suivant la grandeur des pressions qu'il s'agit de mesurer. Tant qu'elles n'atteignent pas 15 ou 20 centimètres de mercure, on peut utiliser l'appareil suivant :

Sur la même cuvette sont montés deux baromètres entre lesquels est placée une règle métallique, divisée en centimètres et en millimètres (fig. 192). Dans l'un des deux tubes on introduit une petite quantité d'eau, suffisante pour saturer la chambre barométrique et pour laisser un excès de liquide à la surface du mercure. La partie supérieure des deux tubes est entourée d'une caisse en tôle, fermée antérieurement par une glace et dans laquelle on place de l'eau qu'on chauffe avec un bec de gaz.

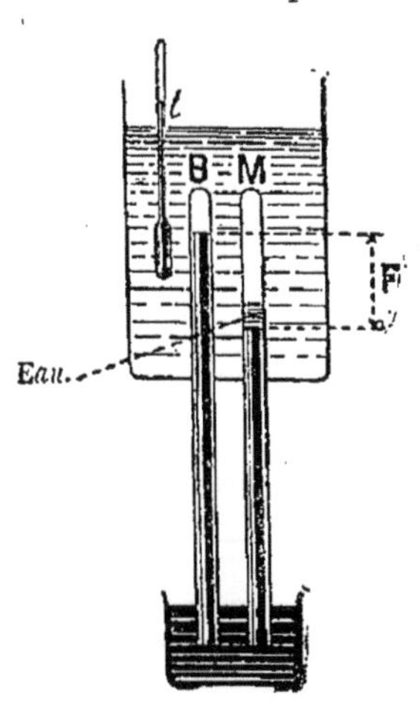

FIG. 192. — PRESSION MAXIMA DE LA VAPEUR D'EAU AUX TEMPÉRATURES MOYENNES. *On la détermine en suivant la différence des hauteurs mercurielles pour chaque température du bain.*

On règle le chauffage de façon que la température de l'eau s'élève ***très lentement*** et l'expérience consiste à noter ***au même instant***, d'une part, la température du bain, et d'autre part la différence de niveau dans les deux tubes.

Cette différence de niveau fait connaître la pression maxima de la vapeur pour chaque température observée.

329. **Expériences au-dessus de 20 centimètres de mercure.** — A 60°, la tension maxima de la vapeur d'eau est environ de 15 centimètres de mercure; au delà, elle augmente rapidement avec la température, et le dispositif que nous venons de décrire peut difficilement être utilisé : nous en emploierons alors un autre, fondé d'ailleurs sur le même principe.

Le récipient qui contiendra l'eau et sa vapeur est une petite chaudière en bronze épais ayant environ 15 centimètres de hauteur et 6 à 8 centimètres de diamètre intérieur (fig. 193). Le couvercle, fixé par une couronne de boulons, est muni d'un petit entonnoir à robinet et d'un tube de cuivre *fin* et flexible qui fait communiquer la chaudière avec le manomètre.

Le manomètre pourra d'ailleurs être : soit un manomètre métallique sensible (§ 163), soit le manomètre à piston (§ 162). (Le premier pourrait d'ailleurs convenir également pour les expériences à faible pression.)

Voici comment nous conduirons les déterminations :

Avant de relier la chaudière au manomètre, ouvrons le robinet à entonnoir R et remplissons la chaudière, aux trois quarts, d'eau bien pure. Établissons ensuite la communication avec le manomètre; puis, laissant le robinet R ouvert, chauffons directement la chaudière avec un bec de gaz et faisons bouillir l'eau pendant quelques instants. En s'échappant par le robinet, la vapeur aura bientôt entraîné tout l'air que renfermait la chaudière et, si nous fermons le robinet pendant l'ébullition même, la chaudière ne contiendra plus que de l'eau et de la vapeur.

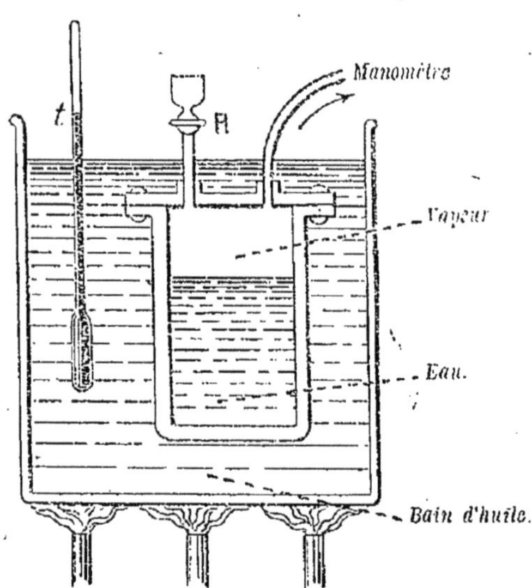

FIG. 193. — PRESSION MAXIMA DE LA VAPEUR D'EAU AUX TEMPÉRATURES ÉLEVÉES. *On la détermine en suivant la variation qu'éprouve avec la température la pression qui règne dans une chaudière contenant uniquement de l'eau et de la vapeur d'eau.*

Installons maintenant la chaudière dans le bain d'huile et réglons le bec de gaz qui chauffe celui-ci de façon que la température s'élève très lentement. Si on emploie le manomètre métallique, il suffira alors de noter au *même moment* la pression qu'il marque et la température du bain. On trouve ainsi que ***pour 100° la pression maxima de la vapeur d'eau équivaut à 76 centimètres de mercure, c'est-à-dire à 1033 grammes par centimètre carré : c'est la pression normale de l'atmosphère.***

Au-dessus de 100°, nous pourrons utiliser le manomètre à piston : nous chargerons celui-ci de poids connus et nous observerons la température du bain au moment où le piston se soulèvera. A ce moment, la pression dans la chaudière équilibrera la pression produite par les poids, augmentée de la pression atmosphérique.

Supposons, par exemple, que le piston du manomètre pèse 1 kilogramme et qu'il ait 1 centimètre carré de section. Si nous ne le chargeons pas, nous observons qu'il se soulève quand la température de la chaudière est de 120°. La pression qu'exerce la vapeur est alors 1000 + 1033 = 2033 gr. par centimètre carré.

Chargé de 1 kilogramme, le piston se soulève à 133°. La pression de la vapeur est alors 1000 + 1000 + 1033 = 3033 gr. par centimètre carré.

A 180°, la vapeur soulèverait le piston chargé de 8 kilogrammes; sa pression serait donc de 10 kilogrammes par centimètre carré : c'est la pression utilisée dans les machines à vapeur modernes.

330. **Représentation graphique des résultats précédents.** — Le tableau suivant indique l'ensemble des résultats auxquels conduisent les expériences que nous venons de décrire.

TEMPÉRATURES	PRESSIONS en millim. de mercure.	PRESSIONS en gr. par cent. carré.	TEMPÉRATURES	PRESSIONS en mètres de mercure.	PRESSIONS en kilogr. par cent. carré.
0°	4,6	6,3	120°	1,49	2,03
20°	17,4	23,7	140°	2,72	3,7
40°	55	75	160°	4,65	6,3
60°	149	203	180°	7,6	10,3
80°	355	483	200°	11,7	15,9
100°	760	1033	225°	19,0	25,9

On peut représenter par un graphique la variation de la pression maxima de la vapeur d'eau. Sur une feuille de papier quadrillé, choisissons deux lignes rectangulaires qui nous serviront d'axes de coordonnées (fig. 194); portons les températures en abscisses et les pressions correspondantes en ordonnées; chacune des déterminations sera alors représentée par un point du plan. En réunissant par un trait continu tous les points obtenus, on obtient les courbes de la figure 194. Ces deux courbes ne sont pas construites à la même échelle : de 0° à 80°, une même ordonnée représente une pression dix fois plus petite que de 60° à 200°.

Ces courbes permettent de connaître la pression de la vapeur saturante pour des températures intermédiaires à celles qui figurent dans le tableau précédent. En mesurant l'ordonnée qui correspond à 150°, par exemple, on voit qu'elle représente $4^{kg},8$.

Ces graphiques ont, en outre, l'avantage de montrer d'une

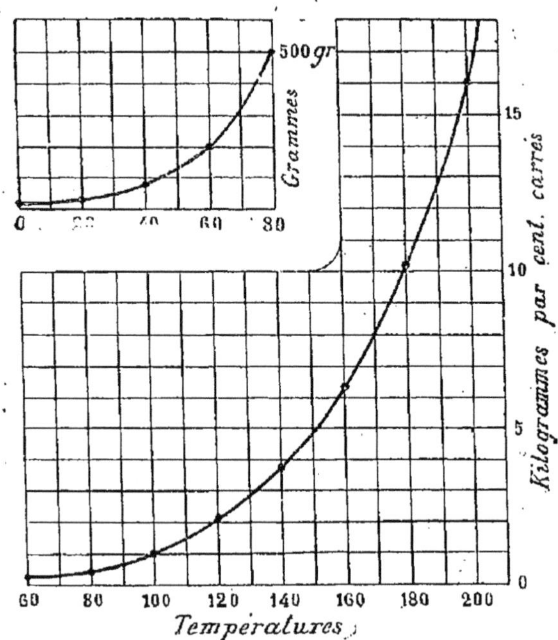

FIG. 194. — VARIATION DE LA PRESSION MAXIMA DE LA VAPEUR D'EAU. *Cette pression augmente avec la température et beaucoup plus rapidement que celle-ci.*

manière saisissante que la pression de la vapeur augmente de plus en plus rapidement avec la température.

Dans la pratique industrielle, on admet que la pression p de la vapeur d'eau, en atmosphères, est donnée approximativement par la relation :

$$p = \left(\frac{T}{100}\right)^4.$$

Cette formule donne 1 atmosphère pour 100°, et 5 atmosphères pour 150°.

Elle est suffisamment approchée, pour la pratique, jusqu'à 200°.

CHAPITRE X

ÉQUILIBRE D'UN CORPS PUR SOUS DEUX PHASES COEXISTANTES

331. **Comparaison des lois de la fusion et de la vaporisation.** — La courbe des tensions de vapeur que nous venons d'obtenir nous permettrait les mêmes conclusions que celles auxquelles nous avait conduits l'étude des courbes de fusion (§ 305) :

La courbe de vaporisation partage le plan en deux régions.

A gauche de la courbe, un point du plan définit des conditions de température et de pression pour lesquelles une masse d'eau est tout entière en équilibre stable, quand elle est à l'état liquide.

A droite de la courbe, un point du plan définit des conditions de température et de pression pour lesquelles une masse d'eau est tout entière en équilibre stable, quand elle est à l'état de vapeur.

Pour chaque point de la courbe, les conditions sont telles qu'une masse d'eau en équilibre stable peut être formée d'un mélange de liquide et de vapeur, ***en proportions quelconques.***

Lorsqu'en passant de certaines conditions initiales à d'autres conditions finales de température et de pression, la masse d'eau change entièrement d'état d'équilibre stable, le point figuratif franchit la courbe de vaporisation.

On voit, en particulier, qu'on peut vaporiser un liquide, soit à pression constante, en élevant sa température ; soit, à température constante, en diminuant sa pression.

Si l'on se reporte au § 305, on verra à quel point les propositions précédentes sont analogues à celles que nous avions obtenues pour la fusion.

Cherchons donc à généraliser les résultats précédents.

332. **Définition des phases.** — ***Convenons d'appeler phase d'un corps pur tout état physique homogène et bien défini sous lequel peut se présenter ce corps.***

Ainsi, nous dirons que l'eau peut se présenter sous trois

phases différentes, qui sont : l'état de vapeur, l'état de liquide, l'état de glace.

Le soufre possède une phase gazeuse, une phase liquide et plusieurs phases solides (soufre cristallisé en octaèdres, soufre cristallisé en prismes,...).

Bornons notre étude au cas le plus simple, celui des corps qui, comme l'eau, ne présentent que trois phases : solide, liquide et gazeuse.

333. **Lois générales.** — Les lois précédentes pourront se résumer de la façon suivante :

En général, pour chaque corps, il existe, sous une pression donnée, une température déterminée, pour laquelle deux de ses phases peuvent être en équilibre stable. — Au-dessus et au-dessous de cette température, l'une seule des phases est stable. — Quand la pression donnée vient à changer, le point figuratif décrit une courbe continue (courbe de fusion ou de vaporisation).

Ces lois s'appliqueraient également bien au phénomène de la sublimation (§ 318); on a affaire alors à un équilibre entre la phase solide et la phase gazeuse.

CHAPITRE XI

ÉVAPORATION — ÉBULLITION — DISTILLATION

1. — MÉLANGE DES GAZ ET DES VAPEURS

334. **Formation des vapeurs dans les gaz.** — Nous avons d'abord étudié la formation des vapeurs dans le vide; cette étude était plus simple et plus facile.

Passons à l'étude de la formation des vapeurs dans les gaz. Reprenons, dans ce but, l'appareil que représente la figure 189 et qui nous a déjà servi pour étudier la vaporisation dans le vide (§ 319).

Commençons par faire un vide seulement partiel dans le ballon R. Soit 30 centimètres la différence des niveaux du mercure dans les tubes B et M.

L'air contenu dans le ballon est donc sous une pression de 30 centimètres de mercure.

Introduisons quelques gouttes d'éther dans le ballon. Aussitôt, nous verrons le niveau du mercure commencer à descendre dans le tube M; mais il ne descendra que *lentement*.

Nous concluons :

La vaporisation n'est pas immédiate dans les gaz, comme elle l'était dans le vide.

335. **Analogie de l'évaporation dans les gaz et dans le vide.** — La lenteur de l'évaporation dans les gaz est la principale différence que présentent entre elles l'évaporation dans les gaz et l'évaporation dans le vide.

En effet, si on continue à ajouter de l'éther au-dessus du mercure contenu dans le tube M :

1° Il arrive toujours un moment où la dénivellation n'augmente plus. *La vaporisation, ici encore, est donc limitée.* L'éther, que l'on continue à introduire, s'accumule simplement à la surface du mercure dans le tube M;

2° *La valeur de l'augmentation de pression due à la présence de la vapeur saturante est précisément égale à la pression maxima F que cette vapeur aurait acquise dans le vide à la même température.*

336. **Loi du mélange des gaz et des vapeurs.** — Nous conclurons donc par les énoncés suivants :

1° *La vaporisation d'un liquide dans un gaz est d'autant plus lente que la pression de celui-ci est plus élevée ;*

2° *La pression d'une atmosphère gazeuse, limitée, en contact permanent avec un liquide, s'obtient en ajoutant à la pression qu'exercerait le gaz, s'il était seul, la tension maxima qu'atteindrait la vapeur du liquide, dans le vide et à la température de l'expérience.*

Ou encore :

La pression du mélange est égale à la somme de celles qu'auraient séparément le gaz et la vapeur, si chacun d'eux occupait seul le volume entier du mélange.

Sous cette dernière forme, cette loi n'est autre que celle du mélange des gaz entre eux (§ 175) ;

3° *Les mélanges de gaz et de vapeurs non saturantes suivent aussi la loi du mélange des gaz entre eux.*

337. **Évaporation.** — Lorsqu'on place de l'eau dans un récipient large et peu profond et qu'on l'expose au soleil, on

FIG. 195. — MARAIS SALANTS.
Le sel marin est extrait de l'eau de mer par évaporation.

constate qu'au bout de peu de temps l'eau a complètement disparu. Elle s'est lentement vaporisée par sa surface, et sa vapeur, au fur et à mesure qu'elle s'est produite, s'est diffusée dans l'air ambiant. A cette forme spéciale de vaporisation on donne le nom d'*évaporation.*

C'est à l'évaporation qui se produit à la surface des mers,

les rivières et du sol que sont dues les vapeurs qui s'élèvent dans l'atmosphère, s'y condensent en ***nuages*** et se résolvent en ***pluie***.

L'évaporation a des applications industrielles importantes : c'est par l'évaporation spontanée de l'eau de mer qu'on extrait le sel dans les marais salants (fig. 195).

338. **Circonstances qui favorisent l'évaporation.** — Il est d'abord évident que si on veut évaporer rapidement une certaine quantité de liquide, il y a tout avantage à lui donner ***une très grande surface*** : c'est ce qu'on fait dans les marais salants où l'on évapore l'eau de mer pour en retirer le sel.

Les autres moyens de favoriser l'évaporation découlent de l'étude de la vaporisation dans les gaz.

En premier lieu, ***l'évaporation est d'autant plus active que la pression de l'air extérieur est plus faible.*** Les chimistes appliquent cette propriété quand ils ont à évaporer une solution aqueuse qu'ils ne peuvent chauffer : ils l'exposent sous la cloche de la machine pneumatique au-dessus d'un récipient contenant de l'acide sulfurique concentré destiné à absorber la vapeur à mesure qu'elle se produit.

En second lieu, comme la vaporisation d'un liquide s'arrête nécessairement quand l'air ambiant est saturé de sa vapeur, toutes les circonstances qui retardent la saturation favorisent l'évaporation. ***L'eau s'évapore rapidement quand on la maintient à une température notablement plus élevée que celle de l'air ambiant***; il en est de même quand on l'expose dans un courant d'air parce que les couches, qui sont chargées d'humidité au contact de l'eau, sont alors incessamment remplacées par de l'air plus sec.

339. **Froid produit par l'évaporation.** — Lorsqu'on évapore un peu d'éther versé sur une couche de coton enveloppant le réservoir d'un thermomètre, on voit aussitôt le niveau du mercure baisser fortement; qu'elle se fasse par ébullition ou par évaporation, ***la transformation d'un liquide en vapeur absorbe donc toujours de la chaleur;*** la vitesse avec laquelle elle se produit dépend avant tout de la chaleur que peut emprunter le corps qui se vaporise.

Il résulte de là qu'un liquide qui s'évapore sans recevoir de chaleur extérieure se refroidit nécessairement; et cela d'autant plus, que son évaporation est plus active : c'est ainsi que de l'eau, exposée dans un récipient mauvais conducteur et placée dans le vide sec, finit par se congeler.

On répète aisément l'expérience en plaçant de l'eau dans une large carafe, où l'on fait le vide à l'aide d'une machine pneumatique Carré. Un récipient clos, à moitié rempli d'acide sulfurique concentré, est placé sur le trajet de la vapeur d'eau aspirée : il l'absorbe à mesure qu'elle se dégage. Une active

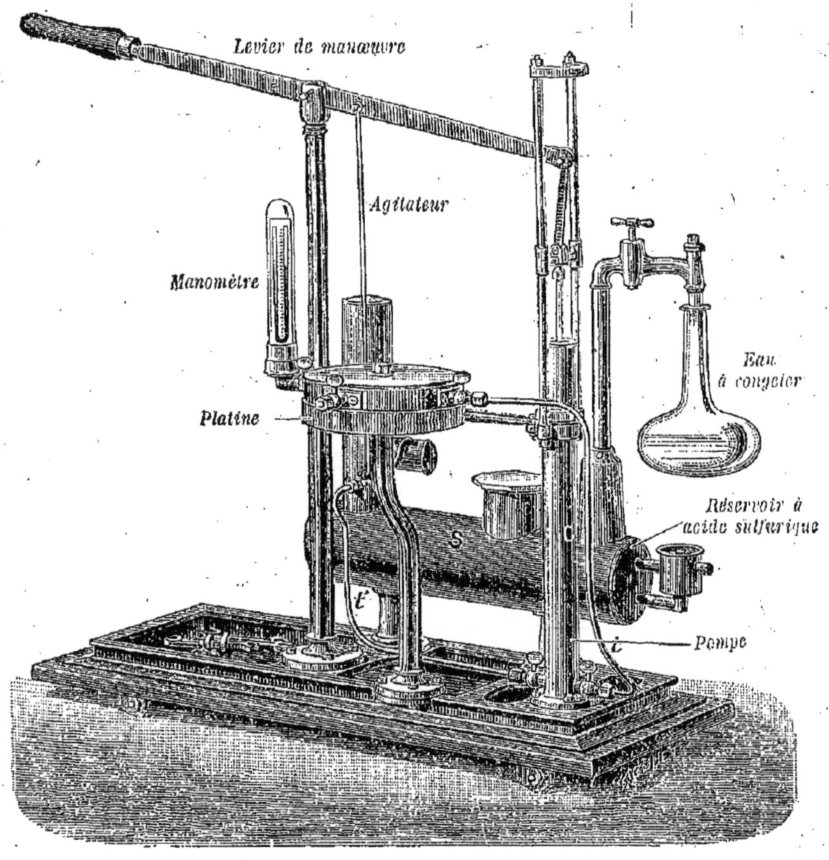

FIG. 196. — FROID PRODUIT PAR L'ÉVAPORATION.
Une évaporation active de l'eau, contenue dans la carafe, la refroidit suffisamment pour qu'elle se congèle.

évaporation se produit donc dans la carafe, où l'on voit, en quelques minutes, se former des aiguilles de glace (fig. 196).

On produit industriellement la glace dans des machines à fonctionnement continu, où l'on utilise le froid produit par l'évaporation de l'ammoniaque liquide. C'est uniquement par l'évaporation active des liquides très volatils, tels que l'éthylène ou le protoxyde d'azote, que, dans les laboratoires, on obtenait autrefois les très basses températures. Dans des recherches récentes, on a employé avec beaucoup de succès au même objet la ***détente continue*** d'un gaz (Voir § 374).

2. — LOIS DE L'ÉBULLITION

340. **Ébullition.** — Tout le monde a observé ce qui se passe pendant l'ébullition de l'eau. Reprenons les faits en détail. Ils sont des plus instructifs.

Un ballon plein d'eau (fig. 197) a été placé sur le feu. On y a projeté un peu de sciure de bois. Un thermomètre plonge dans le liquide.

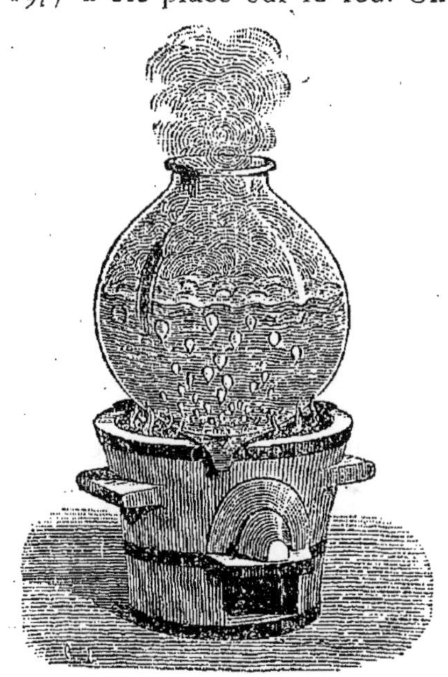

FIG. 197. — ÉBULLITION.
Des bulles de vapeur se détachent de la paroi chauffée, grossissent et viennent crever à la surface du liquide qu'elles agitent violemment.

La sciure de bois nous permet de suivre les mouvements du liquide, dont les parties les plus chaudes, étant aussi les plus légères, viennent gagner la surface libre. C'est donc l'eau elle-même qui, par son propre mouvement, transporte la chaleur du foyer vers les parties moins chaudes. On exprime ce fait, en disant que l'eau s'échauffe ***par convection***.

A un certain moment, on voit ensuite apparaître, sur les parois directement exposées à l'action du foyer, une foule de petites bulles qui se détachent, s'élèvent et, rencontrant, à quelque distance des parois, des couches plus froides, se condensent presque aussitôt. Il en résulte un bruissement particulier ; on dit alors que ***l'eau chante***.

Enfin, bientôt après, on constate que ces mêmes bulles gazeuses, au lieu de disparaître, se mettent à grossir démesurément en s'élevant. Elles viennent crever tumultueusement à la surface. L'eau est alors évidemment le siège d'une *vaporisation intérieure très active*. C'est le phénomène de *l'ébullition.*

341. **Constance de la température pendant l'ébullition.** — Pendant ces différents phénomènes, suivons la marche du thermomètre plongé dans l'eau du ballon.

La température monte d'abord régulièrement, jusqu'au moment où l'ébullition commence. A partir de cet instant, le thermomètre ne monte plus.

Supposons que la pression atmosphérique soit, pendant l'expérience, de 76 centimètres de mercure. Le thermomètre atteindra la température de 100° (puisque c'est ainsi que le point 100 a été déterminé) ; puis, il s'y maintiendra indéfiniment, tant qu'il restera de l'eau dans le ballon.

342. **La vaporisation d'un liquide se fait avec absorption de chaleur.** — Nous tirons de là une conséquence importante. La chaleur que le foyer continue à céder à l'eau est donc employée autrement qu'à élever sa température. Elle est donc uniquement employée à transformer l'eau, de l'état liquide à 100°, à l'état de vapeur à 100°.

La vaporisation de l'eau absorbe donc de la chaleur.

Nous reviendrons un peu plus loin sur cette importante question (§§ 352 et suivants).

343. **Lois de l'ébullition.** — Les lois de l'ébullition sont faciles à comprendre.

Il suffit, en effet, d'admettre que l'ébullition puisse être considérée comme une véritable évaporation. Au lieu d'être une évaporation lente et tranquille, à la manière ordinaire, ce serait une évaporation rapide et violente. Au lieu de se manifester uniquement à la surface libre du liquide, elle se produirait dans toute la masse du liquide.

Voyons les conséquences qui découlent de cette manière de voir.

Les bulles de vapeur, formées dans l'ébullition, sont évidemment constituées par de la vapeur saturante, puisqu'elles sont en présence d'un excès de liquide. *La vapeur formée est à la pression F.*

D'autre part, si l'ébullition a déjà duré un certain temps, le ballon ne renferme plus d'air ; il ne contient que de l'eau liquide et de la vapeur d'eau ; *la vapeur est saturante; sa pression est égale à la pression extérieure, P,* puisque le ballon est librement ouvert. Donc :

Lorsque l'eau est en ébullition, sa température est celle ur laquelle la tension maxima de sa vapeur F est égale à la ression atmosphérique extérieure P.

Cette loi s'applique non seulement à l'eau. L'expérience ontre qu'elle s'applique également bien à tous les liquides.

Un liquide ne peut bouillir que si on le porte à une tempé-ature telle que la tension maxima de sa vapeur, pour cette empérature, soit égale à la pression extérieure.

Ainsi, sous la pression atmosphérique ordinaire, l'alcool out à 78° et l'éther à 35°, parce que c'est à 78° pour l'alcool, t à 35° pour l'éther, que les tensions maxima des vapeurs émises par ces liquides sont égales respectivement à la pression de 76 centimètres de mercure.

344. **L'ébullition normale ne se produit que s'il existe au sein du liquide des bulles d'un gaz étranger.** — Que faut-il maintenant pour qu'un liquide entre en ébullition précisément à la température *T*, pour laquelle la tension de sa vapeur saturée égale la pression extérieure *P*, température qui est la plus basse à laquelle il puisse bouillir sous la pression *P*? Une étude attentive du phénomène va nous l'apprendre.

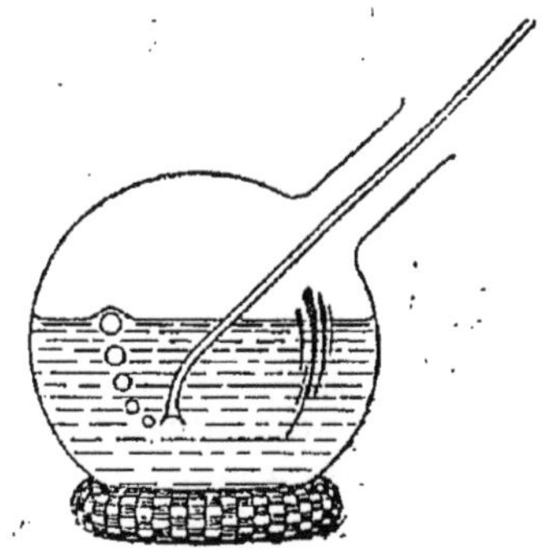

FIG. 168.
EXPÉRIENCE DE M. GERNEZ.
Lorsqu'on plonge dans un liquide surchauffé une petite clochette renfermant une bulle d'air, le liquide se met à bouillir et les bulles de vapeur naissent uniquement à l'ouverture de la clochette.

Si on prolonge pendant longtemps l'ébullition de l'eau dans un vase de verre; et, si l'on cesse de chauffer, l'ébullition s'arrête, bien que la température de l'eau soit notablement plus élevée que celle qui théoriquement devrait suffire à déterminer le phénomène. — C'est le phénomène du ***retard à l'ébullition.***

Mais si l'on vient à introduire des bulles de gaz à l'intérieur du liquide, le retard à l'ébullition disparaît aussitôt et la vapeur se produit non seulement à la surface, mais aussi au sein même du liquide. Pour réaliser l'expérience il suffit de plonger dans le liquide une petite cloche ménagée à l'extrémité d'une baguette de verre et contenant une fine bulle d'air; l'ébullition reprend aussitôt : les bulles de vapeur naissent à l'ouverture de la clochette, puis s'élèvent en grossissant jusqu'à la surface du liquide, et le phénomène continue tant que la température du liquide reste supérieure à T (fig. 198.)

L'expérience a été variée de bien des façons; elle a toujours conduit au même résultat :

Pour qu'un liquide entre en ébullition à la température minima à laquelle il puisse bouillir, sous une pression déterminée, il faut que ce liquide contienne des bulles d'un gaz étranger (M. Gernez).

S'il en est ainsi, ***la température du liquide pendant le phénomène sera la même que celle de sa vapeur*** et tant que la pression extérieure restera invariable, cette température se maintiendra constante malgré l'apport de chaleur étrangère exigé par la vaporisation; nous dirons alors que ***l'ébullition est normale.***

Il n'est pas nécessaire que ces petites bulles de gaz aient des dimensions appréciables : les bulles d'air qui, presque imperceptibles, adhèrent par capillarité à une paroi, lorsqu'elle n'est pas extrêmement polie ou qu'elle n'a pas été préparée par des lavages extrêmement soignés, suffisent largement à déterminer une ébullition normale, et à l'entretenir ensuite pendant un temps assez long.

345. **Détermination des points d'ébullition.** — Le ***retard à l'ébullition*** est toujours à craindre. Aussi, convient-il lorsqu'on veut observer le point d'ébullition d'un liquide sous une pression déterminée, d'éviter une chauffe trop prolongée. ***On place ordinairement le réservoir du thermomètre à une faible distance au-dessus du liquide, en ayant soin que la vapeur enveloppe complètement la tige de l'instrument;*** c'est ce qui explique la disposition que nous avons prise pour fixer le point 100 du thermomètre (§ 212).

346. **Conséquences des lois de l'ébullition.** — La loi fondamentale, que nous avons établie plus haut (§ 343), comporte les conséquences suivantes :

1° ***Sous une pression déterminée, un liquide aéré bout à une température déterminée, que l'on appelle point d'ébullition du liquide sous cette pression;***

2° ***La température du liquide reste invariable pendant tout le temps de l'ébullition, si la pression extérieure ne change pas;***

3° ***La pression extérieure augmentant, la température d'ébullition s'élève; et inversement, la pression extérieure diminuant, la température d'ébullition s'abaisse.***

Toutes ces conséquences se vérifient facilement par expérience.

347. **Variation de la température d'ébullition avec la pression.** — Nous avons conventionnellement choisi pour le point 100 du thermomètre centigrade la température d'ébullition de l'eau sous la pression normale de l'atmosphère qui équivaut à 76 centimètres de mercure : nous ne saurions donc nous étonner que les mesures de la pression de la vapeur d'eau décrites au § 329 nous aient précisément donné 76 centimètres de mercure pour 100°; c'est là une conséquence immédiate des conventions qui ont présidé au choix de l'échelle thermométrique centigrade.

Si le baromètre ne marque pas 76 centimètres, l'eau ne bout pas à 100°; mais le graphique du § 330 nous permet de connaître son point d'ébullition sous une pression quelconque : il nous suffit de rechercher sur la courbe la température pou laquelle la vapeur d'eau a précisément cette pression. Selon que celle-ci sera plus grande ou plus petite que 1033 grammes par centimètre carré, le point d'ébullition de l'eau sera donc au-dessus ou au-dessous de 100° : il serait de 120° sous une pression de 2 kilogrammes et de 60° sous une pression de 200 grammes par centimètre carré.

Au voisinage immédiat de la pression atmosphérique normale, une variation de pression de 27 millimètres de mercure entraîne une variation de 1 degré pour l'ébullition de l'eau.

Ainsi, l'eau bouillirait à 101° sous une pression extérieure de 787 millimètres de mercure.

Elle bouillirait à 99° sous une pression extérieure de $(760-27)=733$ millimètres de mercure.

On peut montrer aisément cette variation du point d'ébullition par les expériences suivantes :

348. **Expérience de Franklin.** — Dans un ballon de verre, on fait bouillir de l'eau de façon à en chasser complètement l'air (fig. 199); on le bouche alors, on l'éloigne aussitôt du foyer et on le retourne. L'ébullition s'arrête; une légère distillation subsiste seule et la condensation qui se produit ainsi sur la paroi libre entretient celle-ci à la température même T du liquide : la vapeur possède donc dans le ballon la tension maxima qui correspond à la température $T°$. Mais si, à l'aide d'une éponge imbibée d'eau froide, on maintient la paroi libre à une température inférieure, une condensation

rapide et continue de la vapeur se produit; une diminution de pression en résulte, et le liquide, qui est toujours à la température T° dans le ballon, se remet à bouillir.

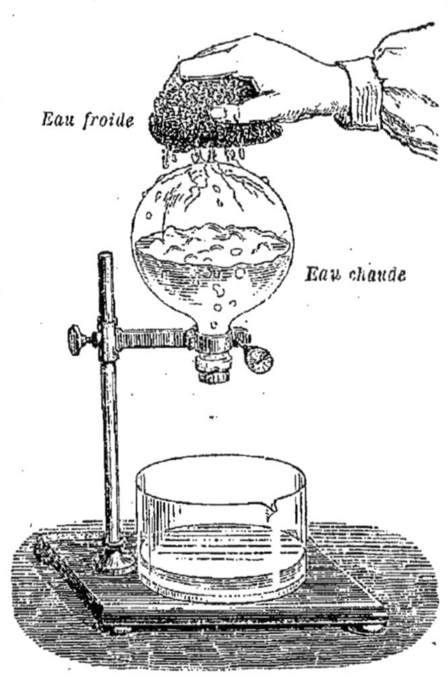

FIG. 199. — EXPÉRIENCE DE FRANKLIN.
En versant de l'eau froide sur un ballon vide d'air et renfermant de l'eau chaude, on provoque la condensation de la vapeur et, par suite, une diminution de pression; d'où résulte l'ébullition de l'eau chaude.

349. **Ébullition dans le vide.** — Si on place sous la cloche de la machine pneumatique un récipient contenant de l'eau à la température ordinaire, on n'observe qu'une simple évaporation lorsqu'on fait le vide dans la cloche; mais on obtient l'ébullition de l'eau, soit en la prenant d'abord à une température supérieure, soit en absorbant la vapeur au moyen d'acide sulfurique concentré, comme on le fait dans l'appareil de Carré (§ 339).

Sur les hautes montagnes, où la pression atmosphérique est moindre qu'au niveau des mers, l'eau bout toujours au-dessous de 100°. Au sommet du Mont-Blanc, par exemple, la température normale d'ébullition de l'eau est de 85°.

350. **Chauffage d'un liquide en vase clos.** — Lorsqu'on chauffe un liquide dans un vase clos dont tous les points sont maintenus à la même température, l'espace situé au-dessus du liquide est toujours saturé de vapeur, quelle que soit la température à laquelle on porte le récipient. Cet espace de peut donc recevoir de nouvelles quantités de vapeur.

L'ébullition ne peut donc avoir lieu.

On peut donc ainsi porter le liquide à des températures supérieures à son point d'ébullition normal. C'est ce que l'on fait, en particulier, avec les ***autoclaves.***

On désigne sous ce nom des récipients très résistants

(fig. 200) complètement clos, munis de soupapes de sûreté, dont on peut faire varier la charge à volonté. Dans ces récipients on peut porter l'eau à des températures convenablement choisies, suivant la charge que l'on fait porter à la soupape de sûreté.

Ces appareils sont employés à la préparation de la gélatine, à la fabrication des savons, des conserves alimentaires, etc.

351. **Chauffage d'un liquide dans une chaudière.** — Mais si, dans un des appareils précédents, on vient à retirer une partie de la vapeur, la pression baisse brusquement : l'ébullition se produit tout à coup. Elle s'arrête d'ailleurs, dès que la pression normale s'est rétablie.

C'est ce qui arrive dans une chaudière de machine à vapeur.

Quand la machine ne fonctionne pas, l'eau ne bout pas dans la chaudière; mais, aussitôt que la machine est mise en marche, chaque coup de piston consomme une certaine quantité de vapeur et détermine une brusque ébullition dans la chaudière.

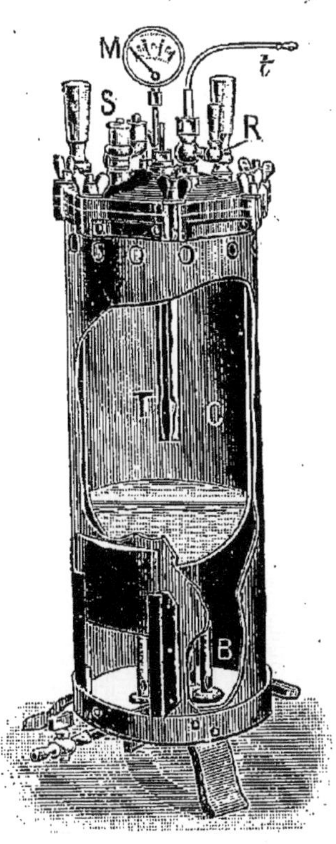

FIG. 200. — AUTOCLAVE.
On peut dans ces récipients porter l'eau à des températures supérieures à 100° et d'autant plus élevées que l'on charge davantage la soupape de sûreté.

3. — CHALEUR DE VAPORISATION DE L'EAU

352. **Définition de la chaleur de vaporisation.** — Nous avons déjà fait remarquer que, si nous chauffons de l'eau jusqu'à la faire bouillir et si nous cessons brusquement de chauffer, l'ébullition s'arrête immédiatement. Elle reprend d'ailleurs, aussitôt que nous faisons agir de nouveau le foyer extérieur.

Nous en avons conclu que la transformation de l'eau en

vapeur saturée exige une certaine quantité de chaleur.

On appelle chaleur de vaporisation L d'un liquide, à une température T, le nombre de calories qu'il faut fournir à un gramme du liquide, préalablement porté à T°, pour le transformer en vapeur saturée à cette température.

353. Valeur de la chaleur de vaporisation de l'eau. — La chaleur de vaporisation de l'eau a été déterminée par Regnault en vue de l'étude des machines à vapeur : le principe de ses expériences consistait à mesurer la quantité de chaleur abandonnée par un certain poids de vapeur d'eau saturée dont il provoquait la condensation au sein d'un calorimètre. Regnault a reconnu que la chaleur de vaporisation de l'eau n'est pas constante : elle diminue quand la température s'élève ; à 100°, *la chaleur de vaporisation est de 537 calories ;* à 180°, elle n'est plus que de 481 calories ; elle tend vers zéro, quand la température s'élevant de plus en plus, atteint le point critique (§ 366).

Pour vaporiser 1 gramme d'eau, après l'avoir préalablement porté à 100°, il faut encore lui fournir 537 calories.

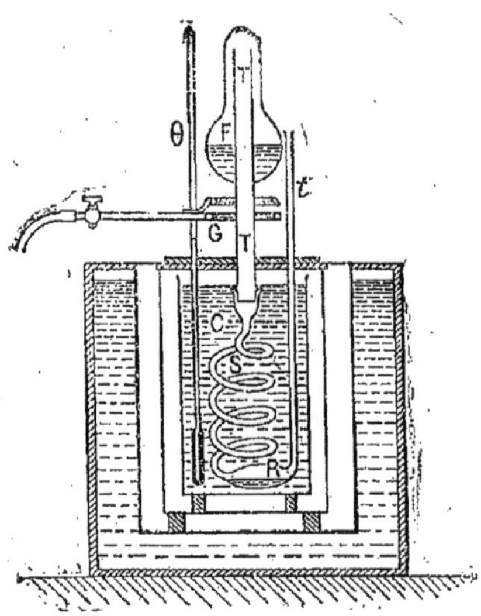

FIG. 201. — APPAREIL DE M. BERTHELOT. *On mesure la chaleur de vaporisation du liquide contenu en F en faisant bouillir celui-ci et en notant l'élévation de température qu'entraîne la condensation de la vapeur au sein du calorimètre.*

Nous nous bornerons à décrire, à cause de sa simplicité, l'appareil que M. Berthelot a imaginé pour la détermination de la chaleur de vaporisation d'un liquide à sa température d'ébullition sous la pression atmosphérique.

Ce dispositif permet d'opérer sur une faible quantité de liquide. Celui-ci est placé dans une fiole de verre F (fig. 201), fermée à sa partie supérieure et traversée par un tube TT ouvert à ses deux extrémités. Ce tube est soudé dans le fond de la fiole et il se raccorde par un ajutage à l'émeri avec un serpentin en verre immergé dans le calorimètre. Ce serpentin se termine par un réservoir R et communique avec l'atmosphère par le tube t.

Le fond de la fiole est chauffé par une couronne de gaz G un écran de carton épais recouvre le calorimètre et arrête le rayonnement du foyer.

Voici comment on conduit une expérience.

La fiole contenant le liquide est tarée d'avance. On la chauffe et on note en même temps la température initiale t du calorimètre; comme la quantité de liquide est faible, l'ébullition ne tarde pas à se produire; elle a lieu, évidemment, sous la pression atmosphérique, puisque le haut de la fiole est en libre communication avec l'air extérieur, par le serpentin et le réservoir R.

La vapeur saturée descend par le tube T, se condense dans le serpentin et se rassemble dans le réservoir R; en même temps, le calorimètre s'échauffe. On arrête l'expérience avant que tout le liquide n'ait disparu; on note alors la température maxima θ marquée par le thermomètre calorimétrique.

Après refroidissement, on détermine la perte de poids de la fiole; on connaît ainsi le poids m de liquide vaporisé.

Soit T la température d'ébullition du liquide et C sa chaleur spécifique moyenne. Le poids m de vapeur saturée à T^0, qui a pénétré dans le calorimètre, s'y retrouve à l'état de liquide à θ^0: on peut donc admettre qu'il a fourni mL calories en se condensant à T^0 et $mC\ (T-\theta)$ calories, en passant ensuite, à l'état liquide, de T^0 à θ^0.

Si l'on appelle $\mathfrak{M}$ la valeur en eau du calorimètre, on a alors, en écrivant que celui-ci a intégralement acquis la chaleur perdue par la valeur condensée :

$$mL + mC\ (T-\theta) = \mathfrak{M}\ (\theta - t).$$

Les résultats sont ceux qui ont été indiqués au début de ce paragraphe.

354. **Application industrielle.** — Pour une machine à vapeur, travaillant sous une pression déterminée, le poids de houille que l'on brûle sous la chaudière est évidemment proportionnel au poids de vapeur consommé par la machine; ce dernier est lui-même proportionnel au travail obtenu.

Les machines modernes brûlent environ 1 kilogramme de charbon par cheval et par heure.

355. **Phénomène inverse. — Condensation de la vapeur.** — Lorsqu'une vapeur saturée se condense, elle abandonne la chaleur qu'avait absorbée sa vaporisation.

Ceci revient à dire que la *condensation d'une vapeur est accompagnée d'un dégagement de chaleur.*

Un gramme de vapeur d'eau à 100°, en se condensant à l'état d'eau liquide à 100°, abandonne 537 calories.

Ce phénomène bien connu est utilisé industriellement comme moyen de chauffage modéré.

356. **Grandeur relative de la chaleur de vaporisation de l'eau.** — De tous les liquides, *c'est l'eau dont la chaleur de vaporisation est la plus grande.* Nous avons déjà vu qu'il en est de même de sa chaleur de fusion (§ 312). La chaleur de vaporisation de l'eau à 100° est de 537 calories. Celle de l'alcool (à la température d'ébullition) est de 208 calories. Celle de l'éther (à la température d'ébullition) est de 91 calories.

Cette grande chaleur de vaporisation joue un rôle considérable dans la régularisation de la température à la surface de la Terre. La vapeur d'eau qui se forme en abondance à la surface des mers équatoriales, absorbe une grande partie de la chaleur solaire. Emportée par les vents réguliers, cette vapeur va se condenser dans les contrées plus froides et, en dégageant la chaleur qu'elle avait tout d'abord absorbée, contribue à corriger en partie l'inégalité des climats.

357. **Exercice.** — *Dans un réservoir contenant de la glace, on fait condenser 25 grammes de vapeur d'eau provenant d'une cornue où l'eau bout sous la pression normale de l'atmosphère; on demande le poids de glace fondue.*

La chaleur de vaporisation de l'eau à 100° étant de 537 calories, les 25 grammes de vapeur en se condensant, c'est-à-dire en passant à l'état d'eau liquide à 100°, abandonnent 25×537 calories. Ces 25 grammes d'eau se refroidissent eux-mêmes de 100° à 0° et fournissent, d'autre part, 25×100 calories. Toute cette chaleur est employée à fondre la glace à raison de 80 calories par gramme de glace fondue. Le poids total de celle-ci sera donc $\frac{25 \times 537 + 25 \times 100}{80}$, ou très sensiblement 200 grammes.

4. — DISTILLATION

358. **Principe de la paroi froide.** — Considérons un récipient (fig. 202), rempli d'une vapeur en contact avec un excès du liquide générateur placé en A et *maintenu à T^0*. Si tous les points de la paroi sont aussi à T^0, la vapeur aura la tension maxima F qui correspond à cette température : toute vaporisation sera arrêtée et le système restera indéfiniment dans le même état.

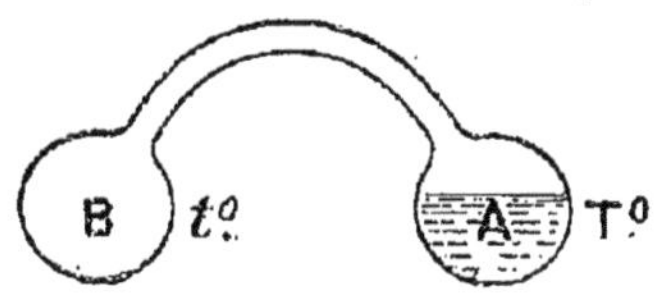

FIG. 202.
PRINCIPE DE LA DISTILLATION.
Si on maintient une différence de température entre deux régions de la paroi d'un même récipient, un liquide, placé dans la région chaude A, se vaporise et se condense peu à peu dans la région froide B.

Mais si nous *maintenons la partie B à une température inférieure t^0*, la vapeur en contact avec la paroi froide ne pourra posséder que la tension maxima f qui est relative à t^0 et qui est plus petite que F : elle se condensera donc partiellement en B; la pression diminuant alors dans le récipient, une nouvelle vaporisation se produira en A, et ainsi, ***tout le liquide distillera, très rapidement d'ailleurs, de A en B.***

Dans l'état d'équilibre final, c'est-à-dire lorsque la distillation sera terminée, la vapeur n'aura dans tout le récipient que la tension maxima f qui correspond à la température t la plus basse de la paroi.

Cette proposition, qui porte le nom de ***principe de Watt***, n'est, comme on le voit, qu'une conséquence directe des lois de la vaporisation. Watt en a fait une très remarquable application dans le condenseur des machines à vapeur.

359. **Distillation. — Alambic.** — La ***distillation*** permet de séparer un liquide volatil des substances fixes qu'il tient en dissolution. Pour cela on fait bouillir le liquide proposé dans une cornue; et l'on condense dans un autre récipient la vapeur qui se dégage : les produits non volatils que contenait le liquide restent dans la cornue.

Les appareils employés à la distillation portent le nom d'***alambics*** (fig. 203). Ils se composent essentiellement d'une chaudière en cuivre, fermée par un couvercle en forme de dôme et installée sur un fourneau. On remplit cette chaudière du liquide à distiller et l'on chauffe : le dôme porte un long col qui conduit la vapeur dans un appareil de condensation constitué par un tube contourné en spirale et entouré d'eau froide. La vapeur se condense dans ce ***serpentin*** et le liquide est recueilli dans un vase *g*.

L'eau qui entoure le serpentin s'échauffe rapidement; on

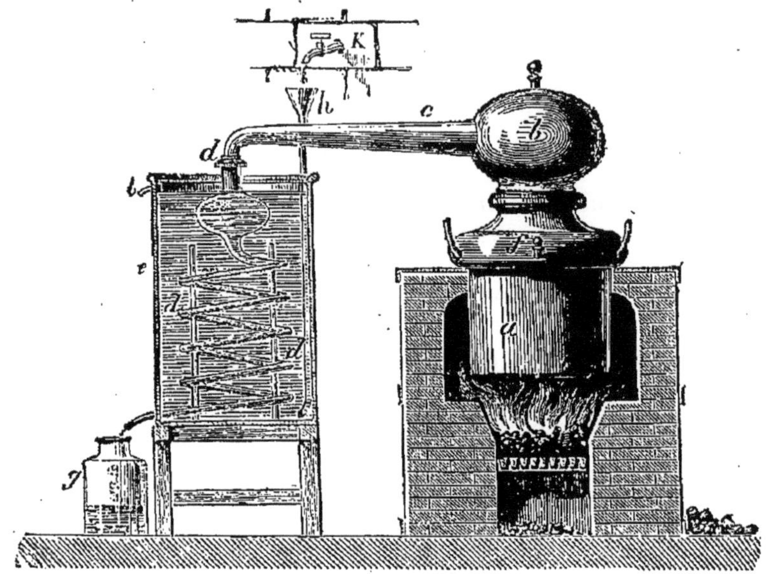

FIG. 203. — ALAMBIC.
La vapeur, produite dans la chaudière a, vient se condenser dans un serpentin d entouré d'eau froide et le liquide ainsi distillé se recueille dans le vase g.

la renouvelle incessamment en faisant parcourir le vase réfrigérant par un courant continu d'eau froide.

360. **Eau distillée.** — C'est à l'aide d'un alambic ainsi disposé que l'on distille l'eau de puits ou de rivière pour la débarrasser des sels qu'elle tient en dissolution.

361. **Distillation de l'alcool.** — La distillation permet aussi de séparer deux liquides inégalement volatils. Si, par exemple, on distille du vin ou des jus fermentés, l'alcool, qui est beaucoup plus volatil que l'eau, passe tout d'abord et peut ainsi être extrait à peu près complètement.

CHAPITRE XII

POINT CRITIQUE

1. — EXPÉRIENCES DE NATTERER

362. **Un liquide ne peut bouillir dans un récipient clos, dont la température est uniforme.** — Nous avons déjà indiqué au § 350 qu'*un liquide ne peut bouillir dans un récipient clos, dont la température est uniforme.*

Qu'arrive-t-il, dans ces conditions, si l'on chauffe de plus en plus le récipient?

L'expérience montre que les phénomènes que l'on observe alors sont très différents suivant la quantité initiale, plus ou moins grande, du liquide enfermé dans le récipient.

363. **Tubes de Natterer.** — On trouve dans les cabinets de physique une collection de trois tubes de verre fermés à la lampe, dits tubes de *Natterer* (fig. 204).

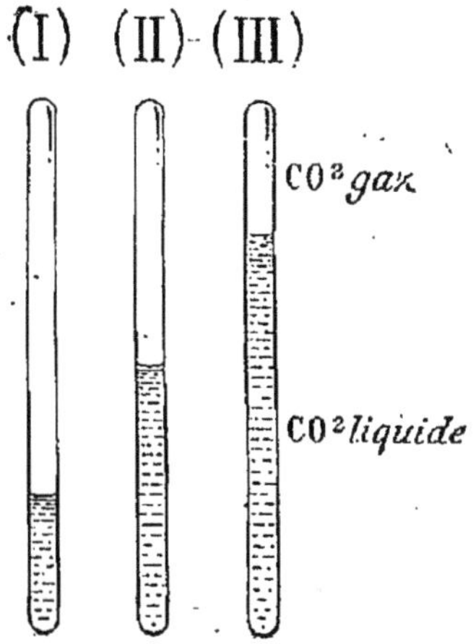

FIG. 204. — TUBE DE NATTERER. *Quand on élève la température, le ménisque descend dans le tube I et monte, au contraire, dans le tube III. Il reste en place dans le tube II, mais s'efface peu à peu et disparaît pour la température critique.*

Chacun de ces tubes contient de l'anhydre carbonique, dont une partie est à l'état liquide et l'autre partie à l'état gazeux. Cette dernière, plus légère, occupe la région supérieure du tube.

A la température ordinaire, le volume du liquide est environ un quart du volume total dans le premier tube (tube I). Il est la moitié du volume total, dans le second tube (tube II). Il est les trois quarts du volume total dans le troisième (tube III).

Première expérience. — Plongeons entièrement le tube I dans une éprouvette pleine d'eau, dont on élève progressivement la température par des additions d'eau chaude. Le ménisque de séparation entre la partie liquide et la partie gazeuse s'abaisse peu à peu dans le tube, et finit par disparaître à la partie inférieure du tube.

Le liquide se vaporise donc lentement et disparaît totalement à une température, qui n'atteint jamais 31°.

Deuxième expérience. — Répétons la même expérience avec le tube III. Ici, au contraire, le ménisque monte peu à peu dans le tube, à mesure que la température s'élève.

Le gaz finit par se condenser entièrement et le ménisque atteint le sommet du tube à une température qui est toujours inférieure à 31°.

Troisième expérience. — La même expérience, reprise avec le tube II, donne les résultats suivants. La température s'élevant régulièrement, le niveau du liquide dans le tube II reste sensiblement invariable; mais quand on approche de 31°, la surface de séparation du liquide et du gaz perd de sa netteté; elle s'estompe pour ainsi dire peu à peu, se perd dans une sorte de brouillard confus, et disparaît ***sur place***, à 31°.

Ici, ***la ligne de démarcation du liquide et du gaz devient donc de moins en moins nette et finit par disparaître, sur place, à 31°.***

Inversement, si on refroidit lentement les trois tubes qui ont servi aux expériences précédentes, les mêmes apparences se reproduisent en sens inverse. En particulier, pour chacun des tubes le ménisque reparaîtra à la place même où il avait disparu : au bas du tube, pour le tube I; au haut du tube, pour le tube III; au milieu du tube, pour le tube II.

364. **Conclusions.** — De ces expériences découlent simplement des conséquences très importantes.

La vapeur saturée et le liquide, maintenus au contact l'un de l'autre, semblent tendre vers un même état physique, lorsque leur température, s'élevant peu à peu, se rapproche de 31°. A partir de 31°, la vapeur saturée et le liquide ne se distinguent plus l'un de l'autre.

On donne à cette température de 31° le nom de ***point de vaporisation totale de l'anhydride carbonique***, ou, plus simplement, le nom de ***point critique de l'anhydride carbonique.*** A cette température, la vapeur saturée a une pression déterminée. Cette pression s'appelle la *pression critique* de l'anhydride carbonique.

365. Généralisation. — Bien entendu, les phénomènes que nous venons de décrire en détail pour l'anhydride carbonique ne sont pas particuliers à ce corps.

Ce sont là des phénomènes d'ordre tout à fait général. On peut énoncer les conclusions suivantes :

Il existe, pour chaque liquide volatil, une température critique, particulière à ce liquide, au-dessus de laquelle ce liquide ne saurait être observé au contact de sa vapeur saturée.

2. — CONTINUITÉ ENTRE L'ÉTAT LIQUIDE ET L'ÉTAT GAZEUX

366. Propriétés du liquide et de la vapeur au voisinage du point critique. — Déjà, des expériences, réalisées avec les tubes de Natterer, résultait cette conséquence :

La densité d'un liquide et la densité de sa vapeur sont, au point critique, égales entre elles.

Ce résultat est manifeste, en particulier, dans le cas de la troisième expérience, avec le tube II, au moment où la surface de séparation, d'abord indécise entre le liquide et la vapeur, finit par disparaître totalement, sur *place*.

Ici, la densité du liquide, que l'on chauffe, est allée en diminuant peu à peu; la densité de la vapeur saturée, d'autre part, est allée en augmentant, puisque cette vapeur saturée est portée à des pressions très rapidement croissantes avec la température. On comprend que ces densités, dont celle qui était la plus grande va en diminuant, dont celle qui était la plus petite va en augmentant, finissent par devenir égales. A ce moment, il ne doit plus y avoir de surface de séparation entre le liquide et la vapeur.

Mais, ce n'est pas tout. Des expériences, que nous ne pouvons décrire ici, ont montré qu'à la température du point critique ***la chaleur de vaporisation est nulle*** (§ 353).

Cela veut dire que, à cette température, la transformation du liquide en vapeur n'exige aucune dépense de chaleur, et que la transformation inverse ne fournit aucun dégagement de chaleur. Les deux états physiques sont alors infiniment voisins l'un de l'autre.

Le fluide peut donc passer, d'une manière continue, de l'état gazeux à l'état liquide, ou inversement.

Ce passage se fait au point critique.

367. **Résultats numériques.** — Voici les points critiques de quelques substances et les pressions correspondantes :

GAZ	TEMPÉRATURE CRITIQUE	PRESSION CRITIQUE
Hydrogène. . . .	— 241°	15 atmosphères.
Oxygène	— 119°	35 —
Éthylène	+ 10°	58 —
Gaz carbonique. .	+ 31°	73 —
Alcool	243°	63 —
Benzine	289°	48 —
Eau	365°	200 —

368. **Application à la liquéfaction des gaz.** — Les conclusions précédentes ont permis de résoudre complètement le problème de la liquéfaction des gaz.

Ce problème s'était posé, dès qu'on avait remarqué les analogies que présentent les gaz et les vapeurs non saturantes : 1° au point de vue de leur compressibilité ; 2° au point de vue de leur dilatation.

Ce problème est aujourd'hui complètement résolu, grâce précisément à la connaissance de l'existence du point critique.

Les conditions du passage de l'état gazeux à l'état liquide ont été établies par *Andrews*, dans un remarquable travail sur l'anhydride carbonique, travail dans lequel fut mise en évidence, pour la première fois, l'existence du point critique.

Voici les conclusions de ce travail :

Il existe, pour toute substance volatile, une température au-dessus de laquelle elle ne peut être observée à l'état liquide, quelle que soit sa pression. Cette température, qui est de 31° pour l'anhydride carbonique, est celle que nous avons définie, sous le nom de point critique, à propos de la vaporisation totale.

La liquéfaction d'un gaz n'est donc possible que si le gaz est préalablement refroidi au-dessous de son point critique ; on peut alors, mais seulement dans ce cas, l'amener à l'état de vapeur saturante et le liquéfier, soit par un refroidissement plus énergique, soit par une compression progressive, soit enfin en associant ces deux moyens.

CHAPITRE XIII

LIQUÉFACTION DES GAZ

1. — EMPLOI DE LA COMPRESSION ET DU REFROIDISSEMENT

369. **Principes généraux.** — Nous savons qu'on peut faire condenser une vapeur non saturante :

1° Soit en ***augmentant sa pression***, jusqu'à ce qu'on atteigne la tension maxima F de la vapeur à la température de l'expérience (§ 324);

2° Soit en ***la refroidissant***, jusqu'à une température pour laquelle la tension maxima F soit inférieure à la pression actuelle de la vapeur (§ 324).

On sera donc naturellement conduit à essayer de liquéfier les gaz :

1° Soit ***par compression***;

2° Soit ***par refroidissement.***

Nous savons d'ailleurs que ces deux opérations (compression ou refroidissement) sont loin d'avoir une importance équivalente. C'est ce que nous ont montré les expériences sur le point critique. ***La température devra d'abord être abaissée au-dessous du point critique*** (§ 368).

Cette condition étant supposée remplie, on pourra d'ailleurs combiner les deux procédés, et opérer ;

3° ***Par compression et refroidissement simultanés.***

370. **Liquéfaction par compression.** — De ce qui précède, il résulte que :

On peut, par une compression suffisante, liquéfier à la température ordinaire (15°, par exemple) tous les gaz dont la température critique est supérieure à la température de l'expérience.

La température critique du gaz carbonique est de 31°. Celle de l'ammoniaque est de 130°. Ces deux gaz peuvent donc être liquéfiés par compression, à la température de 15°, par exemple. Il suffira que la pression atteigne la tension maxima de la vapeur pour cette température de 15°.

Anhydride carbonique. — L'anhydride carbonique liquide se trouve aujourd'hui dans le commerce à un prix modique. On le prépare en comprimant à 60 atmosphères environ, dans des cylindres en fer très résistants, le gaz qu'on obtient par la dissociation du bicarbonate de soude sous l'action de la chaleur. Ces récipients portent un robinet à pointeau par lequel on peut extraire le gaz, quand besoin est. Lorsqu'on dirige par un *large* ajutage, le jet de liquide carbonique dans un sac de laine dont on a coiffé le robinet, la détente et la vaporisation de ce liquide produisent un refroidissement assez énergique pour congeler le reste ; et le sac de laine se remplit d'une sorte de neige d'anhydride solide (fig. 205). ***A l'air ordinaire, la neige carbonique disparaît lentement et sans fondre, en se maintenant à la température constante de — 79°.*** Ce phénomène constitue une véritable sublimation (§ 318). Quand on ajoute un peu d'éther à cette neige, on obtient une pâte qui mouille bien les corps qu'on y plonge et qui se maintient également à — 79°.

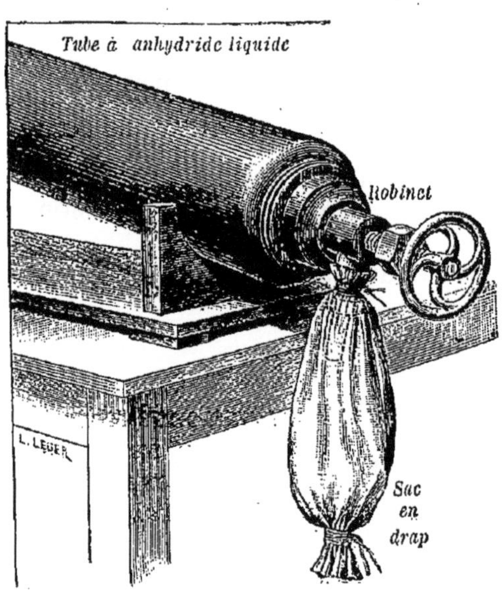

FIG. 205.
SOLIDIFICATION DE L'ANHYDRIDE CARBONIQUE.
On dirige par un large ajutage un jet de liquide carbonique dans un sac de drap qui se remplit bientôt d'une neige consistante.

La température de la neige carbonique, mélangée d'un peu de chlorure de méthyle, s'abaisse à — 85° à la pression ordinaire et à — 125° quand on l'évapore dans le vide.

371. **Liquéfaction par refroidissement.** — ***On peut, à la pression ordinaire, liquéfier, par un refroidissement suffisant, les gaz dont la pression critique est supérieure à la pression extérieure***, c'est-à-dire, en fait, à peu près tous les gaz. Il suffit d'abaisser la température jusqu'à celle qui correspond

à l'ébullition du liquide sous la pression atmosphérique.

Ammoniac. — Le gaz ammoniac se liquéfie lorsqu'on le dirige dans un tube fermé à l'une de ses extrémités et refroidi extérieurement par une pâte de neige carbonique et d'éther (fig. 206); l'expérience se réalise très facilement dans un cours; la condensation est immédiate et, pour conserver l'ammoniac liquide, il suffit de souder le tube à la lampe, avant de le retirer du mélange réfrigérant. On procède de la même façon pour le chlore, l'acide sulfhydrique, le cyanogène, etc.

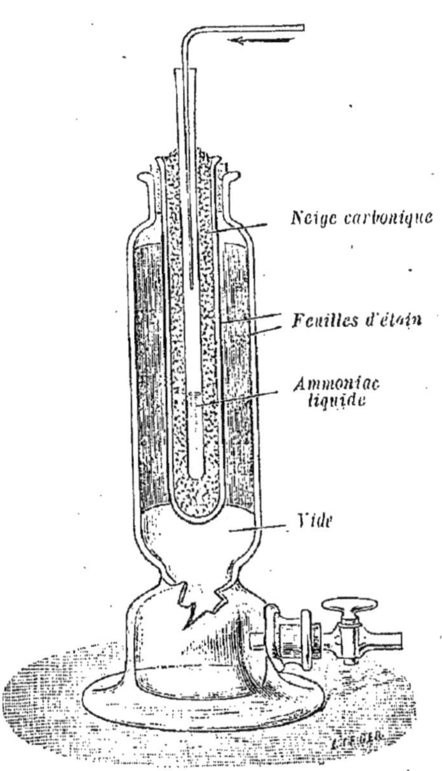

FIG. 206. — LIQUÉFACTION DU GAZ AMMONIAC PAR SIMPLE REFROIDISSEMENT.
Il suffit de diriger le gaz dans un tube refroidi extérieurement par un mélange de neige carbonique et d'éther.

L'éprouvette qui contient la pâte carbonique est elle-même entourée d'une autre éprouvette à l'intérieur de laquelle on maintient le vide. Les parois des deux éprouvettes sont argentées ou recouvertes de papier d'étain : l'expérience a montré que, dans ces conditions, l'éprouvette intérieure se trouve très efficacement protégée contre le rayonnement des objets voisins. La neige carbonique s'évapore assez lentement pour qu'il n'y ait pas lieu de la renouveler dans le cours d'une opération.

372. **Liquéfaction par compression et refroidissement.** — Nous avons dit plus haut (§ 369) que la liquéfaction serait facilitée si on associait le refroidissement et la compression.

Il suffit, pour le comprendre, de se rappeler que la tension maxima des vapeurs saturantes diminue très rapidement avec la température.

Les procédés de réfrigération employés peuvent différer beaucoup.

Nous avons vu que l'on peut employer soit de la neige carbonique, soit un mélange de neige carbonique et de chlorure de méthyle.

Nous nous bornerons à indiquer le plus énergique des procédés de réfrigération, c'est celui de la *détente.*

C'est grâce à ce procédé que M. Cailletet a pu, pour la première fois, condenser l'air et l'oxygène.

2. — EMPLOI DE LA DÉTENTE

375. **Principe de la détente.** — Le principe de ce procédé est facile à comprendre :

Un gaz s'échauffe quand on le comprime brusquement. L'élévation de température ainsi produite peut même être très considérable si la compression est assez rapide pour que le gaz n'ait pas le temps de céder la chaleur dégagée au milieu extérieur. On le montre par l'expérience saisissante du *briquet à air* (fig. 6) : dans un épais cylindre de verre, fermé à l'une des extrémités, un piston emprisonne une certaine quantité d'air. Une compression énergique et brusque élève suffisamment la température de celui-ci pour *enflammer un morceau d'amadou* fixé à la base du piston.

Par contre, un gaz se refroidit énergiquement par une brusque augmentation de volume.

Les abaissements de température qu'on peut obtenir de cette façon sont considérables. Ainsi, supposons que l'on détende brusquement jusqu'à 10 atmosphères de l'oxygène préalablement comprimé sous 300 atmosphères, à la température ordinaire : la température tombera à — 170° en sorte que, à la fin de la détente, le gaz se trouvera à — 170° et à 10 atmosphères. Or, la température critique de l'oxygène est de — 160 degrés; d'autre part, à — 170°, la pression maxima de la vapeur d'oxygène est moindre que 10 atmosphères : il en résulte que la fin de la détente sera nécessairement accompagnée d'une condensation du gaz. On voit, en effet, un nuage blanc et opaque envahir soudain toute la masse. Ce nuage est formé de fines particules solides ou liquides et sa présence démontre indubitablement que le gaz a changé d'état.

D'ailleurs, si, au lieu d'être à la température ordinaire, le gaz comprimé avait tout d'abord été fortement refroidi dans un mélange de neige carbonique et d'éther on aurait pu, par une détente ménagée, observer l'oxygène non pas à l'état de brouillard, mais réellement à l'état liquide.

374. **Détente continue.** — C'est le même procédé de la détente, qui, sous une forme un peu différente, est appliqué dans l'industrie pour la fabrication de grandes quantités d'air liquide.

Ici, on s'arrange de façon que la détente, au lieu de se produire brusquement, soit au contraire entretenue à l'aide de machines convenables.

On a donc affaire ici, non à une détente brusque, mais à une détente continue.

C'est le cas de la *machine de Linde* (fig. 207) et des appareils de Claude.

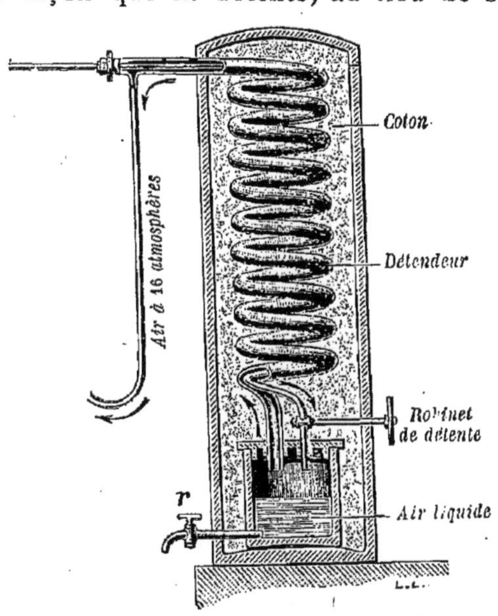

FIG. 207. — LIQUÉFACTION DE L'AIR (LINDE). *L'air se détend de 200 à 16 atm. dans un long tube contourné en spirale et s'échappe ensuite par un autre tube qui enveloppe le premier, de telle façon que l'air qui vient de se détendre refroidit celui qui va se détendre. La température s'abaisse ainsi progressivement jusqu'à ce que l'air se liquéfie.*

La figure représente une disposition schématique de la machine de Linde.

L'air est constamment amené par des machines de compression à une pression de 200 atmosphères environ. Cet air comprimé, préalablement ramené à la température ordinaire, arrive à l'une des extrémités d'un long tube contourné en spirale dans lequel il se détend jusqu'à 16 atmosphères. Cette détente est réglée par un robinet qui arme l'extrémité inférieure du tube.

Le gaz, fortement refroidi par cette détente, arrive dans un récipient en fer, puis s'échappe par un autre tube en spirale, qui entoure complètement le premier.

De cette sorte, ***l'air qui vient de se détendre refroidit constamment celui qui va se détendre*** et l'on observe alors que la température s'abaisse ***progressivement*** dans le petit récipient où débouchent les deux tubes. Une partie du gaz finit enfin par se condenser dans ce récipient, et à partir de ce moment, la liquéfaction se poursuit régulièrement : on soutire le liquide par le robinet *r*.

L'appareil est protégé contre le rayonnement extérieur par un manchon rempli de ouate.

Lorsqu'on abandonne à l'air un vase de verre contenant de l'air liquide, celui-ci entre en ébullition tranquille; mais l'azote, plus volatil que l'oxygène, se dégage tout d'abord et, au bout de quelque temps, le liquide restant est de l'oxygène presque pur. On peut alors recueillir le gaz oxygène lui-même, et cette extraction économique de l'oxygène de l'air ne constitue pas l'un des moindres éléments d'intérêt du remarquable dispositif de Linde.

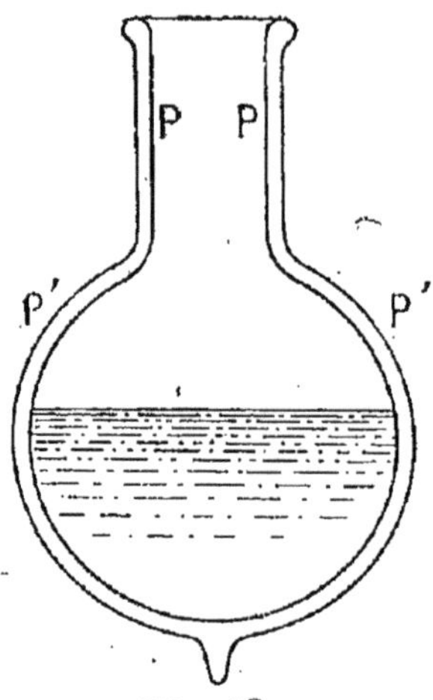

FIG. 208.
RÉCIPIENT POUR GAZ LIQUÉFIÉS.
Le liquide est protégé par le vide contre toute convection ou conduction de la chaleur venue du dehors.

L'air liquide ne peut être conservé que dans des ***vases ouverts*** (fig. 208), formés de deux enveloppes concentriques de verre, entre lesquelles on a fait le vide. De cette façon, le milieu extérieur ne fournit à l'air liquide qu'une quantité de chaleur insignifiante; et la vaporisation du liquide est très lente.

375. **Solidification des gaz**. — La plupart des gaz ont pu également être solidifiés.

Il suffit, en général, pour obtenir ce résultat, de projeter dans un récipient peu conducteur, un jet du gaz liquéfié.

L'évaporation très rapide d'une partie du liquide est accompagnée d'un refroidissement suffisant pour solidifier le reste.

C'est ce qui se passe, comme nous l'avons vu (§ 370) dans l'obtention de la neige carbonique.

376. **Applications des gaz liquéfiés**. — Les gaz liquéfiés ont reçu de nombreuses applications : ces applications vont

d'ailleurs en augmentant rapidement en nombre et en importance. Nous nous contenterons de signaler les principales :

Production industrielle du froid, et, par suite conservation des matières alimentaires.

— ***Préparation industrielle de certains gaz;*** par exemple, séparation de l'azote et de l'oxygène de l'air (voir plus haut, § 374).

— ***Production artificielle de force motrice et de pression.***

— ***Nombreuses applications chimiques particulières à chacun des gaz employés*** (exemple : le chlore, pour le blanchiment de la pâte à papier; l'anhydride sulfureux, pour le blanchiment des éponges, des plumes et de la laine).

— L'industrie de la fabrication du gaz carbonique liquide a pris de jour en jour une extension des plus importantes.

CHAPITRE XIV

VAPEUR D'EAU DANS L'ATMOSPHÈRE

I. — NOTIONS SOMMAIRES D'HYGROMÉTRIE

377. **Présence de la vapeur d'eau dans l'air.** — ***L'air renferme toujours une plus ou moins grande quantité de vapeur d'eau.*** Une bouteille extraite d'une cave fraîche, se recouvre rapidement d'un dépôt de rosée. Une timbale d'argent, contenant de l'eau, et dans laquelle on projette de petits morceaux de glace, perd aussitôt son vif éclat, par l'effet de la mince couche de gouttelettes d'eau qui recouvre sa surface. Ces dépôts de rosée ne peuvent provenir que de l'air environnant; ***l'air contient donc de l'eau; et cette eau s'y trouve répandue partout à l'état de vapeur.***

D'ailleurs, un grand nombre de phénomènes atmosphériques ont pour cause évidente la présence de la vapeur d'eau dans l'air. Tels sont, pour ne citer que les principaux, la pluie, la neige, la grêle, le brouillard, le dépôt de fleurs de glace sur les vitres pendant l'hiver.

378. **« L'air est plus ou moins humide »; que faut-il entendre par là?** — Cette eau, contenue dans l'air, à l'état de vapeur, s'y trouve d'ailleurs dans des proportions très variables, suivant le lieu et le temps.

Certaines régions des Andes de l'Amérique du Sud ne reçoivent pas de pluies, durant des années entières, tandis qu'à Brest les journées sans pluies sont exceptionnelles.

En un même lieu, on voit des périodes de sécheresse, pendant lesquelles toute végétation dépérit et meurt, succéder à des périodes d'humidité excessive, où l'eau ruisselle sur tous les objets exposés à l'air extérieur.

L'air est donc plus ou moins humide. Précisons ce qu'il faut entendre par là. Par une belle matinée de printemps, la rosée est souvent abondante, le brouillard envahit les vallées, les horizons apparaissent voilés de brumes. On dit communément que ***l'air est humide***. Mais, que le soleil monte, l'air devient transparent, la rosée a disparu des objets qu'elle ecouvrait le matin même. On dit communément que *l'air est sec.*

Il est bien évident, d'autre part, que l'air ne contient pas moins de vapeur d'eau dans le second cas que dans le premier.

Il importe donc de remarquer tout d'abord que les expressions : **air humide, air sec** *ne désignent pas un air contenant une plus ou moins grande quantité de vapeur d'eau.*

379. **État hygrométrique.** — Une masse d'air *est très humide*, si elle renferme à peu près toute la vapeur d'eau qu'elle peut contenir *à la même température.*

Elle *est très peu humide*, si elle ne renferme qu'une fraction très petite de la quantité de vapeur d'eau qu'elle pourrait renfermer, *à la même température.*

Ceci nous conduit à la définition de l'*état hygrométrique.*

On appelle état hygrométrique d'une masse d'air déterminée le rapport du poids de vapeur d'eau qu'elle contient au poids maximum de vapeur qu'elle pourrait contenir, à la même température, si elle était saturée.

Un exemple nous fera mieux comprendre l'importance de la distinction que nous avons faite au paragraphe précédent et de la définition que nous venons de donner.

En été, à une température voisine de 30°, l'air serait saturé de vapeur d'eau, s'il en contenait 32 grammes par mètre cube. Au contraire, en hiver, à une température de 0° (pour laquelle la *tension maxima* de la vapeur d'eau est beaucoup plus faible), il suffirait d'un poids de vapeur d'eau beaucoup plus petit pour que l'air en soit saturé. Un mètre cube d'air, à 0°, ne peut jamais renfermer plus de 4gr,86 de vapeur d'eau.

En conséquence, de l'air qui, à 30°, contiendrait 4 grammes de vapeur d'eau par *mètre cube*, posséderait un état hygrométrique égal à $\frac{4}{32}=\frac{1}{8}$. Il ne renfermerait que la huitième partie de la vapeur qu'il pourrait renfermer à la même température ; ce serait un air *très sec*. Au contraire, de l'air qui, à 0°, renfermerait également 4 grammes de vapeur d'eau par mètre cube, aurait un état hygrométrique égal à $\frac{4}{4,86}$, c'est-à-dire très voisin de l'unité; ce serait de l'air *très humide*.

Il importe donc de retenir que le degré d'humidité de l'atmosphère est donné *non pas par la quantité absolue de vapeur d'eau* contenue dans un mètre cube d'air, mais par son état hygrométrique, c'est-à-dire par le *rapport du poids de vapeur d'eau qu'il contient au poids de vapeur d'eau qu'il pourrait contenir, à la même température, s'il était saturé de vapeur.*

La mesure de l'état hygrométrique se fait d'ailleurs à l'aide de diverses méthodes que nous n'étudierons pas ici.

Occupons-nous seulement des principaux phénomènes météorologiques qui sont dus à la présence de la vapeur d'eau dans l'atmosphère.

380. **Le point de rosée.** — Nous avons vu plus haut qu'une timbale d'argent contenant de l'eau, et que l'on refroidit en y projetant progressivement de petits morceaux de glace, ne tarde pas à se recouvrir d'un mince dépôt de rosée.

L'explication de ce phénomène est simple. La couche d'air, qui est au contact immédiat de la timbale, se refroidit avec elle; mais, nous venons de voir que plus l'air est froid, moins il peut contenir de vapeur d'eau, à la température à laquelle est actuellement la timbale. Si donc on continue à refroidir celle-ci, la vapeur d'eau en excès se déposera en gouttelettes.

La température, à partir de laquelle ce phénomène se produit, est désignée sous le nom de *point de rosée*.

On voit que, si l'air est très humide, le plus petit refroidissement déterminera l'apparition de la rosée sur la timbale. Si, au contraire, il est très sec, la rosée n'apparaîtra pas, ou ne se produira que pour un refroidissement très intense.

381. **Détermination du point de rosée. Hygromètre à condensation.** — Les appareils qui servent à la détermination du point de rosée se nomment des *hygromètres à condensation*. Tous se composent d'un réservoir métallique dont la paroi, très polie, est en contact avec l'air. Pour provoquer le dépôt de rosée sur cette paroi, on refroidit progressivement un liquide placé dans le récipient jusqu'à ce que les couches d'air voisines arrivent à saturation; on note alors la température θ de ce liquide, au moment précis où la paroi du vase se ternit.

Parmi les appareils que l'on peut employer à la détermination précise du point de rosée, on peut citer celui d'Alluard que représente la figure 209.

Un petit prisme A en laiton doré, dans lequel est assujetti un thermomètre t, contient de l'éther dont on détermine l'évaporation progressive en y amenant par le tube C un courant d'air qui se dégage ensuite par le tube D. Les parois du prisme se refroidissent ainsi peu à peu, et leur température, maintenue uniforme par l'agitation continue de l'éther, est à tout instant la même que celle qu'indique le thermomètre t.

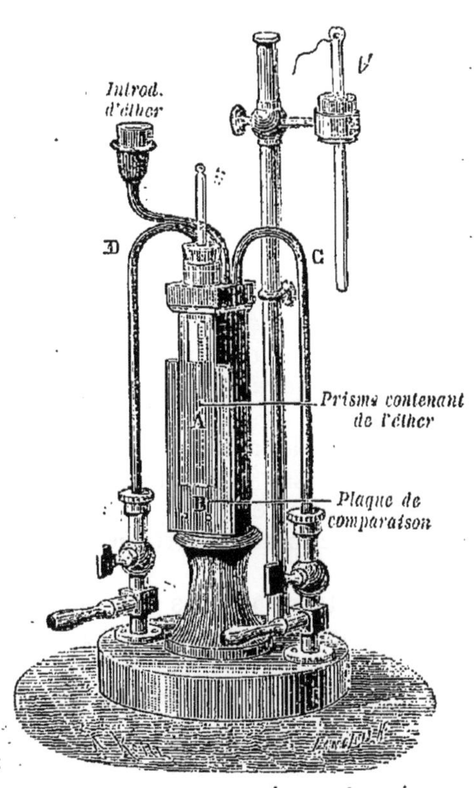

FIG. 209. — HYGROMÈTRE D'ALLUARD.
On refroidit progressivement le prisme A en faisant évaporer l'éther qu'il contient à l'aide d'un courant d'air qui circule dans les tubes CD. La température qui correspond à l'apparition du dépôt de rosée sur les parois du prisme est celle pour laquelle l'air extérieur est saturé.

Au contact de ces parois, les couches d'air se refroidissent à leur tour, deviennent saturées et laissent bientôt déposer, sur la surface polie du prisme, une buée qui la ternit et dont l'apparition est d'autant plus facile à saisir que l'aspect de cette surface ternie contraste alors vivement avec celui d'une lame dorée qui l'encadre sans la toucher et qui conserve tout son éclat.

A l'aide d'une lunette, on observe de loin, au thermomètre t, la température θ_1 pour laquelle les premières traces de rosée se montrent sur le prisme; on arrête ensuite presque entièrement le courant d'air qui servait à vaporiser l'éther. L'appareil se réchauffe alors quelque peu; on note la température θ_2 à laquelle le dépôt d'humidité disparaît complètement. On peut amener les températures θ_1 et θ_2 à ne différer que de $0^o,2$; la première est certainement un peu inférieure, l'autre un peu supérieure à la température θ qui correspond à la saturation; on aura donc une valeur suffisamment approchée de celle-ci en prenant la moyenne :

$$\theta = \frac{\theta_1 + \theta_2}{2}.$$

L'appareil doit être exposé dans un air calme : c'est là une condition essentielle pour qu'il y ait, entre la température des parois et celle des couches d'air qui sont à leur contact, l'identité qu'exige le principe même de la méthode.

La définition de l'état hygrométrique, que nous avons donnée au § 379, peut d'ailleurs être remplacée par cette autre, équivalente :

L'état hygrométrique d'une masse d'air déterminée est égal au rapport de la tension actuelle de la vapeur d'eau dans cette masse d'air à la tension maxima de la vapeur d'eau, pour la même température.

Or, la tension de la vapeur d'eau qui existe dans l'air est précisément égale à la pression maxima F_θ de cette vapeur pour le point de rosée θ. ***L'état hygrométrique*** de l'air pourra donc se calculer en prenant le rapport des pressions maxima, F_θ et F_t, pour le point de rosée θ et pour la température actuelle t de l'air.

En vue des déterminations de l'état hygrométrique par les hygromètres à condensation, un tableau (voir p. 309) a spécialement été dressé par Regnault.

382. **Application numérique.** — Supposons que, la température de l'air étant de 18°, on ait observé que le point de rosée se trouve entre $\theta_1 = 6°,9$ et $\theta_2 = 7°,1$.

On aura $$\theta = \frac{\theta_1 + \theta_2}{2} = 7°.$$

La tension actuelle de la vapeur d'eau est donc égale à la tension maxima de la vapeur d'eau pour 7°. D'après le tableau de la page 309, cette tension a pour valeur $7^{mm},49$.

Or, la température de l'air est 18°. La tension de la vapeur d'eau à cette température pourrait, si elle était saturante, atteindre la valeur $15^{mm},36$. On en déduirait facilement que l'état hygrométrique est égal à $\frac{7,49}{15,36} = 0,49$.

L'état hygrométrique, dans les conditions indiquées, est donc très voisin de 1/2. L'air contient la moitié de la vapeur u'il pourrait contenir, s'il était saturé à la même température de 18°.

Tension maxima de la vapeur d'eau de degré en degré entre — 10° et + 35°

TEMPÉRATURES	TENSIONS en millim. de mercure.	TEMPÉRATURES	TENSIONS en millim. de mercure.	TEMPÉRATURES	TENSIONS en millim. de mercure.
— 10°	2,09	6°	7,00	22°	19,66
9°	2,27	7°	7,49	23°	20,89
8°	2,46	8°	8,02	24°	22,18
7°	2,66	9°	8,57	25°	23,55
6°	2,88	10°	9,16	26°	24,99
5°	3,11	11°	9,79	27°	26,51
4°	3,37	12°	10,46	28°	28,10
3°	3,64	13°	11,16	29°	29,78
2°	3,94	14°	11,91	30°	31,55
— 1°	4,26	15°	12,70	31°	33,41
0°	4,60	16°	13,54	32°	35,36
+ 1°	4,94	17°	14,42	33°	37,41
2°	5,30	18°	15,36	34°	39,57
3°	5,69	19°	16,35	35°	41,83
4°	6,10	20°	17,39		
5°	6,53	21°	18,49		

2. — MÉTÉORES AQUEUX

383. **Rosée.** — Ce qui précède nous donne l'explication du phénomène bien connu de la rosée.

Après une nuit *calme* et *claire*, un peu avant le lever du soleil, on observe fréquemment, sur les objets placés au *voisinage du sol,* un dépôt de fines gouttelettes d'eau. Ce dépôt ne se montre pas sur les feuilles des arbres élevés de quelques mètres.

La rosée ne peut pas provenir d'une chute d'eau qui aurait eu lieu pendant la nuit; car : 1° les objets élevés, tels que les feuilles d'arbres, n'en sont pas recouverts; 2° la rosée se produit seulement pendant les nuits claires, c'est-à-dire quand le ciel est absolument dépourvu de nuages, qui seuls, pourraient donner de la pluie,

L'explication est la suivante : pendant la nuit, et surtout pendant une nuit claire, la terre rayonne sa chaleur vers le ciel et se refroidit peu à peu. Les couches d'air qui sont à son contact immédiat se refroidissent à leur tour progressivement; et, comme pour l'expérience de la timbale rappelée plus haut, leur température peut descendre au-dessous de ce que nous avons précisément appelé *point de rosée*. Ces couches d'air laissent alors déposer une partie de la vapeur d'eau qu'elles contenaient et donnent ces fines gouttelettes d'eau qui apparaissent à la surface des objets.

Cette explication, si simple, rend parfaitement compte de toutes les particularités présentées par le phénomène de la rosée.

Toute cause qui tend à diminuer le refroidissement du sol, pendant la nuit, doit atténuer le dépôt de rosée. Or, les nuages empêchent le rayonnement de la chaleur du sol à travers l'espace. Personne n'ignore combien les nuits claires sont plus froides que celles pendant lesquelles le ciel reste couvert de nuages. Les maraîchers et les vignerons ne redoutent de fortes gelées que par les nuits où le ciel apparaît parsemé d'étoiles. La rosée n'apparaîtra donc pas par un temps couvert. Elle n'apparaîtra pas non plus, pour une raison toute semblable, ni sous un hangar, ni sur les corps que l'on protège par un abri.

De même, elle sera plus abondante sur les corps qui se refroidissent rapidement que sur ceux dont le refroidissement est lent. On sait qu'une cafetière d'argent conserve plus longtemps la chaleur qu'un récipient recouvert de noir de fumée. Le noir de fumée se refroidit plus vite que l'argent poli. Aussi la rosée devra-t-elle être plus abondante sur une surface recouverte de noir de fumée que sur une surface d'argent; et c'est en effet ce qui a lieu.

La rosée ne se produit pas sur les feuilles des arbres élevés, parce que l'air, qui se refroidit à leur contact, devient aussitôt plus dense et descend à la surface du sol, avant d'avoir été assez refroidi pour atteindre la saturation. Un vent léger renouvellera les couches d'air, qui ont déjà donné un dépôt de rosée, par de nouvelles couches d'air qui pourront, à leur tour, fournir un nouveau dépôt de rosée. Un vent léger favorisera donc la formation de la rosée.

Un vent violent, au contraire, ne laissera pas séjourner l'air au contact du sol assez longtemps pour qu'il y atteigne son point de rosée. Un vent violent supprimera donc la *rosée*.

384. **Gelée blanche.** — Enfin, si le refroidissement du sol par rayonnement est très intense, et s'il continue après le dépôt de rosée sur le sol, la température de celui-ci pourra

FIG. 210. — CIRRUS.
Nuages très déliés et très élevés, formés de petits cristaux de glace. Ils présagent, d'ordinaire, la fin d'une période de beau temps.

descendre au-dessous de zéro; les gouttelettes d'eau se congèlent alors et donnent ce qu'on appelle la ***gelée blanche***.

385. **Brouillards. Nuages.** — Lorsque, pour une cause

FIG. 211. — CUMULUS.
Gros nuages blancs et arrondis, constitués par de fines gouttelettes d'eau

quelconque, une grande masse d'air humide se refroidit au-dessous de sa température de saturation, la vapeur d'eau s'y condense et forme des amas de très fines gouttelettes liquides ou de très petits cristaux de glace, qui peuvent

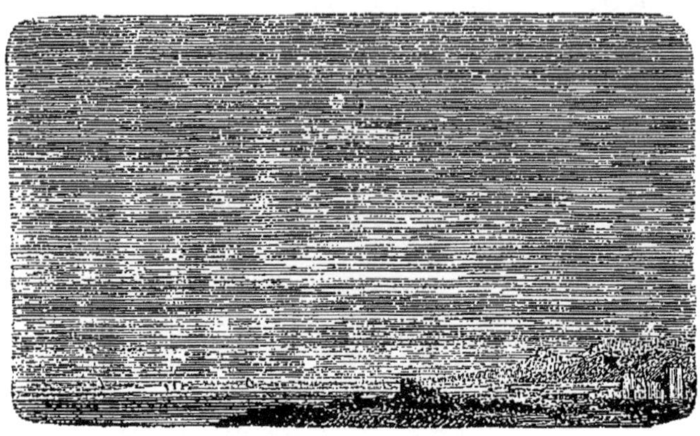

FIG. 212. — STRATUS.
Bandes horizontales qui apparaissent au coucher du soleil et qui sont assez analogues aux cumulus.

rester en suspension dans l'atmosphère et constituent ce qu'on appelle les nuages ou les brouillards.

On donne le nom de ***brouillards*** à des couches plus ou

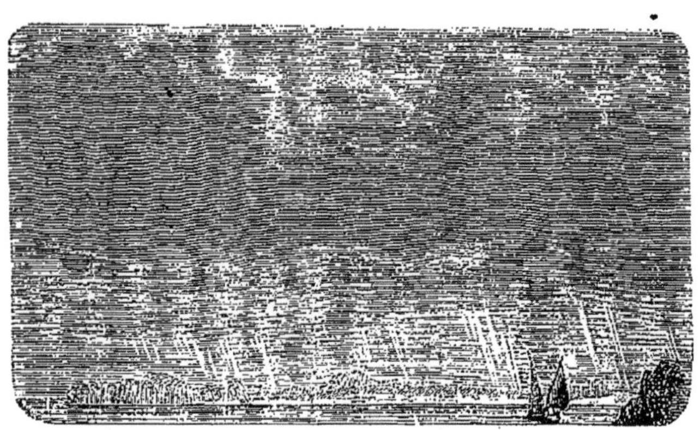

FIG. 213. — NIMBUS.
Nuages gris, épais et très bas, qui se résolvent ordinairement en pluie.

moins épaisses de gouttelettes d'eau, en suspension dans l'air, qui, pendant les nuits calmes et sereines, se forment au ras du sol, dans les endroits encaissés et humides. Ils sont dus à ce que le refroidissement du sol, pendant les nuits claires, abaisse, sur une épaisseur plus ou moins grande, la température des couches d'air voisines. Les brouillards sont formés de fines gouttelettes d'eau et se dissipent quand le sol se réchauffe, après le lever du soleil.

Les *nuages* proprement dits occupent toujours les régions supérieures de l'atmosphère. Ils peuvent être dus à plusieurs causes, dont la principale est probablement la suivante. Lorsque, par suite des courants qui règnent dans l'atmosphère, une colonne d'air humide s'élève, sa pression diminue graduellement ; une détente en résulte ; et l'on sait que la détente d'un gaz est toujours accompagnée d'un refroidissement (§ 373). Ce refroidissement peut être suffisant pour entraîner la condensation de la vapeur d'eau sous forme de nuage, contenant en suspension de menus cristaux de glace ou des gouttelettes liquides, suivant que le refroidissement aura été plus ou moins énergique.

Les nuages affectent des formes extrêmement variables. On a donné à quelques-unes d'entre elles des noms particuliers, tels que : cirrus, cumulus, stratus, nimbus (fig. 210 et suiv.).

386. **Du rôle des poussières dans la formation des nuages et des brouillards.** — L'expérience a montré que si l'on refroidit une vapeur débarrassée de toutes poussières, on peut, sans provoquer sa condensation, abaisser sa température bien au-dessous de celle pour laquelle la condensation devrait avoir lieu. Il se produit alors un retard à la condensation, analogue au retard à la congélation, que nous avons étudié précédemment (§ 306), sous le nom de ***surfusion***. La vapeur possède alors, à une température donnée, une pression supérieure à sa tension maxima. Il y a ***sursaturation***. La vapeur sursaturée n'est pas en équilibre stable. La présence de fines poussières suffit à provoquer sa condensation. La poussière des grandes villes industrielles, comme Londres, joue certainement un rôle de première importance dans la formation des brouillards et des nuages et dans leur condensation sous forme de pluie.

387. **Pluie.** — Lorsque, par suite d'un refroidissement brusque de l'air humide, la condensation de la vapeur d'eau est assez rapide, les corpuscules aqueux, qui prennent naissance et constituent les nuages, peuvent acquérir une masse assez grande pour tomber avec une vitesse sensible.

Deux cas se présentent alors :

1° Si les couches d'air, situées en dessous du nuage, sont très éloignées de leur saturation, les corpuscules s'évaporent pendant leur chute et n'atteignent pas le sol; le nuage tend à se dissiper et à disparaître;

2° Si, au contraire, les mêmes couches d'air sont très humides, les petites masses liquides ou solides condensent, à leur surface, en tombant, de nouvelles quantités de vapeur. Leur poids augmente au fur et à mesure; elles tombent de plus en plus vite, étant de moins en moins retenues par la résistance de l'air. Elles arrivent jusqu'au sol.

Si la vapeur d'eau s'est condensée en gouttelettes liquides, c'est le phénomène de la *pluie*.

388. **Neige.** — Si la vapeur d'eau s'est condensée en menus cristaux de glace, c'est le phénomène de la *neige*. Ce dernier cas ne peut d'ailleurs se produire que pour une température au plus égale à 0°.

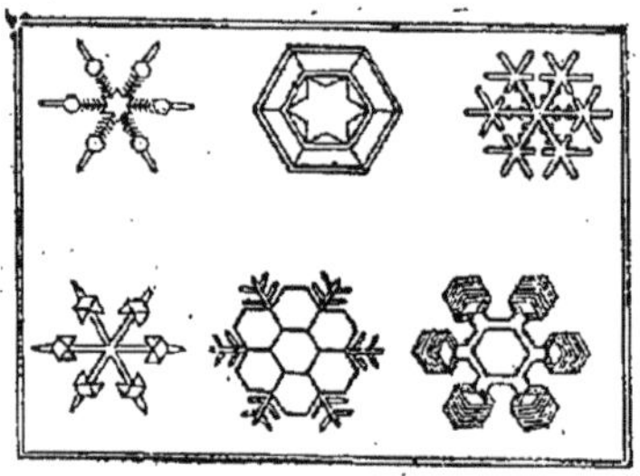

FIG. 214. — CRISTAUX DE NEIGE. *Les cristaux de neige affectent la forme d'étoiles à six branches.*

Examinés au microscope, les cristaux de neige (fig. 214) sont constitués par de fines aiguilles de glace, groupées de manière à offrir l'aspect d'étoiles à six branches, plus ou moins compliquées.

389. **Grêle.** — La grêle ne survient que par les temps d'orage, quand l'air est violemment agité. Les grêlons, qui atteignent parfois plusieurs centimètres de diamètre, sont constitués par un noyau blanc opaque, entouré d'une enveloppe de glace transparente et très dure.

La chute de la grêle est ordinairement précédée ou accompagnée d'éclairs et de tonnerre. Les circonstances qui accompagnent la formation de la grêle sont encore mal connues, et l'explication complète du phénomène laisse beaucoup à désirer.

390. **Verglas.** — Le verglas est produit par une pluie fine, qui, après avoir traversé une atmosphère refroidie au-dessous de 0°, arrive surfondue sur le sol (§ 306) et se congèle alors immédiatement en recouvrant les corps d'une couche de glace lisse et transparente.

TABLE DES MATIÈRES

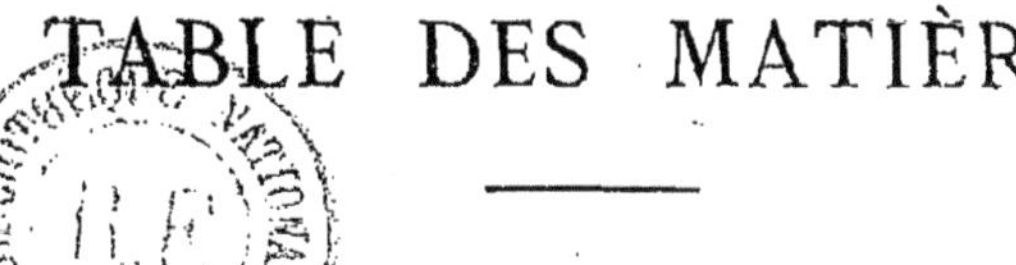

PREMIÈRE PARTIE

PESANTEUR ET HYDROSTATIQUE

Chapitre I.

Chapitre II. — **Notions générales sur les forces.**

Chapitre III. — **Le travail.**

Chapitre IV.

Chapitre V. — **Étude particulière de la pesanteur.**

Chapitre VI. — **Intensité de la pesanteur.** Balances.

Chapitre VII.

Chapitre VIII. — **Pressions dans les fluides en équilibre.**

Chapitre IX. — **Applications des lois de l'hydrostatique.**

Chapitre X. — **Équilibre des gaz.**

Chapitre XI. — **Compressibilité des gaz.**

Chapitre XII. — **Pompes à gaz et à liquides.**

DEUXIÈME PARTIE

CHALEUR

Chapitre I. — **Température.**

Chapitre II. — **Calorimétrie.**

Chapitre III. — **Chaleurs spécifiques.**

Chapitre IV. — **Dilatation des solides.**

Chapitre V. — **Dilatation des liquides.**

Chapitre VI. — **Dilatation des gaz.**

Chapitre VII.

Chapitre VIII. — **Fusion. Solidification.**

Chapitre IX. — **Vaporisation.**

Chapitre X.

Chapitre XI. — **Évaporation. Ébullition. Distillation.**

Chapitre XII. — **Point critique.**

Chapitre XIII. — **Liquéfaction des gaz.**

Chapitre XIV. — **Vapeur d'eau dans l'atmosphère.**

IMPRIMERIE ARTISTIQUE " LUX "
131, boulevard Saint-Michel.
PARIS

www.ingramcontent.com/pod-product-compliance
Ingram Content Group UK Ltd.
Pitfield, Milton Keynes, MK11 3LW, UK
UKHW012012240726
13965UKWH00002B/313